"十二五"普通高等教育本科国家级规划教材

U0311807

水污染控制工程

（第五版）上册

高廷耀　顾国维　周琪　主编

中国教育出版传媒集团

高等教育出版社·北京

内容提要

本书第四版是"十二五"普通高等教育本科国家级规划教材，并于 2021 年获得首届全国优秀教材二等奖。其第三版是普通高等教育"十一五"国家级规划教材，第二版是面向 21 世纪课程教材。

本书在第四版的基础上修订而成。全书框架基本保持了原书的结构，但根据近年来水污染控制工程在理论、技术等领域的进展和教学需求，结合国家生态文明建设和绿色发展要求，对原书进行了必要的补充和完善。同时，为适应信息技术的发展趋势，第五版采用了新形态教材建设理念，以丰富教材的内容和形式。

本书是《水污染控制工程》上册，除绪论外共 8 章，包括排水管渠系统、排水管渠水力计算、污水管道系统的设计、城镇雨水管渠的设计、排水泵站的设计、排水管渠施工、排水管渠系统的管理和养护、城镇排水工程的规划等。为方便教学和学习，每章后还配有思考题和习题。

本书可供高等学校环境工程专业、环境科学专业、给排水科学与工程专业本科生作为教材，也可供广大科技人员参考。

图书在版编目（ＣＩＰ）数据

水污染控制工程．上册／高廷耀，顾国维，周琪主编．--5 版．--北京：高等教育出版社，2023.6（2024.8重印）
ISBN 978-7-04-060054-4

Ⅰ．①水… Ⅱ．①高… ②顾… ③周… Ⅲ．①水污染-污染控制-高等学校-教材 Ⅳ．①X520.6

中国国家版本馆 CIP 数据核字（2023）第 036677 号

Shui Wuran Kongzhi Gongcheng

策划编辑	陈正雄	责任编辑	陈正雄	封面设计	贺雅馨	版式设计 杨 树
责任绘图	于 博	责任校对	胡美萍	责任印制	刁 毅	

出版发行	高等教育出版社	网　址	http://www.hep.edu.cn
社　址	北京市西城区德外大街 4 号		http://www.hep.com.cn
邮政编码	100120	网上订购	http://www.hepmall.com.cn
印　刷	天津嘉恒印务有限公司		http://www.hepmall.com
开　本	787mm×1092mm　1/16		http://www.hepmall.cn
印　张	16.75	版　次	1989 年 2 月第 1 版
字　数	360 千字		2023 年 6 月第 5 版
购书热线	010-58581118	印　次	2024 年 8 月第 2 次印刷
咨询电话	400-810-0598	定　价	35.60 元

本书如有缺页、倒页、脱页等质量问题，请到所购图书销售部门联系调换
版权所有　侵权必究

物 料 号　60054-00

水污染控制工程
（第五版）上册

高廷耀　顾国维　周琪　主编

1 计算机访问http://abook.hep.com.cn/1262571，或手机扫描二维码、下载并安装Abook应用。

2 注册并登录，进入"我的课程"。

3 输入封底数字课程账号（20位密码，刮开涂层可见），或通过Abook应用扫描封底数字课程账号二维码，完成课程绑定。

4 单击"进入课程"按钮，开始本数字课程的学习。

"水污染控制工程"数字课程资源来源于国家精品课程成果，与高廷耀、顾国维、周琪主编《水污染控制工程》（第五版）配套使用。数字课程资源包括制作精良的电子教案、工艺过程、施工演示、工程图纸等，与教材内容密切联系，教学适用性好，便于读者开展自主学习。

用户名：　　　　密码：　　　　验证码：　　　3703 忘记密码？ 登录 注册 记住我(30天内免登录)

　　课程绑定后一年为数字课程使用有效期。受硬件限制，部分内容无法在手机端显示，请按提示通过计算机访问学习。

　　如有使用问题，请发邮件至abook@hep.com.cn。

扫描二维码
下载Abook应用

第五版前言

　　《水污染控制工程》自出版以来在国内高等学校获得较广泛的应用，受到广大读者的好评。《水污染控制工程》为普通高等教育"十一五"国家级规划教材和"十二五"普通高等教育本科国家级规划教材，并于2021年获得首届全国优秀教材二等奖。《水污染控制工程》(第四版)出版8年多来，环境保护与可持续发展的理念更加深入人心，水污染控制的理论和技术不断发展，工程实践也为教学积累了更多的经验与案例。特别是随着我国新时代绿色发展理念进一步深入和生态文明建设的要求，为适应环境学科的发展和人才培养需求，在《水污染控制工程》(第四版)基础上，第五版做了较大的修改和补充，增补了反映近年来水污染控制技术的新发展的内容，如上册排水管渠系统部分增补了海绵城市建设等内容，下册污水、污泥处理部分增加了污水处理厂碳排放核算等内容；在污水的物理与生物处理、城镇污水资源化、污水处理厂设计等部分都相应增补了新的工艺和技术方法。新版采用了新形态教材建设理念，丰富了教材的内容和形式，以提高教与学的效率。

　　《水污染控制工程》(第五版)各章节由徐竟成、周增炎(第一、二、三、五、八章及附录，第四章第一、二、三、五节)，陆斌、全洪福(第六章)，陆斌、朱保罗(第七章)，周琪(绪论，第十四、十五、十八章)，周琪、章非娟(第十一章)，徐竟成(第九、十七、二十章，第四章第四节)，徐竟成、章非娟(第十三章)，杨殿海、章非娟(第十章)，杨殿海、顾国维(第十二章)，王志伟、李国建、高廷耀(第十六章)，黄翔峰(第十九章)等编写；全书由高廷耀、顾国维、周琪担任主编。本书编写过程中参考了许多文献资料，上海市政工程设计研究总院(集团)有限公司提供了封面污水处理厂鸟瞰图，信息化资料中采用了部分工程实景，在此一并表示诚挚的感谢。

　　由于编者水平有限，对于本书的漏误之处，热忱希望读者提出批评和意见。

编　者

2023 年 1 月

第四版前言

本书为"十二五"普通高等教育本科国家级规划教材。《水污染控制工程》自出版以来在国内高等学校得到较广泛的应用，受到广大读者的好评，并多次获得相关教材奖。在《水污染控制工程》（第三版）出版的7年间，环境保护与可持续发展的理念已更加深入人心，水污染控制的理论和技术有很大的发展，工程实践也为教学积累了大量的经验与案例。为适应环境学科的发展和人才培养，本书在《水污染控制工程》（第三版）基础上作了较大的修改和补充，特别是增补了反映近年来水污染控制技术的发展现状。例如第一章增补了新型材质的管道、检查井和雨水口；第四章增补了立体交叉道路雨水的排除和雨水径流控制及资源化；第七章增补了排水管渠系统管理维护新技术；第十二章增加了生物脱氮的新的工艺技术；增加了第十九章工业废水处理；污水厌氧消化、污泥的处理处置等章节的内容也有较多的增补。全书仍分为上、下两篇。上篇为排水管渠系统部分，共八章；下篇为污水、污泥处理部分，共十二章。

《水污染控制工程》（第四版）由周增炎（第一、二、三、五、八章，第四章第一、二、三、五节），全洪福（第六章），朱保罗（第七章），周琪（绪论、第十四、十五、十八章），周琪、章非娟（第十一章），徐竟成（第九、十七、二十章、第四章第四节），徐竟成、章非娟（第十三章），杨殿海、章非娟（第十章），杨殿海、顾国维（第十二章），李国建、高廷耀（第十六章）、黄翔峰（第十九章）编写；由高廷耀、顾国维、周琪担任主编。

由于编者水平有限，在本书的编写过程中难免会出现漏误之处，热忱希望读者提出批评和意见。

编　者
2014 年 5 月

　　《水污染控制工程》自出版以来受到广大读者的好评，在国内高等院校获得较广泛的应用。第一版于 1989 年出版，1990 年获第二届全国优秀教材一等奖；第二版于 1999 年出版，2002 年获全国普通高等学校优秀教材二等奖，2003 年获上海市优秀教材一等奖；第三版为普通高等教育"十一五"国家级规划教材。

　　《水污染控制工程》（第二版）自出版至今已有 7 年。7 年来，循环经济、保护环境、可持续发展的理念已深入人心。人们对水污染控制方面的认识在不断深化，水污染控制的理论和技术也在不断发展。因此，根据学科发展现状和教学的要求，《水污染控制工程》（第三版）在第二版的基础上作了较大的修改和补充。

　　全书仍分为上、下两篇。上篇为排水管渠系统部分，共八章；下篇为污水处理部分，共十一章。

　　《水污染控制工程》（第三版）由周增炎（第一、二、三、五、八章、第四章第一、三、四、五节），全洪福、郑贤谷（第六章），朱保罗、郑贤谷（第七章），周琪（绪论、第十四、十五、十八章），周琪、章非娟（第十一章），徐竟成（第九、十七、十九章、第四章第二节），徐竟成、章非娟（第十三章），杨殿海、章非娟（第十章），杨殿海、顾国维（第十二章），高廷耀、李国建（第十六章）等同志改编；由高廷耀、顾国维、周琪担任主编。

　　由于编者水平有限，在本书的编写过程中难免会出现漏误之处，热忱希望读者提出批评和意见。

编　者

2006 年 10 月

第二版前言

本书的第一版是 1989 年印刷的。出版后，在国内高等院校获得较广泛的应用，并多次重印。

第一版教材出版至今已有 10 年。10 年来，保护环境、可持续发展的理念已经深入人心。人们在水污染控制方面的认识也在深化，技术上有了新的进展，这些理应在教材中有所反映。同时，第一版教材中包括了给水工程方面的内容，对多数读者是不必要的；且由于有些内容过于繁复，不够精练；第一版教材中，还存在不少印刷上的错误，给读者带来很多不便。因此，我们决心对原教材作较大的修改和补充，以克服上述的缺点。

全书分为上、下两篇。上篇为污水沟道部分，共九章；下篇为污水处理部分，共十二章。

本书由周增炎（第二、三、四、七章）、杨海真（总论、第九章）、屈计宁（第一、二十章）、郑贤谷（第五、六章）、胡家骏（第八章）、章非娟（第十、十一、十二、十三章）、顾国维（第十四、十八、十九章）、高廷耀（第十四章第六节、第十五、十六、十七、二十一章）等同志改编；由高廷耀、顾国维担任主编。全书经胡家骏教授审改。

由于我们的水平限制，本教材还可能有错误，热忱希望读者提出批评和意见。

编　者
1999 年 3 月

"水污染控制工程"是高等工业学校环境工程专业的一门必修专业课,但目前缺乏合适的教材和参考书。本书在同济大学1977—1980年所编的"排水工程"教材的基础上重新改编而成,主要供高等工业学校环境工程专业"水污染控制工程"课程(多学时)教学使用,也可供给水排水工程专业"排水工程"课程教学使用,同时,可供有关工程技术人员阅读参考。目前,我国各所学校的环境工程专业的课程设置和培养侧重点有所不同。有的是偏于土建类,既要强调水的治理工程,也要重视管道系统的规划设计;有的是偏于化工类的,对管道系统的规划设计的要求较低,同时在教学计划中不再有给水工程方面的课程。因此,要使一份教材满足各方面的要求是相当困难的,在编写的内容上就要适当兼顾,以便各校按照具体情况选用。作为教材,本书着重于基本原理和基础理论的阐述,因为又是参考书,有些内容的介绍就较为详细,但在教学中不必详细讲述。

本书是同济大学环境工程系的教师集体编写的,由高廷耀教授任主编。全书分上、下两册。上册主要介绍管道系统部分,包括污水沟道系统,雨水沟道系统和给水管道系统的规划设计等。下册主要介绍水处理部分,包括水体的污染和自净,水的物理处理,化学处理,生物处理,物理化学处理,污泥处理和给水、污水处理厂的规划设计等。水污染控制问题应从整个工程系统的角度加以考虑,因此本书对管道系统的规划设计作了必要介绍。在水处理部分,将废水处理和给水处理结合在一起加以阐述是一种尝试。

书籍内容的叙述上,力求基本概念正确。能适当反映本学科最近的进展和新的水平,引入了近年来同济大学环境工程系的教师和研究生的部分科研成果。书中也列举了一些计算例题和思考题,供教学中参考。

上册部分由蔡不伎(总论)、周增炎(第一至第三章)、邓培德(第四至第六章)、许建华(第七章)等同志编写。下册部分由蔡不伎(第八、九、十、二十章)、赵俊瑛(第十一、十二章)、秦麟源(第十三章)、章非娟(第十五章)、顾国维(第十六章)、高廷耀(第十四、十七、十八、十九、二十二章和第十六章的第六、七节)、徐建华（第二十一章）等同志编写。由高廷耀担任主编。

由于我们的理论和实践水平的限制，加工时间仓促，本教材并不成熟，还可能有错误，我们热忱希望读者提出批评和意见。

编　者
1988 年 3 月

目　录

第一节　水循环与水污染

一、水循环

水是人类维系生命的基本物质，是工农业生产和城市发展不可缺少的重要资源。人类习惯于把水看成取之不尽、用之不竭的廉价的自然资源，但随着人口的增长和经济的发展，水资源短缺的现象正在很多地区相继出现，水污染更加剧了水资源的紧张，并对人类的生命健康形成威胁。切实防治水污染、保护水资源已成为当今人类的迫切任务。

地球上的总水量约有 $1.4×10^9$ km^3，其中约有 97.2% 的水是海水，淡水不足总水量的 3%。淡水中还有约 3/4 以冰川、冰帽的形式存在南北极地和高山，人类很难使用。与人类关系最密切，又较容易开发的淡水储量约 $4×10^6$ km^3，仅占地球上总水量的 0.3%。地球上的水量分布如表绪-1 所示。

表绪-1　地球上的水量分布

水的类型	水量/10^4 km^3	比例/%
海洋水	132 000	97.2
淡水湖	12.5	0.009
咸水湖和内海	10.4	0.008
河流	0.1	0.000 1
土壤水	6.7	0.005
地下水	835	0.6
冰帽和冰川	2 920	2.1
大气水	1.3	0.001
总计	135 786	100

以我国为例，我国的水资源总量并不缺乏，年降水量为 $6×10^{12}$ m^3 左右，相当于全球陆地总降水量的 5%，占世界第三位。我国地表年径流量为 $2.721×10^{12}$ m^3，仅少于巴西、加拿大、美国和印度尼西亚等国家，但是，由于我国有 14 亿多人口，按人均年径流量计，水资源占有量每人每年仅约 2 000 m^3，相当于世界人均占有量的

1/4。此外，我国的水资源还存在严重的时空分布不均衡性。如果用一条斜线将中国分为东南和西北两大区，占据国土面积53%的东南沿海地区，拥有了全国水资源总量的93%，而西北广大地区却只有7%的水资源量。在水资源缺乏的西北地区，十分有限的降水又往往集中在夏季的三个月内，使水资源紧张的情况更为加剧。

地球上的水主要以连续状态存在。存在于地上者，称为地表水，包括海洋、江河、湖沼、水库、冰川等；存在于地下者，称为地下水，包括潜水和承压水，地下水涌出地面者称为泉水。以不连续状态存在的水虽分布很广，但数量较少，主要为存在于大气中的水、储于生物体内的水及结合于岩石土壤中的水。

自然界的水并不是静止不动的，而是处于不断的循环运动中，水循环包括自然循环和社会循环，自然循环是由自然力促成的水循环。例如，海洋、湖泊、河流表面及土壤和其中植物茎叶上的水，会由于阳光照射而蒸发或蒸腾成水汽，上升到空中凝结为云，随大气环流迁移到各处，并在适当的条件下以雨、雪、雹等形式降落到地面，一部分汇聚至江河湖泊成为地表径流，另一部分渗入地下成为地下水。地表水和地下水也是时有交流转换的，它们最终都会注入海洋，如此川流不息，循环往复，水的自然循环如图绪-1所示。

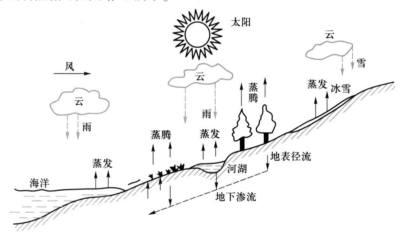

图绪-1　水的自然循环

人们通常以降水量作为衡量循环水量的大致尺度。据推算，整个地球上的降水量约为每年 $4 \times 10^5 \text{ km}^3$，因此每年的自然循环水量仅占地球上总水量($1.4 \times 10^9 \text{ km}^3$)的0.03%左右。按多年平衡的情况计，这些循环水量中约有56%的循环水量为植物蒸腾、土壤和地表水体蒸发所消耗，34%形成地表径流，10%则通过下渗补给地下水。

除了上述水的自然循环外，水还由于人类的活动而不断地迁移转化，形成水的社会循环，直接为人类的生活和生产服务。与水的自然循环不同的是，在水的社会循环中，水的性质在不断地发生变化，生活污水和工业生产废水的排放，是形成水污染的主要根源，也是水污染防治的主要对象。例如，人类取用的水中，只有很少一部分是用作饮用水或食品加工以满足生命对水的需求的(每人每天约需 5 L 水)，其余大部分水则用于卫生目的，如洗涤、冲厕等(一般每人每天50~300 L，取决于卫生习惯和卫生设备水平等)。工业生产用水量很大，除了一部分水用作工业原料外，大部分水用于冷却、洗涤或其他目的，使用后水质将发生显著变化，其污染程度随工业性质、用水性质及方式等因素而变。此外，随着农业生产中化肥、农药使用量的日益增加，降雨后农田径流会挟带大量化学物质流入地面或地下水体，形成所谓的"面污染"，这也是不可忽视的一项污染源。

图绪-2为水循环系统示意图，它包括了水的自然循环和社会循环。

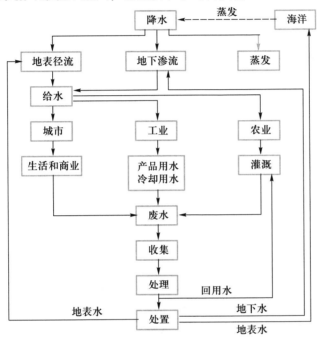

图绪-2 水循环系统示意图

二、水污染

水污染是指排入水体的污染物在数量上超过该物质在水体中的本底含量和水体的自净能力，从而导致水体的物理、化学及卫生性质发生变化，使水体生态系统和水体功能受到破坏。

造成水污染的因素是多方面的，向水体排放未达标的城市污水和工业废水、含有化肥和农药的农业废水、含有地面污染物的降雨初期径流，随大气扩散的有毒有害物质，通过重力沉降或降水过程进入水体等，都会对水体造成污染。

根据污染物的性质，水污染可以分为以下几类。

(一) 物理性污染

水体的物理性污染是指水体在遭受污染后，水的颜色、浊度、温度、悬浮固体等发生变化。这类污染易被人类感官所觉察。

1. 感观污染

废水呈颜色、浑浊、泡沫、恶臭等现象能引起人们感观上的不快，对于供游览、文体活动的水体而言，危害更甚，相应的水质指标有以下几种。

色度：一般纯净的天然水是清澈透明的，而带有金属化合物或有机化合物（如有机染料）等有色污染物的污水呈现各种颜色，增加水体色度。

嗅和味：嗅和味可定性反映某种污染物的多寡。天然水是无嗅无味的，水的臭味来源于还原性硫和氮的化合物及挥发性有机物等污染物质。此外，水中的不同盐分也会给水带来不同的异味，如氯化钠带咸味、硫酸镁带苦味、铁盐带涩味等。

浊度：胶体态及悬浮态有机物能造成水体的浑浊，浊度超过 10 度时便令人不快。而且病菌、病毒及其他有害物质，往往依附于形成浊度的悬浮固体中。因此降低水的浊度，不仅为满足感官性状的要求，对限制水中的病菌、病毒及其他有害物质的含量，也具有积极的意义。

2. 热污染

许多工业排出的废水都有较高的温度，尤其是工业冷却水，这些废水排入水体后会使水体的温度升高，引起热污染。反映热污染的水质指标是温度。氧气在水中的溶解度随水温升高而减少，这一方面会使得水中溶解氧减少，另一方面会加速耗氧反应，从而影响水中生物的生存，加速水体的富营养化进程。此外，高温还会影响水的使用功能。

3. 悬浮固体污染

废水中的杂质分为有机物和无机物两大类，其在水中有三种分散状态：溶解态（直径小于 1 nm）、胶体态（直径为 1～100 nm）、悬浮态（直径大于 100 nm）。水中所有残渣的总和称为总固体（total solid，TS），包括溶解固体（dissolved solid，DS）和悬浮固体（suspended solid，SS）。能透过滤膜或滤纸（孔径为 3～10 μm）的为溶解固体（DS），悬浮固体表示水中不溶解的固态物质含量。

悬浮固体是废水的一项重要水质指标，排入水体后会在很大程度上影响水体的外观，除了会增加水体的浊度，妨碍水中植物的光合作用，对水中生物生长不利外，还会造成灌渠和抽水设备的堵塞、淤积和磨损等。此外，悬浮固体还有吸附重金属及有害物质的能力。

4. 油类污染

油类污染物有石油类和动植物油脂两种。工业含油废水所含的油大多为石油或其组分，含动植物油脂的污水主要产生于人的生活过程和食品工业，它们均难溶于水。其中粒径较大的分散油易聚集成片，漂浮于水面；粒径为 100～10 000 nm 的微小油珠易被表面活性剂和疏水固体所包围，形成乳化油，稳定地悬浮于水中。

油类污染物经常覆盖于水面，形成油膜，隔绝大气与水的接触，破坏水体的复氧条件，从而降低水体的自净能力；它还能附着于土壤颗粒表面和动植物体表，影响养分的吸收和废物的排出；当水中含油量达到 0.01～0.10 mg/L 时，对鱼类和其他水生生物就会产生影响，尤其对幼鱼和鱼卵的危害最大；当水中含油量达到 0.3～0.5 mg/L 时，就会产生气味，还能使鱼虾类产生异臭，降低水产品的食用价值；当油类污染物进入海洋时，就会改变海面的反射率和减少进入海洋表层的太阳辐射，对局部地区的水文气象条件产生影响。

（二）无机物污染

1. 酸碱污染

酸碱污染主要由进入废水的无机酸碱，以及酸雨形成。矿山排水、黏胶纤维工业废水、钢铁厂酸洗废水及染料工业废水等，常含有较多的酸。碱性废水则主要来自造纸、炼油、制革、制碱等工业。水样的酸碱性在水质标准中以 pH 来反映，pH<7 呈酸性，pH>7 呈碱性。一般要求处理后污水的 pH 为 6~9。天然水体的 pH 一般为 6~9，受到酸碱污染会使水体的 pH 发生变化。酸性废水的危害主要表现在对金属及混凝土结构材料的腐蚀上；碱性废水易产生泡沫，使土壤盐碱化。各类动植物和微生物都有各自适应的 pH 范围，当 pH 超过适应范围时就会抑制细菌和其他微生物的生长，影响水体的生物自净作用，使水质恶化、土壤酸化或盐碱化，破坏生态平衡。对渔业水体而言，pH 不得低于 6 或高于 9，当 pH 为5.5 时，一些鱼类就不能生存或生殖率下降。pH 不在 6~9 范围内的水体不适于作为饮用水和工农业用水。

2. 无机毒物污染

废水中能对生物引起毒性反应的化学物质称为毒性污染物，简称毒物。工业上使用的有毒化学物质已超过 10 000 种，因而已成为人们最关注的污染类别。

毒物对生物的效应有急性中毒和慢性中毒两种。急性中毒的初期效应十分明显，严重时会导致死亡；慢性中毒的初期效应虽然很不明显，但其经过长期积累能致突变、致畸、致癌。大多数毒物的毒性与浓度和作用时间有关，浓度越大、作用时间越长，致毒后果就会越严重。此外，毒物反应与环境条件(温度、pH、溶解氧浓度等)和有机体的种类及健康状况等因素也有一定的关系。

毒物是重要的水质指标，各种水质标准中对主要的毒物都规定了限值。

废水中的无机毒物分为金属和非金属两类。

（1）金属毒物污染：金属毒物主要为重金属（相对密度大于 4）。重金属主要指汞、铬、镉、铅、镍等生物毒性显著的元素，也包括具有一定毒害性的一般重金属，如锌、铜、钴、锡等。

重金属是构成地壳的物质，在自然界分布非常广泛，并且在自然环境的各部分均存在着本底含量。在正常的天然水中重金属的含量一般都很低，例如，汞的浓度小于 0.001 mg/L，六价铬小于 0.1 mg/L。在河流和淡水湖中铜的浓度小于 1 mg/L，铅小于 0.1 mg/L，镉小于 0.01 mg/L，一般不会对生物体造成危害。但重金属在排入天然水体后不可能减少或消失，却可能通过沉淀、吸附及食物链而不断富集，从而达到对生态环境及人体健康有害的浓度。世界有名的水俣病就是由汞污染造成的，汞进入水体后被转化为甲基汞，甲基汞能大量积累于人脑中，引起乏力、动作失调、精神错乱等症状，无法用药物治疗，严重时可造成死亡；痛痛病是由镉中毒引起的，症状为全身疼痛，腰关节受损、骨节变形，有时还会引起心血管疾病。

重金属在人类的生产和生活方面有着广泛的应用，因而在环境中存在各种各样的重金属污染源。采矿和冶炼是最主要的重金属污染源。此外，电镀工业、冶金工业、化学工业等排放的废水中也往往含有各种重金属。这些污染都属于点源，因而常常会在局部地区造成很严重的污染后果。

作为毒物的重金属其毒性在以离子态存在时最严重，故通常又称为重金属离子毒物。它们不能被生物降解，有时还可能被转化为毒性更强的物质。在生物体内重金属有富集作用，故对生物和人体均有毒害作用。

在轻金属中，铍是一种重要的毒物。铍中毒后会导致结膜炎和肺部疾病。

（2）非金属毒物污染：重要的非金属毒物有砷、硒、氰、氟、硫（S^{2-}）、亚硝酸根离子（NO_2^-）等。砷中毒能引起神经紊乱、诱发皮肤癌等；硒中毒能引起皮炎、嗅觉失灵、婴儿畸变等；氰中毒时则能引起细胞窒息、组织缺氧、脑部受损等，最终还可能因为呼吸中枢麻痹而导致死亡；氟对植物的危害最大，可以使其致死；硫中毒则会引起呼吸麻痹和昏迷；亚硝酸盐在人体内会与仲胺生成亚硝胺，从而具有强烈的致癌作用。

必须指出的是：许多毒物元素，往往又是生物体所必需的微量元素，只是在超过一定限值时才会致毒。

（三）有机物污染

大多数有机物被水体中的微生物吸收利用时，要消耗水中的溶解氧。溶解氧降低到一定程度后，水中的生物（如鱼类）就无法生活。当溶解氧耗尽后，水中有机物就会腐败，致使水体发臭变黑，恶化环境。这种由于废水中的有机物而引起的水污染，称为耗氧有机物污染，或有机型污染。能通过生化作用而消耗水中溶解氧的有机物被称为耗氧有机物。我国大多数水环境的污染属于这种污染类型。

1. 有机污染物分类

从有机物能否被微生物吸收利用角度出发，可大致把存在于废水中的有机污染物分为三大类。

（1）可生物转化的有机物：生活污水中含有糖类、蛋白质和脂肪等，其水解产物为单糖和低聚糖、脂肪酸、氨基酸、甘油等，以及后续发酵产物为低分子有机酸、醇和酮等，均属于可生物降解的有机物。这类有机污染物主要是人和动物的排泄物、动植物的残体，以及工业发酵的残液、废渣等。

（2）难生物转化的有机物：废水中含有的烃类、硝基化合物、有机农药及有机染料等，在低浓度下可被微生物分解吸收利用；在较高浓度下因产生抑制作用而难以吸收利用。此外，纤维素虽无毒性，但生物转化速率很慢。这类有机污染物广泛存在于化工废水、制药废水和造纸废水中。

（3）不能生物转化的有机物：废水中含有的木质素等高分子化合物，基本上不能被微生物吸收利用。

有机污染物能否被微生物吸收利用及吸收利用的难易程度如何，除进行直接的生物测定外，目前尚难从化学结构加以准确判定。不过，经过长期的试验研究，也初步整理和归纳了一些从化学结构方面判定可生物降解性的规律。

对于烃类化合物，一般是链状烃比环状烃易于生物分解，直链烃比支链烃易于分解，不饱和烃(有双键或三键)比饱和烃易于分解。

有机物分子主链上的碳原子被其他原子(如氧、硫、氮)取代时，该分子的可生物降解性就降低，其中尤以氧取代的分子为甚。对于有不同取代原子的有机物，生物降解从难到易的顺序为氧>硫>氮>碳(未取代时)。

主链的碳原子连有一个支链时，其可生物降解性就有所降低；连有两个支链时，可生物降解性降低较多；当连有两个烷基或芳基时，可生物降解性也降低较多。

苯环上连有羟基或氨基(生成苯酚或苯胺)时，可生物降解性有所提高；而连有卤素(特别是间位取代)时，可生物降解性则降低。

醇类的可生物降解性次序为：一元醇>二元醇>三元醇。

聚合或复合的高分子化合物往往难以生物转化(如木质素、塑料等)。

由于废水中有机污染物的含量比例往往差别很大，因而其综合的可生物降解性的变化幅度也很大。为了确定某种废水是否易于生物处理，首先要判定其可生物降解性程度。判定的方法很多，其中常用的为 BOD_5/COD 比值法，因为 BOD_5 可近似代表可生物降解性耗氧有机物量，COD 可近似代表耗氧有机物总量。一般情况下，当 $BOD_5/COD<0.3$ 时，该废水不适于生物处理；当 $BOD_5/COD>0.3$ 时，即可考虑对其进行生物处理；当 $BOD_5/COD>0.5$ 时，认为该废水的可生物降解性较好。

2. 有机毒物污染

各种有机农药、有机染料及多环芳烃、芳香胺等往往对人及其他生物体具有毒性，有的能引起急性中毒，有的则导致慢性病，有的已被证明是致癌、致畸、致突变物质。在水质标准中规定的有机毒物主要有：酚类、苯胺类、硝基苯类、烷基汞类、苯并 [a] 芘、DDT、六六六等。这些有机物虽然也造成耗氧性污染危害，但其毒性危害表现得更加突出，因此有时被称为有机毒物，在各类标准中规定了其最高允许含量。有机毒物主要来自焦化、染料、农药、塑料合成等工业废水，农田径流中也有残留的农药。这些有机物大多具有较大的分子和较复杂的结构，不易被微生物所降解，因此在生物处理和自然环境中均不易去除。以有机氯农药为例，首先，其具有很强的化学稳定性，在自然界的半衰期为十几年到几十年。其次，它们都可能通过食物链在人体内富集，危害人体健康。例如，DDT 能蓄积于鱼脂中，浓度可比水体中高 12 500 倍。

酚类化合物是一种比较典型的有机有毒污染物，水体受酚类化合物污染后会影响水产品的产量和质量。水体中的酚浓度低时能影响鱼类的洄游繁殖，酚浓度达到 0.1~0.2 mg/L 时鱼肉有酚味，浓度高时则会引起鱼类大量死亡，甚至绝迹。酚的毒性可抑制水中微生物(如细菌、藻类等)的自然生长速度，甚至会使其停止生长。

3. 新型有机污染物

近年来制造和使用的新合成化合物，成为国内外关注的新污染物。例如，全氟有机化合物、人用与兽用药物、个人护理品中的遮光剂/滤紫外线剂、人造纳米材料、汽油添加剂、溴化阻燃剂等。这些新合成化合物在环境中存在或者已经大量使用多年，已经以各种途径进入到全球范围内的各种环境介质(如土壤、水体、大气)中。由于新污染物具有很高的稳定性，在环境中往往难以降解并易于在生态系统中富集，所以造成了全球的环境污染，对生态系统中包括人类在内的各种生物构成了潜在的危害。目前，新污染物的生态效应及其对健康的潜在影响已成为全球和我国所面临的重大环境问题之一，也给水污染控制领域带来了新的挑战。

(四) 营养盐污染

生活污水和某些工业废水中常含有一定数量的氮、磷等营养物质，农田径流中也常挟带大量残留的氮肥、磷肥。这类营养物质排入湖泊、水库、港湾、内海等水流缓慢的水体，会造成藻类大量繁殖，这种现象称为"富营养化(eutrophication)"。当氮、磷的浓度分别超过 0.2 mg/L 和 0.02 mg/L 时，就会引起水体的富营养化。严重时水面上会聚集大片的藻类。这种现象发生在湖泊中称为"水华"，发生在海洋中称为"赤潮"。此外，BOD、温度、维生素类物质也能触发和促进水体富营养化。

富营养化中的藻类以蓝藻、绿藻、硅藻为主。硅藻的多样性指数可用来评价海水富营养化程度。绿藻中的某些种类能形成"水华"。由蓝藻形成的"水华"往往有剧毒，不但能引起水生生物(如鱼类)中毒死亡，家禽或家畜饮用这种水后也可中毒死亡。此外，藻类过度生长繁殖将造成水中溶解氧的急剧变化。在有阳光的时候，藻类通过光合作用产生氧气；在夜晚无阳光的时候，藻类的呼吸作用和死亡藻类的分解作用所消耗的氧能在一定时间内使水体处于严重缺氧状态，从而影响鱼类生存。当藻类在冬季大量死亡时，水中的 BOD 猛增，导致水体水质腐败，恶化环境卫生，危害水产业。

(五) 生物污染

生物污染物主要指废水中的致病性微生物，包括致病细菌、病虫卵和病毒。未污染的天然水中细菌含量很低，当城市污水、垃圾淋溶水、医院污水等排入水体后将带入各种病原微生物。例如，生活污水可能含有能引起肝炎、伤寒、霍乱、痢疾、脑炎的病毒和细菌，以及蛔虫卵和钩虫卵等；制革厂和屠宰场的废水中常含有钩端螺旋体等；医院、疗养院和生物研究所排出的污水中含有种类繁多的致病体。

水质标准中的卫生学指标有细菌总数和总大肠菌群数两项，后者反映水体受到粪便污染的状况。除致病体外，废水中若生长铁细菌、硫细菌、藻类、水草和贝壳类动物时，会堵塞管道和用水设备等，有时还腐蚀金属和损害木质，也属于生物污染。

生物污染的特点是数量大、分布广、存活时间长、繁殖速度快，必须予以高度重视。

(六) 放射性污染

凡具有自发放出射线特征的物质，称为放射性物质。这些物质的原子核处于不稳定状态，在其发生核转变的过程中，自发放出由粒子或光子组成的射线，并辐射出能量，同时本身转化为另一种物质，或是成为原来物质的较低能态。其所放出的粒子或光子，将对周围介质包括肌体产生电离作用，造成放射性污染和损伤。

废水中的放射性物质一般浓度较低，主要由原子能工业及应用放射性同位素的单位引起，对人体有重要影响的放射性物质有^{90}Sr、^{137}Cs、^{131}I 等，主要引起慢性辐射和后期效应，如诱发癌症(白血病)、对孕妇和胎儿产生损伤、缩短寿命、引起遗传性伤害等。放射性物质的危害强度、剂量、性质与受害者身体状况有关。半衰期短的，其作用在短期内衰退消失；半衰期长的，长期接触有蓄积作用，危害很大。

第二节　水污染的危害

污水未经处理直接排入水体，大量的有机物、营养物、有毒物质等源源不断地进入江河湖泊并经年累积，导致水质不断恶化，打破了天然水资源的良性循环，使生态系统遭到破坏，严重威胁人类生存。

发达国家在 18 世纪时的水污染还基本上局限在较小的局部地区，但随着工业和农业现代化、城市化的快速发展，以及人口的增加，西欧和美、日等发达国家都经历了严重的水污染。例如，法国巴黎的塞纳河、英国伦敦的泰晤士河、日本的琵琶湖，以及欧洲的莱茵河，都曾因为严重的污染问题而闻名于世。

我国水污染 20 世纪 70 年代开始趋于严重，随着社会经济的快速发展，大量未经妥善处理的污水排入江河湖海，使水质发生了严重恶化。水中化学需氧量、重金属、砷、氰化物、挥发酚等都呈上升趋势，松花江、淮河、海河和辽河水系污染严重，一些河流湖泊甚至鱼虾绝迹，令人触目惊心。从全国情况看，从区域向流域扩展，污染从城市向农村蔓延，地下水也不同程度地受到了污染，造成了巨大的经济损失。水环境污染问题，也使水资源供需矛盾进一步加剧，导致了人们对饮用水水质安全性的担心。随着人们对饮用水质量的要求不断提高，对优质饮用水源水需求日益增长，水质问题已成为水资源问题的主要矛盾。

随着国家对生态环境保护的日益重视和人们对优美水环境的追求，各项环境保护法规得到不断完善与贯彻落实，水环境治理工程性措施大规模建设和投入运行，水污染的势头得到了有效遏制，目前正朝着水污染控制与水环境修复并重的态势发展。但水污染控制的任务依然艰巨，仍需要在技术上不断创新进步，管理上精益求精，按照生态文明建设的要求，实现全面恢复我国山清水秀的水环境的宏伟目标。

水污染的危害主要有以下几点。

一、危害人体健康

水污染直接影响饮用水源的水质。当饮用水源受到某些有机物污染时，原有的水处理厂不能保证饮用水的安全可靠，这将导致如腹泻、肠道线虫、肝炎、胃癌、肝癌等疾病的产生。与不洁的水接触也会染上皮肤病、沙眼、血吸虫病、钩虫病等疾病。废水中的某些有毒有害物质，经过水的稀释，其浓度可以降低，甚至难于检测出来，但由于动植物的富集作用和人体自身的积累作用，仍然可以对人体造成危害。有些重金属(如铅、镉、汞、六价铬等)离子和氰化物、氟化物(浓度高时)有毒。一些合成有机物特别是含氯有机物(如农药、杀虫剂)，有破坏人体生理、致癌、致畸、致突变的作用。这些污染物在饮用水中的浓度极低，常以 μg/L 计，且没有适用的净水方法来完全清除它们。

我国一些缺水严重的北方地区，长期开采饮用含某些有害物质的深层地下水，使氟骨病和甲状腺病等地方病蔓延。由于水源污染和水质恶化，近年来与饮水有关的传染病及疑难病症在我国时常出现，使人民健康受到严重威胁。

二、降低农作物的产量和质量

农业常将江河湖泊中的水引入农田进行灌溉或采用污废水进行灌溉，一旦这些水体受到污染，水中的有毒有害物质将污染农田土壤，继而被作物吸收并残留在作物体内。如此会造成作物枯萎死亡，产量降低，或使作物的品质有不同程度的下降。工业废水中高浓度重金属、化学或有毒物质会导致农作物中污染物超标，污灌有可能降低农产品中蛋白质、氨基酸、维生素等营养物质的含量，提高水稻的粗糙率和碎米率，降低小麦的出粉率和面筋含量，使蔬菜产生异味、不易保存。

三、影响渔业生产的产量和质量

渔业生产的产量和质量与水质直接紧密相关。淡水渔场由于水污染而造成鱼类大面积死亡的事故常有发生。一些污染严重的河段造成鱼虾绝迹。水污染还会使鱼类和水生生物发生变异。有毒物质在鱼类体内积累，使它们的食用价值大大降低。

四、制约工业的发展

由于很多工业(如食品、纺织、造纸、电镀等)需要利用水作为原料或洗涤产品，直接参加产品的加工过程，水质的恶化将直接影响产品质量。水质差的冷却水会造成冷却水循环系统的堵塞、腐蚀和结垢问题，硬度高的水还会影响锅炉的寿命和安全。

五、加速生态环境的退化和破坏

水污染除了对水体中的水生生物造成危害外，对水体周围生态环境的影响也是一个重要方面。水污染使水体感观变差，散发臭气，水中的污染物对周围生物产生毒害作用，加速生物死亡，造成生态环境的退化和破坏。

六、造成经济损失

水污染使环境丧失部分或全部功能，造成环境的降级贬值，对人类的生存和经济的发展都带来危害，将这些危害货币化即为水污染造成的经济损失。例如，人体健康受到危害将减少劳动力，降低劳动生产率，并支付更多的医药费；鱼类减产或质量变差则直接造成经济损失；对生态环境的污染治理和修复费用都随着污染的加重而增加。

第三节 水污染控制工程的主要内容与任务

自然水体是人类可持续发展的宝贵资源，人类及其赖以生存的生态环境都需要充足洁净的水源才得以持续和发展。人类的生命需要用清洁的水维系，人类的生产生活需要消耗大量的水，农作物更是离不开水，而与人类息息相关的生态环境也不能没有水。为了使人类能够繁衍生息，坚持生态文明和可持续发展，必须减少对水体的污染，实现水资源的可持续性利用。

一、水污染控制工程的主要目标

人类从自然界取水、净水、供水使用到使用后污水的收集、处理、排放的过程，构成了人类用水的社会循环。保障人类社会对用水的持续需求和用水水质的安全性是水污染防治的主要目标，有以下三点：① 确保地表水和地下水饮用水源地的水质，为向居民供应安全可靠的饮用水提供保障。② 恢复各类水体的使用功能和生态环境，确保自然保护区、珍稀濒危水生动植物保护区、水产养殖区、公共游泳区、水上娱乐体育活动区、工业用水取水区和农业灌溉等水质，为经济建设提供合格的水资源。③ 保持景观水体的水质，美化人类居住区的环境。

二、水污染防治的主要内容和任务

水污染防治的主要内容和任务包括：① 制定区域、流域或城镇的水污染防治规划。在调查分析现有水环境质量及水资源利用需求的基础上，明确水污染防治的任务，制定相应的防治措施。② 加强对污染源的控制，包括对工业、城市居民区、禽畜养殖业等点污染源，以及城市暴雨径流、农田径流等面污染源的控制。在工业企业中推行清洁生产，倡导绿色发展，有效减少污染排放。③ 对各类废水进行妥善的收集和处理，建立完善的排水管网及污水处理厂，使污水排入水体前达到排放标准。④ 开展水处理工艺的研究，满足不同水质、不同水环境的处理要求。⑤ 加强对水环境和水资源的保护，通过法律、行政、技术等一系列措施，使水环境和水资源免受污染。

三、我国的水环境保护立法与标准

（一）我国的环境保护立法

国家重视水环境保护，制定了《中华人民共和国环境保护法》《中华人民共和国水污染防治法》等法律法规。在建设项目环境管理制度上提出了"三同时"规定，即"建设项目需要配置建设的环境保护设施，必须与主体工程同时设计、同时施工、同时投产使用"，从而达到控制新污染源产生、加快污染治理、保护生态环境的目的。对于已有的工业污染源，实行"一控双达标"管理，即"控制污染总量，使环境功能区达标，所有工业污染源排放污染物达标"。在排污收费方面，通过经济杠杆，强化水环境污染控制和管理。

（二）我国水环境质量标准与污染物排放标准

依据国家法律，有关部门和地方制定了详细的水环境质量标准，针对行业污水排放和水环境保护要求，我国相关管理部门还制定了系列行业污染物排放标准。

标准又可分为国家标准和地方标准。国家标准一般包括强制性国家标准、推荐性国家标准、国家标准化指导性技术文件等。国家标准具有普遍性，可在各地区使用。由于各地区的环境条件不同，根据本地区的实际情况还可以制定地方标准。地方标准严于国家标准，以保证环境质量的改善。

第一章

排水管渠系统

排水管渠系统是收集、输送城镇生活污水、工业废水和雨水的工程设施，是排水工程的主要内容，是城镇基础设施的重要组成部分。

合理选择排水体制、管渠和管渠系统上的构筑物对城镇排水工程在技术经济上具有十分重要的意义。

第一节 城镇排水系统的体制和组成

一、排水系统的体制

为了系统地排除和处置各种废(污)水而建设的一整套工程设施称为排水系统。

生活污水、工业废水和雨水可以采用一套管渠系统或是采用两套或两套以上各自独立的管渠系统来排除，这种不同的排除方式所形成的排水系统，称为排水系统的体制，简称排水体制，又称排水制度。

排水系统主要有合流制和分流制两种系统。

合流制排水系统是将生活污水、工业废水和雨水混合在同一套管渠内排除的系统。早期的合流制排水系统将排除的混合污水不经处理和利用，就近直接排入水体，故称为直排式合流制排水系统(图1-1)。以往国内外老城市几乎都是采用这种排水系统，对水体污染严重。改造老城市直排式合流制排水系统时，常采用截流式合流制排水系统(图1-2)。这是在早期建设的基础上，沿水体岸边增建一条截流干管，并在干管末端设置污水厂。同时，在截流干管与原干管相交处设置溢流井。晴天和初雨时，管道中全部污水都排入污水厂，经处理后排放入水体；随着雨量的增加，雨水径流相应增加，当来水流量超过截流干管的输水能力时，将出现溢流，部分混合污水经溢流井直接溢入水体。这种排水系统虽比直排式有了较大的改进，但在雨天，仍可能有部分混合污水因溢流排放而污染水体。

分流制排水系统是将污水和雨水分别在两套或两套以上各自独立的管渠内排除的系统。

排除生活污水、工业废水或城市污水的系统称污水排水系统；排除雨水的系统称雨水排水系统。由于排除雨水的方式不同，分流制排水系统又分为完全分流制、不完全分流制和半分流制三种。

完全分流制排水系统既有污水排水系统，又有雨水排水系统(图1-3)。生活污水、工业废水通过污水排水系统排至污水厂，经处理后排入水体；雨水则通过雨水排水系统直接排入水体。

排水系统的
体制

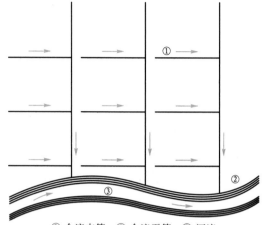

① 合流支管；② 合流干管；③ 河流

图1-1 直排式合流制排水系统

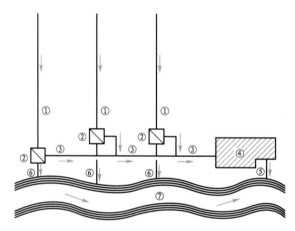

① 合流干管；② 溢流井；③ 截流干管；④ 污水厂；⑤ 出水口；⑥ 溢流干管；⑦ 河流

图1-2 截流式合流制排水系统

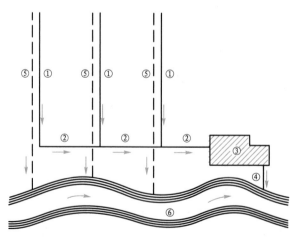

① 污水干管；② 污水主干管；③ 污水厂；④ 出水口；⑤ 雨水干管；⑥ 河流

图1-3 完全分流制排水系统

不完全分流制排水系统只设有污水排水系统，没有完整的雨水排水系统(图1-4)，各种污水通过污水排水系统送至污水厂，经处理后排入水体；雨水则通过地面漫流进入不成系统的明渠或小河，然后进入较大的水体。

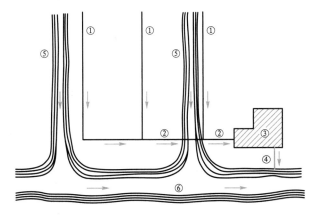

① 污水干管；② 污水主干管；③ 污水厂；④ 出水口；⑤ 明渠或小河；⑥ 河流
图1-4　不完全分流制排水系统

半分流制(又称截流式分流制)排水系统既有污水排水系统，又有雨水排水系统。之所以称半分流是因为它在雨水干管上设雨水跳越井，可截流初期雨水和街道地面冲洗废水进入污水管道(图1-5)。当雨水干管流量不大时，雨水与污水一起引入污水厂处理；当雨水干管流量超过截流量时，跳越截流管道经雨水干管排入水体。

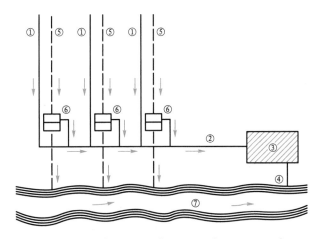

① 污水干管；② 污水主干管；③ 污水厂；④ 出水口；⑤ 雨水干管；⑥ 跳越井；⑦ 河流
图1-5　半分流制排水系统

合理选择排水系统的体制，是城镇和工业企业排水系统规划和设计的重要问题。它不仅从根本上影响排水系统的设计、施工和维护管理，而且对城镇和工业企业的规划和环境保护影响深远；同时，也影响排水系统工程的总投资、初期投资及维护管理费用。通常，排水系统体制的选择，应当根据城镇的总体规划，结合当地的地形特点、水文条件、水体状况、气候特征、原有排水设施、污水处理程度和处理后出水要求等综合考虑，并在满足环境保护需要的前提下，根据当地的具体条件，通过技术经济比较决定。同一城镇的不同地区也可采用不同的排水体制。

下面，进一步分析各种排水系统的使用情况。

1. 直排式合流制排水系统

由于全部污水和径流雨水不经处理直接排入水体，故对水体污染严重。虽然投资较低，但随着环境质量标准的提高，这种体制将不能满足环境保护的要求。因此，一般不宜采用这种体制。

2. 截流式合流制排水系统

该系统即使在雨天，也仅有部分混合污水不经处理直接排入水体，故对水体的污染较直排式合流制有很大的改善；但在多雨地区，污染可能仍然严重。随着环境质量标准的提高，该系统也将不能满足要求。为了克服截流式合流制这一缺陷，可设调蓄设施贮存雨污水，待雨后再送至污水厂处理。这样做还有可能降低污水厂进水量的变化幅度，从而降低其基建费用和改善其运行条件。但只有在特殊情况下才能采用，美国芝加哥是一实例。芝加哥是内陆大城，邻近大湖，水源保护的要求很高。同时，他们有建造地铁的丰富经验，可用于建造地下水库。为降低泵水能耗，还采用了节能措施。这是一项耗资很大的复杂工程。

3. 不完全分流制排水系统

该排水系统由于只建污水系统，不建雨水系统，故投资节省。这种体制适用于地形适宜，有地表水体，可顺利排泄雨水的城镇。发展中的城镇，为了分步投资，可先建污水系统，再完善雨水系统。我国很多工业区、居住区在以往建设中采用了不完全分流制排水系统。

4. 完全分流制排水系统

该排水系统由于既有污水排水系统，又有雨水排水系统，故环保效益较好；但有初期雨水的污染问题，其投资一般也比截流式合流制高。新建的城市及重要的工矿企业，一般采用完全分流制排水系统。工厂的排水系统，一般也采用完全分流制。性质特殊的生产废水，还应在车间单独处理后再排入污水管道。

5. 半分流制排水系统

在生活水平高、环境质量要求高的城镇可以采用。目前尚无实例。

总的来看，分流制排水系统比合流制排水系统灵活，其建设能配合社会发展的需要。不论污染负荷如何加重或环境要求如何提高，建成系统都较易进行相应调整。所以，新建的排水系统，一般应采用分流制。但在附近有较大的水体、发展又受到限制的小城镇，或在雨水稀少（年均降雨量在 300 mm 以下）、废水可以全部处理的地区等，采用合流制排水系统有时也是合理的。《室外排水设计标准》（GB 50014—2021）（以下简称《标准》）规定，现有的合流制排水系统，在有条件的地方应按照城镇排水规划的要求，实施雨污分流改造；暂时不具备雨污分流条件的，应采取截流、调蓄和处理相结合的措施。

二、排水系统的组成部分

排水系统是收集、输送、处理、利用及排放废(污)水的全部工程设施。排水系统的组成见图1-6。

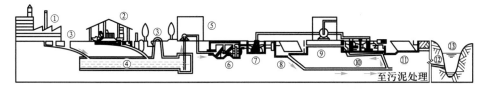

① 工厂排出的生产废水；② 住宅排出的生活污水；③ 工厂区及住宅区排出的雨水；
④ 城镇污水管渠系统；⑤ 泵站；⑥ 格栅；⑦ 曝气沉沙池；⑧ 初次沉淀池；⑨ 鼓风机房；
⑩ 曝气池；⑪ 二次沉淀池；⑫ 出水渠；⑬ 江河
图 1-6　排水系统的组成

管渠系统是收集和输送废(污)水的工程设施。污水厂是改善水质和回收利用污水的工程设施。出水口是废(污)水排入水体的工程设施。

下面对城镇污水排水系统、工厂排水系统和雨水排水系统的主要组成部分分别加以介绍。

(一) 城镇污水排水系统

城镇污水排水系统的作用是收集住宅和公共建筑的污水并输送至污水厂(图1-7)，由房屋污水管道系统、街坊污水管道系统城镇污水管渠系统和污水泵站组成。

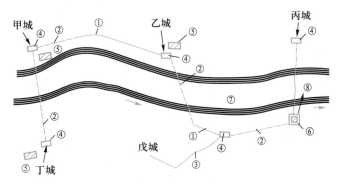

① 区域干管；② 压力排水管道；③ 新建城镇总干管；④ 泵站；⑤ 废弃的城镇污水厂；
⑥ 区域污水厂；⑦ 河流；⑧ 出水口
图 1-7　城镇污水排水系统平面示意图

1. 房屋污水管道系统

房屋污水管道系统及设备的作用是连接室内用水设备和室外管道，以排除用过的水。

在住宅及公共建筑内，各种用水设备既是人们用水的容器，也是产生污水的容器，它们是生活污水系统的起端设备。生活污水从这里经水封、支管、竖管和出流管等室内管道系统(图1-8)到达街坊(或庭院)管道。在每一房屋出流管与街坊(或庭院)管道相接的连接点设置检查井(图1-9),供清通和检查管道之用。

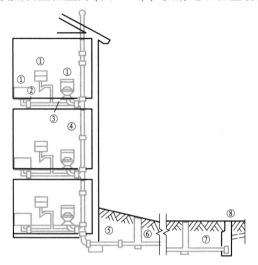

① 卫生设备和厨房设备;② 存水弯(水封);③ 支管;④ 竖管;
⑤ 房屋出流管;⑥ 庭院管道;⑦ 连接支管;⑧ 检查井

图 1-8 房屋污水管道布置图

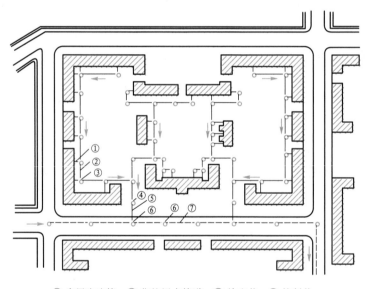

① 房屋出流管;② 街坊污水管道;③ 检查井;④ 控制井;
⑤ 连接管;⑥ 街道检查井;⑦ 城市污水管道

图 1-9 街坊污水管道布置图

2. 街坊污水管道系统

街坊污水管道敷设在街坊内部地面下,它起到承上启下的作用,房屋污水管道系统排出的污水,经街坊污水管道系统排入城镇污水管渠系统。其布置受四周街道污水管布置情况和地形的影响,有时自成体系(图1-9)。当情况特殊,街道污水管中污水可能倒流时,宜设控制井。

3. 城镇污水管渠系统

城镇污水管渠系统的主体是重力流管道(或渠道),犹如河川,从高处流向低处,街坊污水管道的起端段称支管,支管交汇成干管,最后那段干管称总干管(或主干管)。为了便于清通,每段管道都呈直线,段与段之间设检查井。管道与其他地下设施相遇时,常向下弯穿过,形成倒虹状下弯管道,称倒虹管。总干管的终点设污水厂,处理污水至合格标准,然后通过出水口排放至水体(图1-10)。

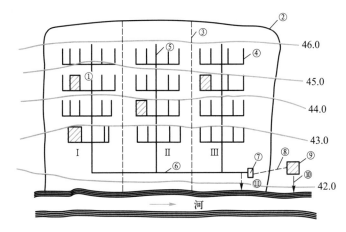

Ⅰ,Ⅱ,Ⅲ—排水流域

① 街区;② 排水流域;③ 排水流域分界线;④ 支管;⑤ 干管;⑥ 主干管;
⑦ 终点泵站;⑧ 压力管道;⑨ 污水厂;⑩ 出水口;⑪ 事故出水口

图1-10　城镇污水排水系统总平面示意图

4. 污水泵站

当管道埋深达到一定深度时,由于技术和经济的原因可在管道系统中设置泵站将污水提升上来。泵站的出流管可以是一般管道也可以是能承压的压力管道。

管道上的检查井有特殊需要的可改变构造,形成特殊检查井,如跌水井、事故出水口、水封井、溢流井等,参看本章第二节。

(二) 工厂排水系统

工厂排水系统的作用是收集各车间及其他排水对象所排出的废水,送至回收利用、处理构筑物,或直接排入城镇污水排水系统。工厂排水系统由下列几个主要部分组成。

1. 车间内部管道系统和设备

车间内部排水一般属建筑设计。具有用水设备的车间,排水设施需要按废水水质设计,或设循环使用设备,或直接排出车间,或经处理后排出车间。

2. 厂内管道系统

厂内管道系统是敷设在工厂内,用以收集并输送各车间排出的工业废水的管道系统(图1-11)。这种管道系统,有时要按清浊分流、分质分流的原则设置,即根据具体情况设置若干个独立的管道系统,分别输送各种工业废水,如图1-11中的管道⑥、⑦等;较干净的工业废水一般可直接排入雨水管道,如图1-11中的管道⑧

用来收集雨水和废水。

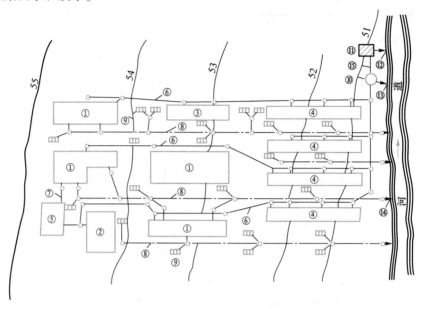

① 生产车间；② 办公楼；③ 值班宿舍；④ 职工宿舍；⑤ 废水利用车间；⑥ 生产与生活污水管道；
⑦ 特殊污染生产污水管道；⑧ 生产废水与雨水管道；⑨ 雨水口；⑩ 污水泵站；
⑪ 废水处理站；⑫ 出水口；⑬ 事故排水口；⑭ 雨水出水口；⑮ 压力管道

图 1-11　某工厂排水系统总平面示意图

3. 其他组成部分

其他组成部分与城镇污水排水系统相同。

（三）雨水排水系统

雨水排水系统的任务就是收集雨水径流，排入水体。雨水排水系统由下列几个主要部分组成。

1. 房屋雨水管道系统

收集工厂车间或大型建筑的屋面雨水，并将其排入室外的雨水管渠系统。

2. 街坊或厂区雨水管渠系统

承接房屋雨水管道系统排出的雨水和收集街坊或厂区地面的雨水，并将其排入街道雨水管渠系统。

3. 街道雨水管渠系统

雨水管渠系统上的附属构筑物，除检查井、跌水井、出水口外，还有收集地面雨水用的雨水口。

当设计区域傍山而建，除了要排除该区域范围内的雨水径流之外，还应及时排除区域范围以外沿山坡倾泻而下的山洪洪峰流量，以保证区域的安全。为此，必须在建设区周围适当的地方设置排洪沟。

4. 雨水泵站及压力管

因为雨水径流量较大，应尽量不设或少设雨水泵站；但在必要时必须设置，用以抽升部分或全部雨水。另外，也可通过技术经济比较来确定是否设置雨水泵站。

雨水排水系统的平面布置参见图 1-11。

合流制排水系统和半分流制排水系统的组成与上述分流制系统相似，具有同样的组成部分，只是在截流式合流制排水系统上设有截流干管和溢流井；而在半分流制排水系统上设有截流干管和雨水跳越井。

第二节 排水管渠及管渠系统上的构筑物

一、概述

管渠系统的主要组成部分是管道或渠道，渠道有暗渠和明渠之分。暗渠埋在地下，明渠沿地面修筑。城市和工厂中的管渠主要是暗管，工厂中也用加盖明渠（明渠上覆盖进水箅板，既可进水，又使它不妨碍交通）。下文所说的管渠系统一般都指暗管系统。暗管系统，根据需要常设置一些附属构筑物，如各种检查井、雨水口、倒虹管、出水口等。泵站则是排水系统中常见的建筑物。

口径小于 3~4m 的暗管常用预制的圆形管铺成。当管道设计断面较大时，不再采用预制管而就地按图建造，断面不限于圆形，称渠。

管道和渠道必须不漏水，不论渗入或渗出。假如地下水渗入管渠，则降低管渠的排水能力。假如污水从管渠中渗出，将污染邻近的地下水。在某些地区（如大孔性土壤）渗出水将破坏土壤结构，降低地基承载力，并可能造成管渠本身下陷或邻近房屋坍塌。

某些污水和地下水有侵蚀性，因此，管道和渠道应能抵抗这种侵蚀。为了使水流畅通，管渠的内壁面应整齐光滑。

在强度方面，管道和渠道不仅要能承担外压力（土压力和车辆压力），而且应当有足够的强度保证在运输和施工中不致破裂。

由于管渠的造价是整个排水系统造价的主要部分，管道和渠道材料的正确选择，对降低整个管渠系统的造价具有重要意义。

二、管道

通常管道是预制的圆形管子。因为圆形断面的水力性能好，便于预制，使用材料经济，能承受较大荷载，且运输和养护也较方便。绝大多数管道是用非金属材料制造的，其抗腐蚀性和经济性均优于金属管。只有在特殊情况下才采用金属管。

在我国，城市和工厂中最常用的管道是混凝土管、钢筋混凝土管、塑料管和陶土管。瓦管（不上釉的陶土管）和沥青混凝土管在某些方面会采用，在盛产木材或竹材的地区，可以用木材或竹材做临时性的管道。下面分别介绍常用的几种管道。

（一）混凝土管

1. 混凝土管（CP）

混凝土管适用于排除雨水、污水。管口通常有承插式、企口式和平口式（图1-12）。混凝土管的管径一般为100~600 mm，长度多为1 m。混凝土管按外压荷载分为Ⅰ、Ⅱ两级。不同管径的Ⅱ级管在管子壁厚、破坏荷载及内水压力等方面都优于相应管径的Ⅰ级管。

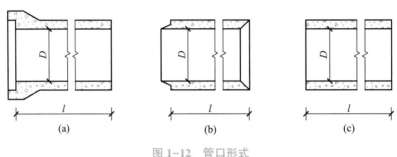

图1-12 管口形式

（a）承插管；（b）企口管；（c）平口管

混凝土管一般在专门的工厂预制，但也可现场浇制。混凝土管的制造方法主要采用离心法、悬辊法、振动法和立式挤压法成型。

混凝土管的原料较易获得，设备、制造工艺简单，所以被广泛采用。它的缺点是抗蚀性较差，既不耐酸也不耐碱；抗渗性能也较差；管节短、接头多。

2. 钢筋混凝土管（RCP）

口径为500 mm以及更大的混凝土管通常都加钢筋，口径为1 000 mm以上的管子采用内外两层钢筋，钢筋的混凝土保护层为25 mm。钢筋混凝土管适用于排除雨水、污水等。当管道埋深较大或敷设在土质条件不良的地段，以及穿越铁路、河流、谷地时都可采用钢筋混凝土管，其口径为200~2 400 mm，有时甚至做成口径3 000 mm的大型预制管，长度一般为2~3 m。

钢筋混凝土管管口的做法与混凝土管一样，有三种形式：承插式、企口式和平口式（图1-12）。采用顶管法施工时以前常用平口管，现在已不使用，顶管多用F型接口。

钢筋混凝土管制造方法主要有四种：离心、悬辊、振动和立式挤压法。与混凝土管的制造方法基本相同，做出的管子为承插管（小管）或企口管（大管，口径1 350 mm以上）。离心法制造的管子一般都是平口，长度在2.5 m以上，最长可达6.5 m。

钢筋混凝土管的钢筋扎成一个架子，有纵向（与管轴平行的）钢筋和横向（与管口平行的）钢筋。横向钢筋是主要钢筋。

3. 预应力钢筒混凝土管（PCCP）

预应力钢筒混凝土管是指在带有钢筒的混凝土管芯外侧缠绕环向预应力钢丝并制作水泥砂浆保护层而造成的管子。近年来，在城市给水排水干管、农田灌溉、倒虹管、压力隧道管线及深覆土涵管等工程中得到广泛应用。适用于内压力不超过1.6 MPa、管顶覆土深度不大于10 m的场合。预应力钢筒混凝土管的口径为400~

4 000 mm，有效长度为 5~6 m，管子接头采用单根或两根橡胶密封圈进行柔性密封连接。

（二）塑料管

现行用于排水系统的塑料管有 PVC-U 管、HDPE 管和 PP 管等，它们具有质量轻、强度高、耐腐蚀性能好、水流摩阻小、接口密封性能好、安装施工方便等优点，但一般管道内的水温应低于 40℃。从排水管网各种管径所占比例看，管径 500 mm 以下的排水管中塑料管占 70% 以上。

1. 硬聚氯乙烯（PVC-U）管材

根据我国硬聚氯乙烯管材生产情况和使用经验并从工程造价方面考虑，目前生产的"埋地硬聚氯乙烯（PVC-U）排水管"的公称直径为 110~630 mm，管长一般有 4.0 m、5.5 m 和 6.0 m，管道的接口一般采用弹性密封橡胶圈和黏结剂连接。

2. 高密度聚乙烯（HDPE）管材

目前有"聚乙烯塑钢缠绕排水管""埋地聚乙烯钢肋复合缠绕排水管"等。"聚乙烯塑钢缠绕排水管"的公称直径为 200~2 600 mm，管长一般有 6 m、8 m 和 10 m。公称直径为 200~2 600 mm 的管材接口多采用电热熔带连接，公称直径为 200~1 200 mm 的管材接口也可采用卡箍式弹性连接。

3. 聚丙烯（PP）管材

"增强聚丙烯（FRPP）大口径模压排水管"是一种新型的塑料排水管材，适用于公称直径 1 000 mm 以下的管道工程，管材接口采用橡胶圈连接。

此外，聚丙烯（PP）静音排水管材及管件是一种以降噪吸声材料和聚丙烯（PP-B）材料共混专用材料经注射成型的管件，其管径较小，多用于建筑物内。

（三）玻璃纤维管材

玻璃纤维管材也具有塑料管的优点。目前生产的"玻璃纤维增强塑料夹砂管"（简称 RPM 管）是以玻璃纤维及其制品为增强材料，以不饱和聚酯树脂、环氧树脂等为基体材料，以石英砂及碳酸钙等无机非金属材料制成填料作为主要原料，按一定工艺方法（长缠绕、离心浇铸、连续缠绕）制成的管道。RPM 管具有质量轻、强度高、输送液体阻力小及耐化学和电腐蚀性能好、运输安装方便、使用寿命长、综合造价适中、维护成本低等优点。目前该管材的公称直径为 200~4 000 mm，管长可达 12 m。此外，近来还生产有"玻璃纤维增强塑料顶管"（简称 GRP 顶管），其公称直径为 400~3 000 mm，管长一般为 2~6 m。以上两种玻璃纤维管已在排水工程中广泛应用。

（四）陶土管

陶土管能满足污水管道在技术方面的各种要求，耐酸性很好，在世界各国曾被广泛采用，特别适用于排除酸性废水。陶土管的缺点是质脆易碎，不宜敷设在松土中。

陶土管是由塑性耐火黏土制成的。为了防止在焙烧过程中产生裂缝应加入耐火黏土（有时掺有若干矿砂）。在焙烧过程中向窑中撒食盐，以利用食盐和黏土的化学作用而在管子的内外表面形成一种酸性的釉，使管子表面光滑、耐磨、防蚀、不透水。陶土管的外形如图 1-13 所示，其管径一般不超过 600 mm，因为口径大的管子烧制时容易变形，难以接合，废品率高；其管长为 0.8~1.0 m，在平口端的齿纹和钟口端的齿纹部分都不上釉，以保证接头填料和管壁牢固接合。

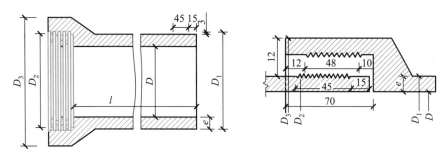

图 1-13 陶土管

(五) 金属管

通用的金属管是铸铁管和钢管，由于价格较昂贵，一般较少采用。只有在外力很大或对渗漏要求特别高的场合下才采用金属管。例如，在穿过铁路时，在土崩或地震地区(最好用钢管)，在贴近给水管道或房屋基础时，一般都采用金属管。此外，在压力管线(倒虹管和水泵出水管)上和施工特别困难的场合(如地下水很多，流沙情况严重)，亦常采用金属管。

在管道系统中采用的金属管主要是铸铁管。钢管可以用无缝钢管，亦可用焊接钢管。采用钢管时必须涂刷防腐涂料，并注意绝缘。

合理选择管道是排水管渠系统设计的重要问题，主要从三方面进行考虑：① 市场供应情况；② 经济上的考虑；③ 技术上的要求。

在选择管道时，应尽可能就地取材，采用易于制造、供应充足的管材。在考虑造价时，不但要考虑管道本身的价格，还要考虑施工费用和使用年限。例如，在施工条件差(地下水位高或有流沙等)的场合，采用较长的管子可以减少管接头，从而减少施工费用；在地基承载力差的场合，强度高的长管对基础要求低，可以减少敷设费用。

有时，管道的选择亦受技术上的限制。例如，在有内压力的管段上，就必须用金属管、钢筋混凝土管等；输送侵蚀性污水或管外有侵蚀性地下水时，最好采用塑料管或陶土管；当侵蚀性不太强时，也可以考虑用混凝土管或特种水泥浇制的混凝土管等。

上述各种管材均有国家标准或行业标准。国家标准或行业标准对管材的原材料、规格、应用、制作、连接、检验、运输、贮存等都作了详细规定，需要时可查阅。

三、渠道

渠道的口径比较大。内径大于 3~4 m 时，通常在现场浇制或砌装。使用的材料可为混凝土，钢筋混凝土，砖、石、混凝土块，钢筋混凝土块和塑料块等。其断面形式一般不采用圆形，而是根据力学、水力学、经济性和养护管理上的要求来选择渠道的断面形式。图 1-14 为常用渠道断面形式。

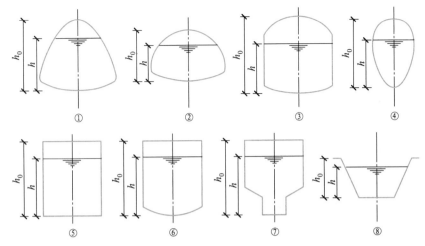

① 半椭圆形；② 马蹄形；③ 拱顶矩形；④ 蛋形；⑤ 矩形；⑥ 带弧形流槽的矩形(弧底矩形)；

⑦ 带低流槽的矩形(凹底矩形)；⑧ 梯形

图 1-14 常用渠道断面形式

半椭圆形断面在土压力和荷载较大时，可以较好地分配管壁压力，因而可减少管壁厚度。在污水流量无大变化及渠道直径大于 2 m 时，采用此种形式的断面较为合适。

马蹄形断面的高度小于宽度。在地质条件较差或地形平坦需尽量减少埋深时，可采用此种形式的断面。由于这种断面下部较大，适宜输送流量变化不大的大流量污水。

蛋形断面由于底部较小，从理论上讲，在小流量时仍可维持较大的流速，从而可减少淤积。以往，在合流制系统中较多采用。但实践证明，这种断面的渠道淤积相当严重，养护和清通工作比较困难。

矩形断面可以按需要增加深度，以增大排量。某些工业企业的污水渠道、路面狭窄地区的排水渠，以及排洪渠常采用这种断面形式。

在矩形断面基础上加以改进，可做成拱顶矩形、弧底矩形、凹底矩形等，以改善受力条件和水力学条件。凹底矩形断面的管渠，适用于合流制排水系统，晴天时污水在小矩形槽内流动，以保持一定的充满度和流速，减轻淤积程度。

梯形断面适用于明渠，它的边坡取决于土壤性质和铺砌材料。

四、检查井

检查井(又称窨井)主要是为了检查、清通和连接管渠而设置的。检查井通常设在管渠交汇、转弯、管径或坡度改变及跌水等处，相隔一定距离的直线管渠上也设置检查井，其最大间距应根据疏通方法等的具体情况确定，在不影响街坊接户管的前提下，宜按《标准》的规定取值，见表 1-1。无法实施机械养护的区域，检查井的间距不宜大于 40 m。

检查井及其构造

表 1-1　检查井在直线段的最大间距

管径/mm	300~600	700~1 000	1 100~1 500	1 600~2 000
最大间距/m	75	100	150	200

检查井由三部分组成：井基和井底、井身、井盖和盖座，见图 1-15。

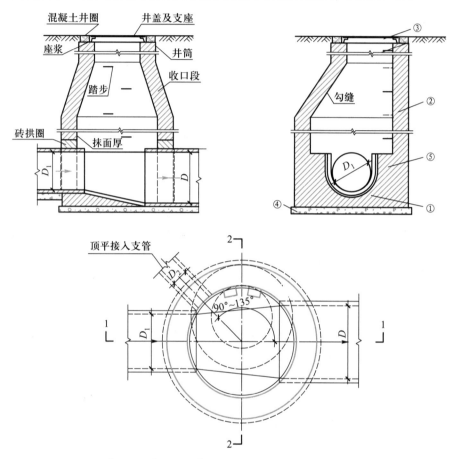

① 井底；② 井身；③ 井盖及盖座；④ 井基；⑤ 沟肩

图 1-15　检查井

　　检查井井底材料一般采用低标号混凝土，基础采用碎石、卵石、碎砖夯实或低标号混凝土。为使水流流过时阻力较小，井底宜设半圆形或弧形流槽，流槽直壁向上伸展。污水管道的检查井流槽顶与上、下游管道的管顶相平，或与 0.85 倍大管管径处相平，雨水管渠和合流管渠的检查井流槽顶可与 0.5 倍大管管径处相平。流槽两侧至检查井壁间的底板（称沟肩）应有一定宽度，一般应不小于 20 cm，以便养护人员下井时立足；并应有 0.02~0.05 的坡度坡向流槽，以防井中积水时淤泥沉积。在管渠转弯或几条管渠交汇处，为使水流通顺，流槽中心线的弯曲半径应按转角大小和管径大小确定，且不得小于大管的管径。井底各种流槽的形式如图 1-16 所示。

城市管渠养护经验证明，每隔适当距离，泵站及倒虹管进水井前一检查井的井底，宜做成落底 0.3~0.5 m 的沉泥槽，以利于管渠的清淤。

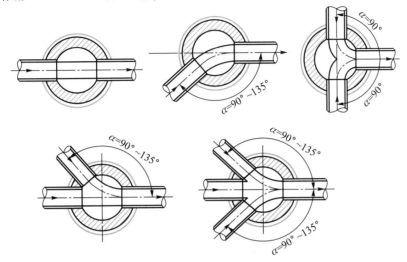

图 1-16　井底流槽的形式

　　检查井井身的材料可采用砖、石、混凝土或钢筋混凝土。国外多采用钢筋混凝土预制。我国目前则多采用砖、混凝土模块砌筑，以水泥砂浆勾缝抹面。井身的平面形状一般为圆形，但在大口径管道的连接处或交汇处，可做成方形、矩形或其他各种不同的形状，一般为多边形。图 1-17 为大管渠改向的扇形井平面图。

　　井身的构造与是否需要工人下井有密切关系。不需要工人下井的浅井，构造很简单，一般为直壁圆筒形；需要工人下井的检查井在构造上可分为工作室、渐缩部和井筒三部分，如图 1-15 所示。工作室是养护时进行临时操作的地方，不应过分狭小，其直径不能小于 1 m，高度在埋深许可

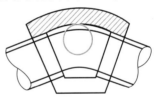

图 1-17　扇形井平面图

时一般采用 1.8 m。为降低检查井造价，缩小井盖尺寸，井筒直径一般比工作室小，但为了工人检修出入安全与方便，其直径不应小于 0.7 m。井筒与工作室之间可采用渐缩部连接，渐缩部高度一般为 0.6~0.8 m，也可以在工作室顶偏向出水管一边加钢筋混凝土盖板梁，井筒则砌筑在盖板梁上。为便于上下，井身在偏向进水管的一边保持直立。

　　检查井井盖可采用铸铁、钢筋混凝土或塑料材料，在车行道上一般采用铸铁。为防止雨水流入，盖顶略高出地面。盖座采用铸铁、钢筋混凝土或混凝土材料制作。在重要道路上的检查井，有时为了防止因检查井沉降而破坏路面，可设计卸荷板来固定井座和井盖，即使检查井沉降也不影响道路路面，或采用防沉降井座及井盖。为防止行人坠落一般应安装防坠落装置，为防止井盖被盗可采用"防盗再生树脂复合材料钢纤维井盖"，为方便养护检查井，井盖应有污水管、雨水管、合流污水管的标识。图 1-18 所示为轻型铸铁井盖及盖座，图 1-19 所示为轻型钢筋混凝土井盖

及盖座，图 1-20 所示为防止检查井沉降而破坏路面的井盖卸荷板，图 1-21 所示为防路面沉降井盖及井座。

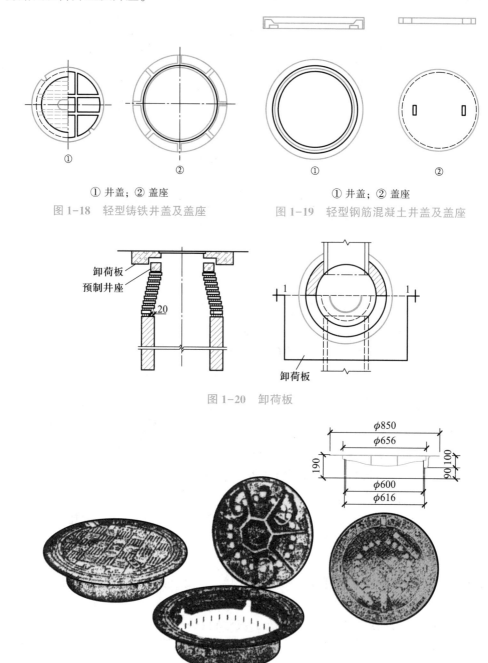

① 井盖；② 盖座

图 1-18 轻型铸铁井盖及盖座

① 井盖；② 盖座

图 1-19 轻型钢筋混凝土井盖及盖座

图 1-20 卸荷板

图 1-21 防路面沉降井盖及井座

近年来，国外和我国上海已开始采用聚合物混凝土预制检查井、装配式检查井（图 1-22、图 1-23）和混凝土、钢筋混凝土预制检查井（图 1-24）。上海从 2006 年就

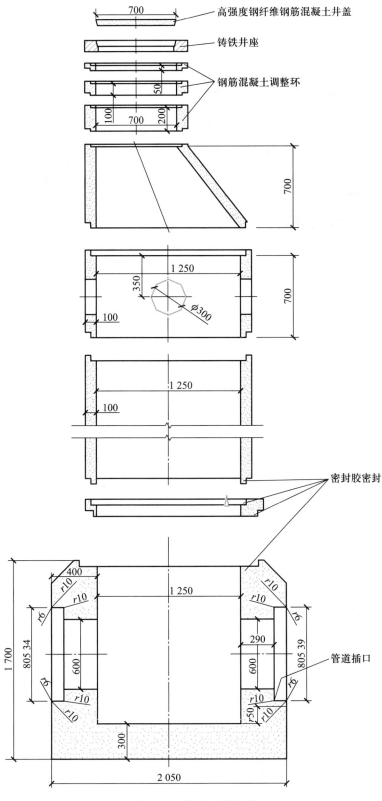

图 1-22　装配式检查井

图 1-23　装配式检查井底部　　　　　图 1-24　混凝土、钢筋混凝土预制检查井

开始试用高密度聚乙烯（HDPE）塑料检查井，其适用于口径小于 1 400 mm、管顶覆土厚度小于或等于 4 m 的塑料排水管的连接。塑料检查井有井筒式塑料检查井（图 1-25）和管件式塑料检查井（图 1-26）。为了避免井筒直接承受地面车辆荷载作用，检查井的井筒顶端与基座之间应保持一定空隙，并由基座基础承受检查井基座的荷载再将其传递至路基（图 1-27）。

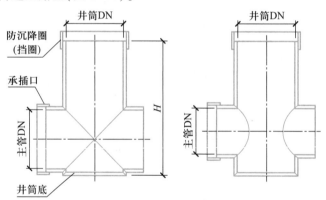

图 1-25　井筒式塑料检查井

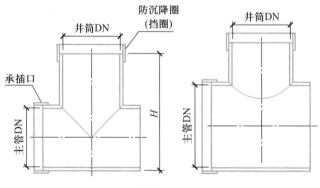

图 1-26　管件式塑料检查井

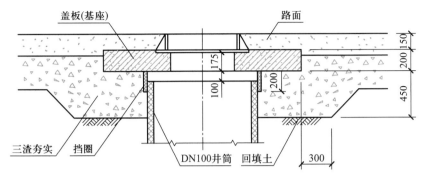

图 1-27 分离式基座及基座(三渣)基础

五、跌水井

检查井不适用于上下游管段出现较大的落差(大于 1~2 m)的情况,此时应改用跌水井连接。跌水井是设有消能设施的检查井,它可以克服水流跌落时产生的巨大冲击力,宜设在直线管段上。

跌水井的构造并无定型,目前常用的有竖管式、竖槽式(图 1-28)和阶梯式(图 1-29)。竖管式和竖槽式跌水井适用于管径不大于 600 mm 的管道。这种跌水方式,当管径不大于 200 mm 时,一次跌水水头高度不得大于 6 m;管径为300~600 mm 时,一次跌水水头高度不宜大于 4 m。该跌水井构造比较简单,与普通检查井相似,只是用铸铁竖管将上游管道与井底流槽连接起来,并配以四通,便于清通。

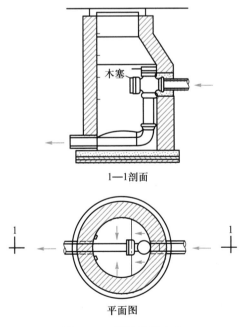

1—1剖面

平面图

图 1-28 竖管式跌水井

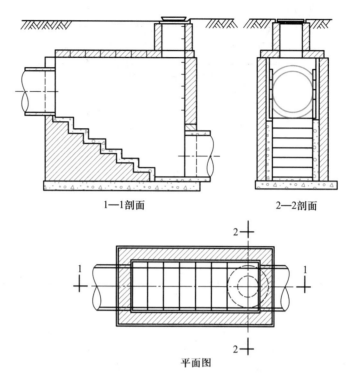

1—1剖面   2—2剖面

平面图

图 1-29 阶梯式跌水井

当管道管径大于 600 mm 时，可采用阶梯式跌水井。其跌水部分为多级阶梯，逐步消能。为了防止跌水水流的冲刷，阶梯的板面必须坚固，可按水力计算确定其一次跌水水头高度及跌水方式。

六、水封井

当工业废水中含有易燃的挥发性物质时，它的管道空间常出现爆炸性气体，为防止这种气体进入车间，在连接车间内、外管段的检查井中必须设置水封，这种检查井叫水封井。住宅出户管与市政排水管道连接处也应设水封井。水封井的作用除阻隔易燃气体的流通外，还有阻隔水面游火的功能，防止其蔓延。当排泄这类废水的管道很长时，在管道上的适当地点也应设置水封井。这类管道具有危险性，定线时要注意安全问题，应避开车行道、行人众多的地段，以及产生明火的场地。

水封井的构造如图 1-30 所示。水封的深度一般采用 0.25 m，井上宜设通风管，井底宜设沉泥槽。

七、溢流井

在截流式合流制排水系统中，晴天时，管道中的污水全部送往污水厂进行处理；雨天时，管道中的混合污水仅有一部分送入污水厂处理，超过截流管道输水能力的那部分混合污水不作处理，直接排入水体。在合流管道与截流管道的交接处，设置溢流井以完成截流(晴天)和溢流(雨天)的作用。

溢流井与跳跃井

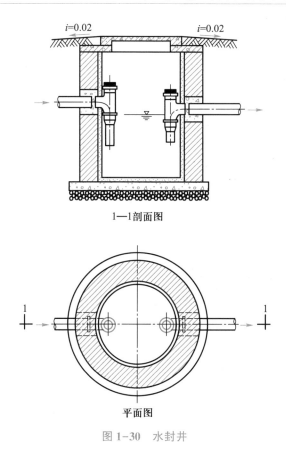

图 1-30　水封井

　　溢流井的构造有多种。最简单的溢流井是在井中设置截流槽，槽顶与截流干管管顶相平，或与上游截流干管管顶相平。当上游来水过多，槽中水面超过槽顶时，超量的水即溢入水体。图 1-31 为截流槽式溢流井示意图。图 1-32 为溢流堰式溢流井，即在流槽的一侧设置溢流堰，当流槽中水面超过堰顶时，超量的水即溢过堰顶，进入溢流管道，进而流入水体。

八、跳越井

　　跳越井一般用于半分流制排水系统，设在截流管道与雨水管道的交接处，当小雨或初雨时，雨水流量不大，全部雨水被截流，送至污水厂处理；当大雨时，雨水管道中的流量增至一定量后，将跳越过截流干管，全部雨水直接排入水体。跳越井的构造如图 1-33 所示。

九、冲洗井

　　当污水在管道内的流速不能保证自清时，为防止淤积可设置冲洗井。冲洗井分为人工冲洗和自动冲洗两种类型。自动冲洗一般采用虹吸式，其构造复杂，造价很高，目前很少采用。

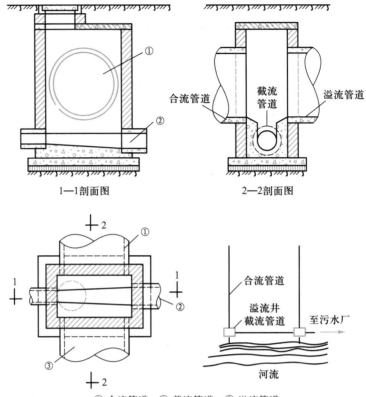

① 合流管道；② 截流管道；③ 溢流管道

图 1-31 截流槽式溢流井

溢流堰式溢
流井

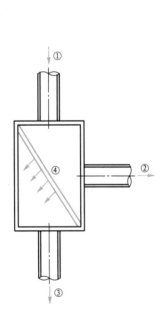

① 合流干管；② 截流干管；
③ 溢流管道；④ 溢流堰

图 1-32 溢流堰式溢流井

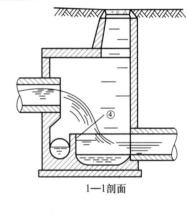

1—1剖面

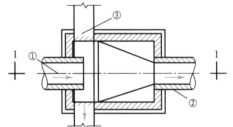

① 雨水入流干管；② 雨水出流干管；
③ 初期雨水截流干管；④ 隔墙

图 1-33 跳越井

人工冲洗井的构造比较简单，是一个具有一定容积的检查井。冲洗井的出流管上设有闸门，井内设溢流管以防止井中水溢出井口。冲洗水可利用自来水或上游来的污水。用自来水时，供水管的出口必须高于溢流管管顶，以免污染自来水（图 1-34）。

冲洗井一般适用于管径小于 400 mm 的较小管道，冲洗管道的长度一般为 250 m 左右。

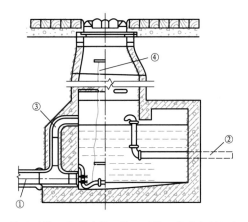

① 出流管；② 供水管；③ 溢流管；④ 拉阀的绳索

图 1-34　冲洗井

十、潮门井

临海、临河城市的排水管道，往往受到潮汐和外界水体水位的影响。为防止潮水或河水倒灌进排水管道，在排水管道出水口上游的适当位置应设置潮门井，潮门井是装有防潮闸门的检查井，如图 1-35 所示。

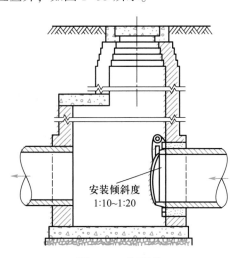

安装倾斜度
1:10~1:20

图 1-35　潮门井

防潮门一般用铁制,将其略带倾斜地安装在井中上游管道出口处,倾斜度一般为 1∶10~1∶20。当排水管道中无水时,防潮门靠自重密闭。当上游排水管道来水时,水流顶开防潮门排入水体。涨潮时,防潮门靠下游潮水压力密闭,使潮水不会倒灌入排水管道。潮门井中的防潮门也可采用橡胶鸭嘴阀代替。

十一、橡胶鸭嘴阀

橡胶柔性止回阀又叫"鸭嘴阀",已被广泛应用于城市排水管渠系统及排洪体系中。鸭嘴阀100%采用橡胶材质,由于其独特的材质和结构,可通过内外压差来实现启闭,即使被固体物质夹塞,也依然能够严密关闭。可代替潮门井防止潮水倒灌,也可用于需要止回阀的管道系统中。鸭嘴阀启闭及设计见图 1-36 和图 1-37。

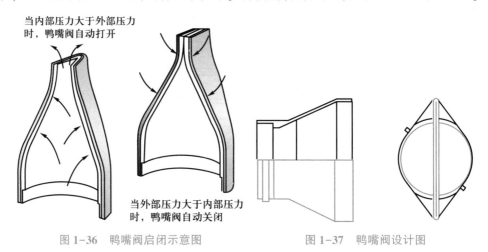

当内部压力大于外部压力时,鸭嘴阀自动打开

当外部压力大于内部压力时,鸭嘴阀自动关闭

图 1-36 鸭嘴阀启闭示意图　　　　图 1-37 鸭嘴阀设计图

十二、雨水口

雨水口是在雨水管道或合流管道上收集地面雨水的构筑物。地面上的雨水经过雨水口和连接管流入管道上的检查井。

雨水口的设置位置,应能保证迅速有效地收集地面雨水。一般应设在交叉路口、路侧边沟的一定距离处及设有道路边石的低洼地方,以防止雨水漫过道路或造成道路及低洼地区积水而妨碍交通。雨水口在交叉路口的布置详见第四章。雨水口的形式和数量应按汇水面积上所产生的径流量和雨水口的泄水能力来确定,一般一个平箅雨水口每秒可排泄 15~30 L 的地面径流量。雨水口的设置间距还要考虑道路的纵坡和路边石的高度。道路上雨水口的间距一般为25~50 m(视汇水面积大小而定)。

雨水口包括进水箅、井身和连接管三部分。进水箅可用混凝土制品或铸铁制品,后者坚固耐用,进水能力强。

街道雨水口的形式有边沟雨水口(图 1-38)、侧石雨水口(图 1-39)、两者相结合的联合式雨水口(图 1-40)及新型雨水口,如缝隙式雨水口(图 1-41)和蓄渗式雨水口。

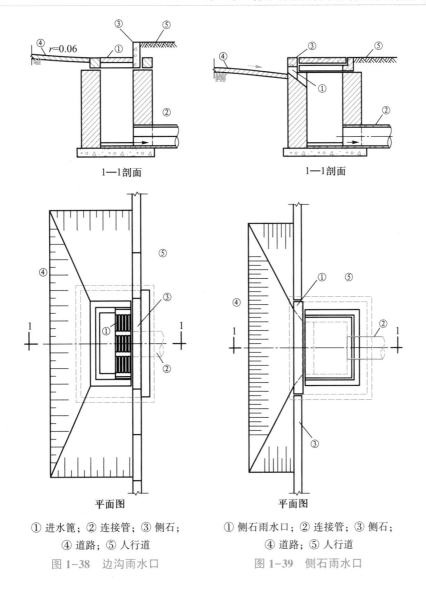

1—1剖面　　　　　　　　　　1—1剖面

平面图　　　　　　　　　　　平面图

① 进水箅；② 连接管；③ 侧石；　　　① 侧石雨水口；② 连接管；③ 侧石；
④ 道路；⑤ 人行道　　　　　　　　　④ 道路；⑤ 人行道

图 1-38　边沟雨水口　　　　　　图 1-39　侧石雨水口

边沟雨水口的进水箅是水平的，与路面相平或略低于路面数厘米；侧石雨水口的进水箅设在道路侧石上，呈垂直状；联合式雨水口的进水箅呈折角式安放在边沟底和侧石侧面的相交处。为了提高雨水口的进水能力，目前我国许多城市已采用双箅联合式或三箅联合式雨水口，扩大了进水箅的进水面积，进水效果良好。立箅式雨水口的宽度和平箅式雨水口的开孔长度和开孔方向，应根据设计流量、道路纵坡和横坡等参数确定。雨水口宜设置污物截留设施，合流制排水系统中的雨水口应设置防止臭气外溢的设施。

缝隙式雨水口由一定宽度的缝隙和宽度为 100 mm、深度为 200~350 mm 的明沟组成。其优点是美观实用、节省安装时间、维护费用低廉。对购物区、步行区、旅馆、商业和公共建筑都是理想的选择。

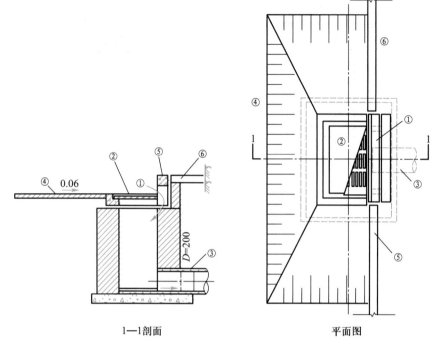

① 侧石进水箅；② 边沟进水箅；③ 连接管；④ 道路；⑤ 侧石；⑥ 人行道

图 1-40　联合式雨水口(铸铁箅子)

雨水口的井身可用砖砌或用钢筋混凝土预制。井身高度一般不大于 1m，在寒冷地区，为防止冰冻，可根据经验适当加大。从底部构造上看，雨水口分为落底式和不落底式。图 1-38 至图 1-41 所示为不落底式雨水口，图 1-42 所示为落底式雨水口。

落底式雨水口有截留进入雨水口的粗重物体的作用。当道路采用低级路面时，泥沙、石等容易随水流入雨水口，为避免其进入沟道造成堵塞，常采用落底式雨水口。落底式雨水口需要及时清除井底的截留物，否则不但失去截留作用，而且可能散发臭气。井底积水是蚊虫滋生地，天暖多雨季节要定时加药。落底式雨水口的养护工作量较大。

雨水口的底部以连接管和管道的检查井相连，当管径大于 800 mm 时，在连接管与管道连接处也可不设检查井，而设连接暗井，如图 1-43 所示。

连接管的管径一般为 200~300 mm，连接管长度不宜大于 25 m，管坡一般为 1.0%，连接在同一连接管上的雨水口不宜超过 3 个，目前管材多采用 PVC-U 管。

十三、倒虹管

排水管道有时会遇到障碍物，如河道、铁路、各种地下设施等。由于排水管道采用重力流，因此碰到障碍物时，应先考虑较易搬迁的障碍物(如给水管道)为其让路。在管道必须为障碍物让路时，它不能按原有的坡度埋设，而是按下凹的折线方式从障碍物下通过，这种管道称为倒虹管。

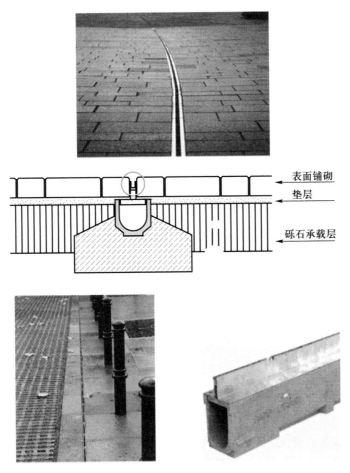

表面铺砌
垫层
砾石承载层

图 1-41 缝隙式雨水口

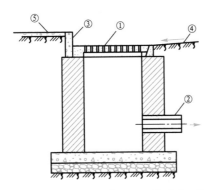

① 边沟进水箅；② 连接管；③ 侧石；④ 道路；⑤ 人行道

图 1-42 落底式雨水口

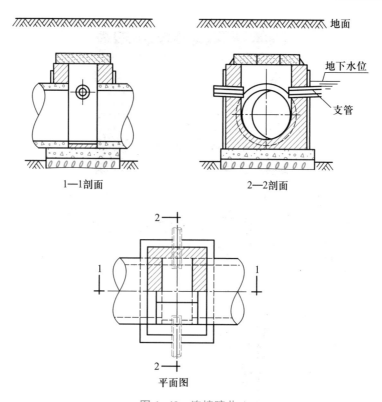

1—1剖面　　　　　　　2—2剖面

平面图

图 1-43　连接暗井

倒虹管由进水井、管道及出水井三部分组成。进、出水井内应设闸槽或闸门。管道分为折管式和直管式两种。折管式管道包括中部管段(埋设在河流或其他障碍物下,略有坡度)和两侧斜管(下降管段和上升管段)三部分。图 1-44 所示为折管式倒虹管,这种倒虹管施工复杂,养护困难,适用于河床较宽较深的情况。图 1-45 所示为直管式倒虹管,其施工与养护较前者简易。

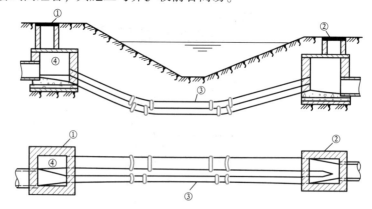

①进水井；②出水井；③管道；④溢流堰
图 1-44　穿越河道的折管式倒虹管

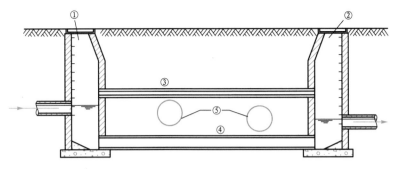

① 进水井；② 出水井；③ 溢流管；④ 倒虹管；⑤ 给水管

图 1-45 避开地下管道的直管式倒虹管

确定倒虹管的路线时，应尽可能与障碍物正交通过，以缩短倒虹管的长度，并应符合与该障碍物相交的有关规定。穿过河道的倒虹管，应选择在河床和河岸较稳定、不易被水冲刷的地段及埋深较小的部位敷设。倒虹管管顶与河底的垂直距离一般不宜小于 1.0 m，其工作管线一般不少于两条，当排水量不大，不能达到设计流量时，其中一条可作为备用。在通过谷、旱沟或小河时，可采用一条工作管线。

倒虹管采用复线时，其中的水流用溢流堰自动控制，或用闸门控制。溢流堰和闸门设在进水井中，图 1-44 所示的倒虹管采用溢流堰控制水流。当流量不大时，井中水位低于堰口，废水从小管中流至出水井；当流量大于小管容量时，井中水位上升，废水就溢过堰口通过大管同时流出。

由于倒虹管的清通比一般管道困难得多，设计时，可采取以下措施来防止倒虹管内污泥的淤积：

① 提高倒虹管内的设计流速。一般采用 1.2～1.5 m/s，在条件困难时可适当降低，但不宜小于 0.9 m/s，且不得小于上游管道中的流速。当管内流速达不到 0.9 m/s 时，应采取定期冲洗措施，冲洗流速不得小于 1.2 m/s。

② 最小管径采用 200 mm。

③ 在进水井或靠近进水井的上游管道的检查井底部设沉淀槽。在取得当地卫生主管部门同意的条件下，设置事故排水口，当需要检修倒虹管时，使上游废水通过事故排水口直接排入河道。

④ 折管式倒虹管的上升管与水平线夹角应不大于 30°。此措施主要为防止污泥在管内淤积。倒虹管的施工较为复杂，造价很高，应尽可能避免使用。

十四、管桥

管道穿过谷地时，可以不变更管道的坡度而用栈桥或桥梁承托管道，这种构筑物称为管桥。管桥优于倒虹管，但可能影响景观或其他市政设施，其建设应取得城镇规划部门的同意。无航运的河道，亦可考虑采用管桥。

管道在上桥和下桥处应设检查井，通过管桥时每隔 40～50 m 设检修口。上游检查井应有应急出水口。

十五、出水口

出水口及其形式

管道出水口的位置和形式应根据出水水质、水体的水位及其变化幅度、水流方向、下游用水情况、边岸变迁(冲、淤)情况和夏季主导风向等因素确定,并要取得当地卫生主管部门和航运管理部门的同意。

管道出水口一般设在岸边,如图 1-46 和图 1-47 所示。

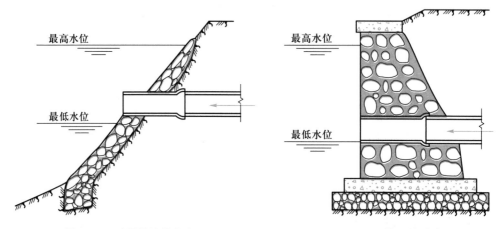

图 1-46 采用护坡的出水口　　　　图 1-47 采用挡土墙的出水口

当经处理后的废水需与受纳水体充分混合时,出水口常长距离伸入水体,如图 1-48 所示。当水量大时,常设置泵房和压力井,压力井连接排放管伸入水体,在伸入水体的出水口处应设置标志。

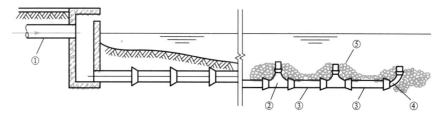

① 管渠;② T 形管;③ 渐缩管;④ 弯头;⑤ 护石
图 1-48 江心分散式出水口

污水管道的出水口应尽可能淹没在水中,管顶标高一般在常水位以下,可使污水和河水混合得较好,同时可以避免污水沿滩流泻,造成环境污染。

雨水管道的出水口应露在水面以上,否则天晴时河水倒灌管道,造成死水。雨水管道出水口的管底标高,一般设在常水位以上。

出水口与河道连接处,一般设置护坡或挡土墙,以保护河岸,并固定管道出口管的位置,参见图 1-46、图 1-47、图 1-48、图 1-49 和图 1-50。

当出水口标高比水体水面高出很多时,应考虑设置单级或多级跌水设施。

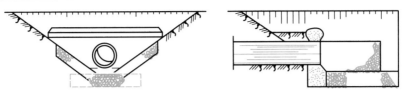

图 1-49　一字式出水口

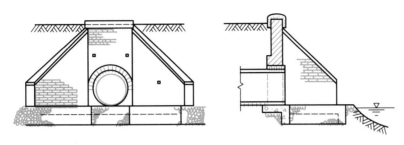

图 1-50　八字式出水口

思考题和习题<<<

1. 我国防治水污染的方针是什么？

2. 水污染控制工程的任务和作用是什么？

3. 排水体制有哪几种？每种排水体制有何优缺点？选择排水体制时应考虑哪些问题？

4. 排水系统由哪几部分组成？每个组成部分的功能是什么？

5. 对管道和渠道有哪些要求？

6. 为什么管道的断面形式常用圆形，而渠道的断面形式一般却不采用圆形？选择管道时主要应考虑哪些因素？

7. 渠道断面形式有哪几种？它们的特点是什么？

8. 试述管渠系统上的各种构筑物的功能，适用场合和构造要求，并试绘出它们的示意简图。

9. 为什么在管渠改变方向、坡度、高程和断面处及管渠交汇处，都必须设置检查井？为什么在直线管渠上的一定距离处，也必须设置检查井？

10. 为什么当管渠口径较大时（如 1 200 mm），检查井的水平截面的形状采用矩形而不采用圆形？

11. 检查井的底部为什么要做流槽？

12. 折管式与直管式倒虹管的构造、设计要求分别适用于什么场合？其优缺点如何？

13. 在设计和施工管渠系统上的构筑物时，为充分发挥其功能，应注意的主要问题是什么？

14. 污水管道的出水口应尽可能淹没在水中，其管顶标高一般应设在什么水位之下？

15. 雨水管道的出水口应露在水面以上，为什么？应露在什么水位以上？

第二章

排水管渠水力计算

管渠的分布类似河流，呈树枝状。溪流汇集成河，河流汇集成大江，由小到大，水流方向明确而不变动。支管汇集成干管，干管汇集成主干管，亦由小到大，水流亦有确定不变的方向。水流在管道流动时，水流上方是大气，具有自由的表面，而其他三个方向受到管道固体界面的限制。这种水流方式在水力学中称明渠流，或重力流。

管渠中的水流和河道中的水流亦很相似。水流由于受到重力的作用从高处流向低处。河水中挟带着泥沙，当河水流动缓慢时，泥沙下沉形成淤积；当河水流动迅急时，河岸冲刷，泥沙散失。污水中含有各种固体杂质，当污水在管渠中流动滞缓时，亦有淤积现象，固体杂质下沉；流速增大时，亦有冲刷现象，冲走沉淀物，甚至损坏管渠。

排水管渠水力计算的任务是根据管段的设计流量，选定既能防止淤积又不会引起冲刷的流速，确定排水管渠的断面尺寸和高程，并使管渠管段的敷设经济合理。

第一节　污水管渠水力设计原则

管渠的水力设计指根据水力学原理确定管渠的管径、坡度和高程。

为了保证管渠能正常运行，以顺利地收集和输送生活污水和工业废水，管渠水力计算要满足下列要求。

污水管渠水力设计原则及要求

1. 不溢流

由于生活污水和工业废水从管渠中溢流到地面将污染环境，因此污水管渠是不允许溢流的。由于污水流量不容易估计准确，而且雨水或地下水可能渗入污水管渠，为了保证管渠不溢流，水力计算时所采用的设计流量，是可能出现的最大流量。

2. 不淤积

当管渠中水流的速度太小时，水流中的固体杂质就要下沉，淤积在管渠中，会降低管渠的输送能力，甚至造成堵塞。因此，管渠水力计算时所采用的流速要有一个最低限值。

3. 不冲刷管壁

当管渠中水流速度过大时，会冲刷和损坏管渠内壁。因此，管渠水力计算所采用的流速要有一个最高限值。

4. 要注意通风

生活污水和工业废水及其淤积物在管渠中往往散发有毒气体和可燃气体。这些气体会伤害下检查井养护管渠的工人，而且可能引起爆炸。因此，污水管渠的水力设计一般不按满流计算，在管渠中的水面之上保留一部分空间，作为通风排气的通道，并为不溢流留有余地。

第二节　管渠水力计算基本公式

在设计管渠时，要通过计算来决定管渠的口径、坡度和检查井处的管底高程，由于这种计算是根据水力学原理进行的，故称为管渠的水力学计算（或称水力计算）。

在进行水力计算时，常以相邻的两个检查井间的管段作为设计对象，称作设计管段。当相邻的设计管段能采用同样的口径和坡度时，可以合并为一个设计管段。所以，在同一个设计管段上，流量沿程不变或变化较小，全管段可以采用同样的口径和坡度。管渠内水流流量和流速经常发生变化，不是均匀流；但是在不长的设计管段上，当流量没有很大的变化、管渠内没有大量沉淀物时，管渠中水流状态接近于均匀流（图2-1）。为了简化计算工作，管渠（暗管或明渠）的水力计算采用均匀流公式。

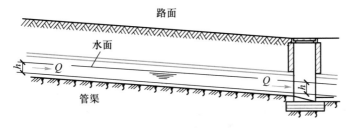

图2-1　均匀流管段示意图

用于管渠水力计算的均匀流基本公式有两个，一个是流量公式，另一个是流速公式。

流量公式为
$$Q = A \cdot v \tag{2-1}$$

流速公式为
$$v = \frac{1}{n} R^{\frac{2}{3}} I^{\frac{1}{2}} \tag{2-2}$$

式中：Q——设计管段的设计流量，m^3/s；

A——设计管段的过水断面面积，m^2；

v——设计管段过水断面的平均流速，m/s；

R——水力半径（过水断面面积与湿周的比值），m；

I——水力坡度（即水面坡度，也等于管底坡度 i）；

n——粗糙系数（宜按表2-1的规定取值），混凝土和钢筋混凝土排水管渠的粗糙系数一般采用 0.013~0.014。

表 2 -1 排水管渠粗糙系数 n 值

管渠类别	n 值
混凝土管、钢筋混凝土管、水泥砂浆抹面渠道	0.013~0.014
水泥砂浆内衬球墨铸铁管	0.011~0.012
石棉水泥管、钢管	0.012
UPVC 管、PE 管、玻璃钢管	0.009~0.010
土明渠(包括带草皮)	0.025~0.030
干砌块石渠道	0.020~0.025
浆砌块石渠道	0.017
浆砌砖渠道	0.015

在式(2-1)和式(2-2)中，A 和 R 均为管径 D 和充满度 $\dfrac{h}{D}$（h 为水深）的函数。两式中共有 6 个水力要素，除 Q 与 n 为已知外，尚有 4 个为未知，为了简化计算，可使用水力学算图和水力学算表。

第三节 水力学算图

水力学算图有不满流圆形管道水力学算图、满流圆形管道水力学算图、满流矩形渠道水力学算图和明渠流用的水力学算图等。本书只介绍不满流圆形管道水力学算图和满流圆形管道水力学算图。其他几种水力学算图及水力学算表可查阅有关设计手册。

不满流圆形管道水力学算图见附录二附图 2-1 至附图 2-17，这些图适用于 $n=0.014$，管径为 200~1 500 mm 的情况。

对每一个设计管段，有 6 个水力要素：管径 D、粗糙系数 n、充满度 $\dfrac{h}{D}$、水力坡度即管底坡度 i、流量 Q 和流速 v。对每一张算图来讲，D 和 n 是已知数，图上的曲线表示 Q、v、i、$\dfrac{h}{D}$ 之间的关系，只要知道其中两个就可以查出其他两个。现在举例说明这些图的用法。

例 2-1 已知 $n=0.014$，$D=300$ mm，$Q=25.5$ L/s，$i=0.002\,4$，求 v 和 $\dfrac{h}{D}$。

解：① 采用 $D=300$ mm 的水力学算图（图 2-2）。

水力学算图
使用示例

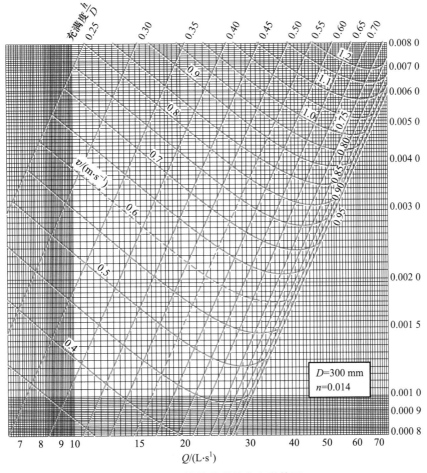

图 2-2　不满流管道的水力学算图

② 在这张图上有 4 组线条：竖的线条代表流量，横的线条代表坡度，从左向右下倾的斜线代表流速，从右向左下倾的斜线代表充满度。每条线上的数字代表相应要素的值。先从纵轴（表示坡度）上的数字中找 0.002 4，从而找出代表 $i=0.002\ 4$ 的横线。

③ 从横轴（表示流量）上找出代表 $Q=25.5$ L/s 的那根竖线（在 20 与 30 之间有 10 小格，每格代表 1 L/s）。

④ 代表坡度 0.002 4 的横线和代表流量 25.5 L/s 的竖线相交，得一点，这一点正好落在代表流速 0.65 m/s 的那根斜线上，并靠近代表充满度 0.55 那根斜线上。因此求得 $v=0.65$ m/s，$\dfrac{h}{D}=0.55$。

例 2-2　已知 $n=0.014$，$D=300$ mm，$Q=26$ L/s，$i=0.003$，求 v 和 $\dfrac{h}{D}$。

解：① 同例 2-1。

② 找出代表 $Q=26$ L/s 的那根竖线。

③ 找出代表 $i=0.003$ 的那根横线。

④ 找出以上两根线的交点。这个交点落在代表 $v=0.7$ m/s 和 $v=0.75$ m/s 的两根斜线之间。假如有一根和以上两根斜线平行的线正好穿过这交点，那么估计这根线是代表 $v=0.71$ m/s 的。于是，求得 $v=0.71$ m/s（参看图 2-3，并与图 2-2 对照起来看）。

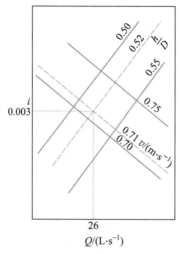

图 2-3 水力学算图的应用示意图

⑤ 确认 $\dfrac{h}{D}$。交点落在代表 $\dfrac{h}{D}=0.50$ 和 0.55 两根斜线之间，估计 $\dfrac{h}{D}=0.52$。于是，求得 $\dfrac{h}{D}=0.52$。

例 2-3 已知 $n=0.014$，$D=300$ mm，$Q=38$ L/s，$v=1.0$ m/s，求 i 和 $\dfrac{h}{D}$。

解： ① 同例 2-1。

② 找出代表 $Q=38$ L/s 的那根竖线。

③ 找出代表 $v=1.0$ m/s 的那根斜线。

④ 以上两根线的交点落在代表 $i=0.005\,7$ 的横线上，求得 $i=0.005\,7$。

⑤ 确认 $\dfrac{h}{D}$。交点落在代表 $\dfrac{h}{D}=0.53$ 的斜线上，求得 $\dfrac{h}{D}=0.53$。

通过示例不难看出，图中两条虚线（最大允许充满度线和最小允许流速线）上方的数据均符合规定，故可以采用。两条虚线下方的数据均不符合规定，故不可采用。查图时，宜选用两条虚线交点处或接近交点又在两条虚线上方的数据。这样，既符合规定，又能使管道断面得到充分利用，相应的坡度也较小，以减少埋深，降低造价。当管道口径和流量已知时，宜选用流量线和最小允许流速线交点处或流量线和最大允许充满度线交点处的数据。

满流圆形管道水力学算图见附录二附图 2-18，该图适用于 $n=0.013$。图中竖线代表流量，横线代表坡度，从左向右下倾的斜线代表流速，从右向左下倾的斜线代表管径，使用方法与不满流圆形管道水力学算图相类似。

在无水压圆管中，充满度 $\dfrac{h}{D}=0.8$ 时的流量和满流$\left(\dfrac{h}{D}=1\right)$时的流量近似相等，所以不满流管道的水力学算图、算表也可以用于满流计算。例如，当 $n=0.014$, $i=0.006$ 时，口径 300 mm 的管道的满流流量为 68 L/s。反之，亦可求得：当 $n=0.014$，$D=300$ mm，$Q=68$ L/s 时，$i=0.006$(图 2-2)。

第四节　管渠水力设计主要参数

为了解决在已确认设计流量下采用最佳管径、坡度及流速的问题，需要对设计数据作一些规定，以求设计结果符合本章第一节所列出的原则。

一、设计充满度

污水管渠是按不满流的情况进行设计的。在设计流量下，管渠中的水深 h 和管径 D(或渠高 H)的比值称为设计充满度，如图 2-4 所示。设计充满度有一个最大的限值，即《室外排水设计标准》(GB 50014—2021)(下文简称《标准》) 规定的最大设计充满度，见表2-2。

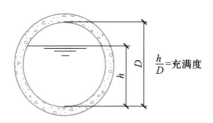

图 2-4　充满度示意图

表 2-2　最大设计充满度

管径或渠高/mm	最大设计充满度
200~300	0.55
350~450	0.65
500~900	0.70
≥1 000	0.75

对于明渠，《标准》规定超高(渠中设计水面与渠顶间高度)不得小于 0.2 m。

二、设计流速

设计流速是管渠中流量到达设计流量时的水流速度。为了防止管渠因淤积而堵塞或因冲刷而损坏，通常要对设计流速规定一个范围，其最低限值称为最小设计流速，其最高限值称为最大设计流速。《标准》规定：污水管渠的最小设计流速为 0.6 m/s；明渠的最小设计流速为 0.4m/s。最大设计流速和管道的材料有关，一般情况下，金属管道内的最大设计流速为 10 m/s；非金属管道内的最大设计流速为 5 m/s；明渠的最大设计流速可根据《标准》选取。

在平坦地区，最小设计流速定得过大，管道的坡度偏大，管道的埋深就要增加，因而会增加开挖土方量，甚至需要增设中途泵站。因此，在平坦地区，可结合当地具体情况，对《标准》规定的最小设计流速作合理的调整。

就整个污水管渠系统来讲，各设计管段的设计流速从上游到下游最好是逐渐增加的。

三、最小管径

通常，在管道系统的上游部分流量很小，如果根据流量计算，管道的管径也很小。但是，管径过小极易堵塞，需要频繁疏通，人力耗费很大。所以，根据经验规定了一个允许的最小管径。按计算确定的管径如小于最小管径，就采用最小管径。《标准》规定污水管道的最小管径见表 2-3。

表 2-3 最小管径与相应最小设计坡度

管道类别	最小管径/mm	相应最小设计坡度
污水管、合流管	300	0.003
雨水管	300	塑料管 0.002，其他管 0.003
雨水口连接管	200	0.01
压力输泥管	150	—
重力输泥管	200	0.01

管道在坡度变陡处，其管径可根据水力计算确定由大改小，但不得超过 2 级，并不得小于相应条件下的最小管径。

四、最小设计坡度和不计算管段的最小设计坡度

坡度和流速存在一定的关系 $\left(v=\dfrac{1}{n}R^{\frac{2}{3}}I^{\frac{1}{2}}\right)$，同最小设计流速相应的坡度就是最小设计坡度。相同直径的管道，如果充满度不同，可以有不同的最小设计坡度。

因设计流量很小而采用最小管径的设计管段称为不计算管段。由于这种管段不进行水力计算，没有设计流量，因此就直接规定管道的最小设计坡度。《标准》规定的污水管道的最小设计坡度（即不计算管段的最小设计坡度）见表2-3。

五、管道的埋设深度和覆土厚度

管道的埋设深度(简称埋深)是指管底的内壁到地面的距离(图2-5)。管道的埋设深度对整个管道系统的造价和施工影响很大。管道愈深，则造价愈贵，施工期愈长。所以，管道的埋设深度小些好，并有一个最大限值，这个限值称为最大埋深。管道的最大埋深需要根据技术经济指标及施工方法确定。在干燥土壤中，管道最大埋深一般不超过7~8 m；在多水、流沙、石灰岩地层中，一般不超过5 m。

管道埋深和
覆土厚度

管道的覆土厚度是指管顶的外壁到地面的距离(图2-5)。尽管管道埋深小些好，但是，管道的覆土厚度有一个最小限值，称为最小覆土厚度。最小覆土厚度取决于下列三个因素：① 必须防止管道中的污水冰冻和因土壤冰冻膨胀而损坏管道；② 必须防止管壁被车辆造成的活荷载压坏；③ 必须满足支管在衔接上的要求。

污水在管道中冰冻的可能与污水的水温和土壤的冰冻深度等因素有关。由于生活污水本身温度较高，即使在冬季亦不低于7~11℃；工业废水的温度一般还要高些，故管道周围的泥土并不冰冻。因此，没有必要把整个管道都埋在土壤的冰冻线以下。但是，如将整个管道都埋在冰冻线以上，则土壤冰冻膨胀可能损坏管道的基础，从而损坏管道整体。所以《标准》规定：一般情况下，排水管道宜埋设在冰冻线以下。当该地区或条件相似地区有浅埋经验或采取相应措施时，也可埋设在冰冻线以上，其浅埋数值应根据该地区经验确定。

图2-5　埋深和覆土厚度

为了防止车重压坏管壁，管顶应有一定厚度的覆土。这一厚度的数值取决于管壁的强度、活荷载的大小和活荷载的传递方式(与路面种类和覆土情况有关)等因素。《标准》规定：管顶最小覆土厚度在车行道下宜为0.7 m；人行道下为0.6 m。在保证管道不会受外部荷载损坏时，最小覆土厚度可适当减小。

在气候温暖的平坦地区，管道的最小覆土厚度往往取决于房屋排出管在衔接上的要求(图2-6)。街区或厂区内的污水管道承接房屋排出管，它的起端埋深就受房屋排出管埋深的限制。街道下的污水管道一定要能承接街区或厂区内的污水管道，因此，它的最小覆土厚度就受街区或厂区内的污水管道埋深的限制。房屋排出管的最小埋深通常采用0.55~0.65 m。图2-6中，街管的最小覆土厚度可用下式计算

$$d = h + iL + h_1 - h_2 \tag{2-3}$$

式中：d ——街管的最小覆土厚度，m；

$\quad h$ ——街区或厂区内的污水管道起端的最小埋深，m；

$\quad i$ ——街区或厂区内的污水管道和连接支管的坡度；

$\quad L$ ——街区或厂区内的污水管道和连接支管的总长度，m；

$\quad h_1$ ——街管检查井处地面高程，m；

h_2——街区或厂区内的污水管道起点检查井处地面高程，m。

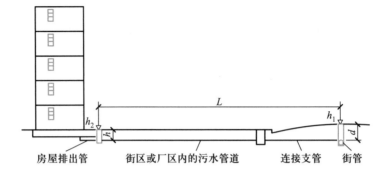

图 2-6 街管最小覆土厚度与街区或厂区内污水管道和房屋排出管间的关系

这里应当指出，在式(2-3)的推算中，采用了连接支管的管底与街管管顶相平的连接方式，这仅是为了便于表达。

对于每一个具体管段来说，从上述决定最小覆土厚度的三个因素出发，可以得到三个不同的覆土限值。这三个限值中的最大值就是这一管段的允许最小覆土厚度。

第五节　管段的衔接

管段的衔接

一、管段衔接的原则

检查井上下游的管段在衔接时应遵循下述原则：① 尽可能提高下游管段的高程，以减少埋深，从而降低造价。在平坦地区这点尤其重要。② 避免在上游管段中形成回水而造成淤积。③ 不允许下游管段的管底高于上游管段的管底。

二、管段的衔接方法

管段通常采用管顶平接[图 2-7(a)]，有时也采用水面平接[图 2-7(b)]，在特殊情况下需要采用管底平接[图 2-7(c)]。

(1) 管顶平接：指在水力计算中，使上游管段和下游管段的管顶内壁的高程相同。采用管顶平接时，上游管段产生回水的可能性较小，但往往使下游管段的埋深增加。

(2) 水面平接：指在水力计算中，使上游管段和下游管段的水面高程相同。采用水面平接时，常因管道中流量出现变化时(主要是上游的小管道)而产生回水，但下游管道的埋深可以浅些。为了减少下游管道的埋深，也有人建议在充满度为 0.8 处平接。

(3) 管底平接：指在水力计算中，要使上游管段和下游管段的管底内壁的高程相同。

在一般情况下，异管径管段采用管顶平接。有时，当上下游管段管径相同而下游管段的充盈深小于上游管段的充盈深时(由小坡度转入较陡的坡度时，可能出现这

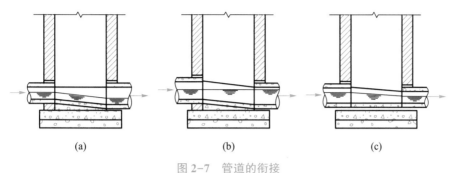

图 2-7　管道的衔接

（a）管顶平接；（b）水面平接；（c）管底平接

种情况），也可采用管顶平接。

　　通常，同管径管段往往是下游管段的充盈深大于上游管段的充盈深，为了避免在上游管段中形成回水而采用水面平接。在平坦地区，为了减少管道埋深，异管径的管段有时也采用水面平接或充满度 0.8 处平接。当异管径管段采用管顶平接，而发现下游管段的水面高于上游管段的水面时（这种情况并不常见），应改用水面平接。

　　在特殊情况下，下游管段的管径小于上游管段的管径（坡度突然变陡时，可能出现这种情况），而不能采用管顶平接或水面平接时，应采用管底平接以防下游管段的管底高于上游管段的管底。为了减少管道系统的埋深，虽然下游管道管径大于上游管道管径，有时也可采用管底平接。

　　总之，管段的衔接是以尽量减少管道埋深为前提的，而且在检查井处不应发生下列情况：① 下游管底高于上游管底，② 下游水位高于上游水位。

第六节　管段水力计算

　　在进行某一设计管段的水力计算之前，必须先知道此管段的设计流量 Q、管段长度 L、检查井处的地面高程，根据地面高程和管段长度可以算出地面坡度 I。

　　因计算从上游开始，所以计算时上游管段的口径、高程、埋深等是已知的。通常设计管段的坡度在数值上与地面坡度相近，管段口径则与上游管段口径相近。现举例说明。

　　例 2-4　已知设计管段长度 L 为 240 m；地面坡度 I 为 0.002 4；流量 Q 为 40 L/s，上游管段管径 D 为 300 mm，充满度为 0.55，管底高程为 44.220 m，地面高程为 46.060 m，覆土厚度为 1.54 m（图 2-8）。求：设计管段的口径和管底高程。

　　解：由于上游管段的覆土厚度较大，设计管段坡度应尽量小于地面坡度以减少管段埋深。

　　① 令 $D = 300$ mm，查附录二附图 2-3，当 $D = 300$ mm，$Q = 40$ L/s，$\dfrac{h}{D} = 0.55$

(最大充满度)时，$i=0.005\ 8>I=0.002\ 4$，不符合应尽量减少埋深的原则；令 $v=0.6$ m/s(最小流速)时，$\dfrac{h}{D}=0.90>0.55$，也不符合要求。

② 令 $D=350$ mm，查附录二附图 2-4，当 $D=350$ mm，$Q=40$ L/s，$v=0.6$ m/s 时，$\dfrac{h}{D}=0.66>0.65$，不符合要求；令 $\dfrac{h}{D}=0.65$ 时，$v=0.61$ m/s>0.6 m/s，符合要求。此时 $i=0.001\ 5<I=0.002\ 4$，比较合适。

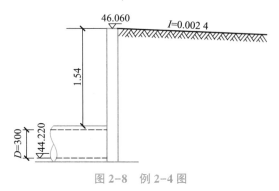

图 2-8　例 2-4 图

采用管顶平接，

设计管段的上端管底高程：$(44.220+0.300-0.350)$ m$=44.170$ m

设计管段的下端管底高程：$(44.170-240×0.001\ 5)$ m$=43.810$ m

检验，

上游管段的下端水面高程：$(44.220+0.300×0.55)$ m$=44.385$ m

设计管段的上端水面高程：$(44.170+0.350×0.65)$ m$=44.398$ m

44.398 m 高于 44.385 m，不符合要求，应采用水面平接。

③ 令 $D=400$ mm，查附录二附图 2-5，当 $D=400$ mm，$Q=40$ L/s，$v=0.6$ m/s 时，$\dfrac{h}{D}=0.53$，$i=0.001\ 45$。与 $D=350$ mm 相比较，管段设计坡度基本相同，管段容积未充分利用，管段埋深反而增加 0.05 m。另外，管段口径一般不跳级增加，所以采用 $D=350$ mm，$i=0.001\ 5$ 的设计为好。

④ 管底高程修正：采用水面平接。

上游管段的下端水面高程：$(44.220+0.300×0.55)$ m$=44.385$ m

设计管段的上端管底高程：$(44.385-0.350×0.65)$ m$=44.158$ m

设计管段的下端管底高程：$(44.158-240×0.001\ 5)$ m$=43.798$ m

例 2-5　已知设计管段长度 L 为 130 m；地面坡度 $I=0.001\ 4$；流量 $Q=56$ L/s，上游管段口径 $D=350$ mm，充满度 $\dfrac{h}{D}=0.59$，管底高程为 43.67 m，地面高程为 45.48 m。求：设计管段的口径和管底高程。

解：覆土厚度为 $(45.48-43.67-0.35)$ m$=1.46$ m。离最小覆土厚度允许值 0.7 m 差距较大，因此设计时应尽量使设计管段坡度小于地面坡度。

① 令 $D=350$ mm，查附录二附图 2-4，当 $D=350$ mm，$Q=56$ L/s，$v=0.6$ m/s 时，$i=0.0015$，但 $\dfrac{h}{D}=0.95>0.65$，不符合要求。当 $\dfrac{h}{D}=0.65$ 时，$v=0.85$ m/s，$i=0.0030>I=0.0014$，不很理想。

采用水面平接，

上游管段的下端水面高程：$(43.67+0.350\times0.59)$ m $=43.877$ m

设计管段的上端管底高程：$(43.877-0.350\times0.65)$ m $=43.650$ m

设计管段的下端管底高程：$(43.650-130\times0.0030)$ m $=43.260$ m

② 令 $D=400$ mm，查附录二附图 2-5，当 $D=400$ mm，$Q=56$ L/s，$v=0.6$ m/s 时，$i=0.0012$，但 $\dfrac{h}{D}=0.70>0.65$，不符合规定。当 $\dfrac{h}{D}=0.65$ 时，$i=0.00145$，$v=0.65$ m/s，符合要求。管段坡度接近地面坡度 $I=0.0014$。

采用管顶平接，

设计管段的上端管底高程：$(43.67+0.350-0.400)$ m $=43.620$ m

设计管段的下端管底高程：$(43.620-130\times0.00145)$ m $=43.432$ m

检验，

上游管段的下端水面高程：43.877 m

设计管段的上端水面高程：$(43.620+0.65\times0.400)$ m $=43.880$ m

上端水面高程高于 43.877 m，虽不符合要求，但可接受（下端管底施工高程略低于计算值）。

③ 究竟采用 $D=350$ mm，$i=0.003$，还是采用 $D=400$ mm，$i=0.00145$，在前一组答案里下端管底高程是 43.260 m，比后一组答案里的高程（43.432 m）低 0.172 m。从本设计管段的造价而论，第一组答案可能比第二组答案便宜；但是，后面的管段都将落下 0.172 m。假如下游的地区有充分的坡度，可以采用第一组答案，假如在平坦地区，以后还有很长的管段及覆土厚度比 0.7 m 大较多时，宜采用第二组答案。

例 2-6　已知 $L=190$ m，$Q=66$ L/s，$I=0.008$（上端地面高程 44.50 m，下端地面高程 42.98 m），上游管段 $D=400$ mm，$\dfrac{h}{D}=0.61$，其下端管底高程为 43.40 m，覆土厚度为 0.7 m，如图 2-9 所示。求：管径和管底高程。

解：本例特点是地面坡度充分，偏大。上游管段下端覆土厚度已为最小允许值。估计设计管段坡度将小于地面坡度，且口径可小于上游管段。

① 令 $D=400$ mm，$i=I=0.008$，$\dfrac{h}{D}=0.65$ 时，查图得 $Q=133$ L/s>66 L/s。

② 令 $D=350$ mm，$i=I=0.008$，$\dfrac{h}{D}=0.65$ 时，查图得 $Q=91$ L/s>66 L/s。

③ 令 $D=300$ mm，$i=I=0.008$，$\dfrac{h}{D}=0.55$ 时，查图得 $Q=47$ L/s<66 L/s。

④ 可以选用 $D=350$ mm，$i=0.008$。《标准》规定，在地面坡度变陡处，管道管

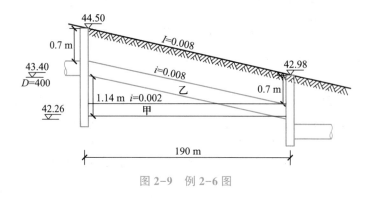

图 2-9 例 2-6 图

径可以较上游小 1~2 级。下面计算管底高程。

$D = 350$ mm，$Q = 66$ L/s，$I = 0.008$ 时，查图得 $\dfrac{h}{D} = 0.53$，$v \approx 1.28$ m/s，符合要求。

采用管底平接，

设计管段的上端管底高程＝上游管段的下端管底高程＝43.40 m

设计管段的下端管底高程＝(43.40-190×0.008)m＝41.88 m

⑤ 如果采用地面坡度作为管道设计坡度时，设计流速超过最大设计流速，这时管道设计坡度必须减少，并且设计管段的上端检查井应采用跌水井，如图 2-9 所示。

第七节 倒虹管水力计算

倒虹管进水井上游管道中流量 $Q = 500$ L/s，口径 $D = 1\,000$ mm，坡度 $i = 0.000\,62$，流速 $v = 0.78$ m/s，充满度 $\dfrac{h}{D} = 0.75$，水面高程 +0.75 m，管底高程 ±0.00 m。倒虹管出水井下游管道中的各水力学要素数值与上游管道相同，试设计直管式倒虹管，并求下游管道管底高程。

(1) 确定倒虹管口径(图 2-10)：倒虹管中水流流速应大于上游管道，以防淤积，故管径采用 800 mm。

查满流管水力学算图(附录二附图 2-18)，当 $Q = 500$ L/s，$D = 800$ mm 时，

$i = 0.001\,43$，$v = 1.0$ m/s(图上查出 $v < 1.0$ m/s，限于精度，采用 1.0 m/s)

(2) 确定下游管底高程：倒虹管进水井上游管段与出水井下游管段间的水位差

$$H = iL + 1.5\frac{v^2}{2g} \tag{2-4}$$

$$H = \left(0.001\,43 \times 50 + 1.5\frac{1.0^2}{2 \times 9.81}\right) \text{m} = 0.148 \text{ m}$$

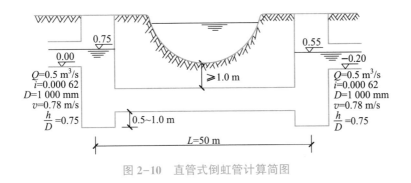

图 2-10　直管式倒虹管计算简图

采用 0.2 m，改善倒虹管水力学条件。

下游管底高程 = (0.75-0.2-0.75) m = -0.20 m

思考题和习题 <<<

1. 排水管渠水力计算的基本公式是什么？此公式适用于什么条件？为什么可以用于排水管渠的水力计算？

2. 为什么检查井下游管段的上端管底不得高于上游管段的下端管底？

3. 为了防止管道淤塞，设计时可采用哪些措施？

4. 为什么污水管道要按不满流设计？

5. 管道水力计算采用均匀流公式同在检查井的底部做成连接上下管段的流槽，这两件事有什么联系？

6. 污水管道计算管段的最小设计坡度与不计算管段的最小设计坡度有何区别？

7. 管段的衔接方法有几种？它们一般适用于什么情况，特殊用于什么情况？

8. 为什么要规定污水管道水力计算的设计参数，具体规定如何？

9. 水力计算图中两条虚线代表什么？用虚线绘制有何好处？图中为什么没有代表最小坡度的虚线？

10. 请运用水力学算图，对管段进行水力计算。

（1）已知：设计管段长 $L=150$ m，地面坡度 $I=0.003\,6$，设计流量 $Q=29$ L/s，上游管段 $D=300$ mm，充满度 $\dfrac{h}{D}=0.55$，管底高程为 44.65 m，地面高程为 46.60 m。求：口径和管底高程。

（2）已知：$L=130$ m，$Q=56$ L/s，$I=0.001\,4$，$D=350$ mm，$\dfrac{h}{D}=0.59$，管底高程为 43.60 m，地面高程为 45.48 m，要求设计管段内充满度 $\dfrac{h}{D}=0.65$。求：口径和管底高程。

（3）已知：$L=50$ m，$Q=30$ L/s，$I=0.008$（上端地面高程 45.00 m，下端地面高程 41.00 m），$D=300$ mm，$\dfrac{h}{D}=0.5$，下端管底高程为 41.50 m，最小覆土厚度不得

小于 0.7 m。求：口径和管底高程。

（4）已知：$L = 250$ m，$Q = 30$ L/s，$I = 0.008$（上端地面高程 43.00 m，下端地面高程 40.00 m），$D = 300$ mm，$\dfrac{h}{D} = 0.5$，下端管底高程为 43.50 m，最小覆土厚度不得小于 0.7 m。求：口径和管底高程。

第三章

污水管道系统的设计

排水系统是为了排除和处置各种污水、废水而建设的一整套工程设施，包括污水排水系统、雨水排水系统和合流制排水系统等。

污水排水系统是收集城镇和工业企业产生的废(污)水，将其输送到污水厂进行处理和利用，并排入水体的一整套工程设施。通常包括污水管道系统、污水厂和出水口三部分。

第一节 污水设计流量的确定

正确地确定污水管道的设计流量是合理地设计污水管道系统的首要任务，设计流量过大将增加投资，过小则满足不了要求。因此，设计流量要力求合理。

污水管道的设计流量是设计期限终了时的最大日(或最大班)最大时的污水流量，它包括生活污水设计流量和工业废水设计流量，在地下水位较高的地区，宜适当考虑地下水渗入量。

一、生活污水设计流量的确定

1. 城镇生活污水设计流量的确定

城镇生活污水设计流量是按每人每日平均排出的污水量、使用管道的设计人口数和总变化系数计算的。其计算公式如下：

$$Q_d = \frac{q_d \cdot N}{24 \times 3\ 600} \cdot K_总 \tag{3-1}$$

式中：Q_d——生活污水设计流量，L/s；

q_d——生活污水量定额(每人每日排出的平均污水量)，L/(人·d)；

N——使用管道的设计人口数；

$K_总$——总变化系数。

生活污水量定额 q_d 为设计期限终了时每人每日排出的平均污水量。它与室内卫生设备状况、当地气候、生活水平及生活习惯等有关。生活污水量定额分为居民生活污水量定额和综合生活污水量定额。综合生活污水由居民生活污水和公共建筑污水组成。居民生活污水指居民日常生活中洗涤、冲厕、洗澡等产生的污水；公共建筑污水指娱乐场所、宾馆、浴室、商业网点、学校和办公楼等产生的污水。居民生活污水量定额和综合生活污水量定额分别是参照居民生活用水定额和综合生活用水定额乘以 90% 求出，建筑内部给排水设施水平不完善的地区可适当降低。当计算居民生活污水量时，参考附录三附表 3-2；当计算综合生活污水量时，参考附录三附表 3-4。

设计人口数 N 为设计期限终了时的预估人口数，与城镇的发展规模及人口的增长率有关。其估算方法有以下两种。

（1）按城镇总体规划确定的人口密度计算

$$N = P \cdot A \tag{3-2}$$

式中：P——人口密度，即单位面积上的人口数，人/hm²；

A——排水区域的面积，hm²。

人口密度分为城镇人口密度和街坊人口密度。

（2）按人口自然增长率估算

$$N = N_0(1+\gamma)^n \tag{3-3}$$

式中：N——设计人口数，即 n 年后的估计人口数；

N_0——现在人口数；

γ——人口自然增长率(参照城镇总体规划或依据多年人口资料确定)；

n——设计期限(20~30年)。

生活污水量定额 q_d 是一个平均值。实际上，流入污水管道的污水量时刻都在变化，变化程度通常用变化系数表示。一年中最大日污水量与平均日污水量的比值为日变化系数($K_日$)；最大日中最大时污水量与该日平均时污水量的比值称为时变化系数($K_时$)；最大日最大时污水量与平均日平均时污水量的比值称为总变化系数($K_总$)。

$$K_总 = K_日 \cdot K_时$$

总变化系数是随人口的多少和污水量定额的高低而变化的。人口多(平均日流量大)，污水量定额高时，总变化系数就小。人口少(平均日流量小)，污水量定额低时，总变化系数就大。表3-1是我国《标准》规定的总变化系数表。与发达国家相比较，我国目前的综合生活污水量总变化系数取值偏低，为有效控制初雨污染，《标准》建议：在新建和改建分流制排水系统的地区，可参照国外有效标准，宜适当提高表3-1中的综合生活污水量总变化系数。

表3-1 综合生活污水量总变化系数 $K_总$

平均日流量/(L·s⁻¹)	5	15	40	70	100	200	500	≥1 000
总变化系数 $K_总$	2.7	2.4	2.1	2.0	1.9	1.8	1.6	1.5

注：当污水平均日流量为中间数值时，总变化系数用内插法求得。顺便指出，在设计污水管道时所说的平均流量一般都是指平均日流量，下文将援用这个习惯。

由式(3-1)和式(3-2)得

$$Q_d = \frac{q_d \cdot P \cdot A}{24 \times 3\ 600} \cdot K_总$$

故

$$Q_d = q_0 \cdot A \cdot K_总 \tag{3-4}$$

式中：q_0——比流量，L/(s·hm²)，$q_0 = \dfrac{q_d P}{24 \times 3\ 600}$，其中 P 为街坊人口密度，q_0 的意义是设计管道单位排水面积的平均流量(引入比流量是为了简化计算)；

A——设计管段的排水面积，hm^2。

如何确定设计管段的排水面积 A 呢？由于在一般情况下，污水管道的设计常常在街坊的修建设计之前进行，街坊内的污水如何流入街管是不明确的。为此，常通过划分街坊的泄水面积来确定设计管段的排水面积。具体做法见图 3-1。其中（a）为当街管布置在街坊的四周（称围坊式）时的面积划分方法；（b）为当街管布置在街坊的一侧（称低侧式）时的面积划分方法；（c）为当街管布置在街坊的两边（称对边式）时的面积划分方法。

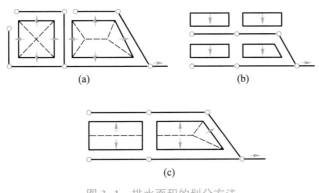

图 3-1 排水面积的划分方法
（a）围坊式；（b）低侧式；（c）对边式

当街管采用围坊布置时，通常用各街角的角平分线划分街坊成四块，每块街坊的污水假定排入相近的街管；当街管采用低侧布置时，通常假定整块街坊的污水排入在其低侧的街管中；当街管采用对边布置时，通常将街坊面积用中线划分，被划分的街坊的污水假定排入邻近的街管中。

2. 工厂生产区的生活污水设计流量的确定

工业企业内生活污水量、淋浴污水量（之所以单独计算是由于它集中在下班时排出）的确定，应与国家现行的《建筑给水排水设计标准》（GB 50015—2019）的有关规定相协调。工厂生产区的生活污水流量，是来自生产区的厕所、浴室和食堂等的污水。这一部分生活污水的流量不大，收集和输送这一部分污水的管道一般可采用最小管径（300 mm），不需要进行计算。

当流量较大需要计算时，可根据《建筑给水排水设计标准》（GB 50015—2019）的规定进行计算：

① 工业企业建筑管理人员的最高日生活用水定额可取 30~50 L/（人·班）；车间工人的生活用水定额应根据车间性质确定，一般宜采用 30~50 L/（人·班）；用水时间宜取 8 h，小时变化系数宜取 1.5~2.5。

② 工业企业建筑淋浴用水定额，应根据《工业企业设计卫生标准》（GBZ 1—2010）中的车间的卫生特征分级确定，一般可采用 40~60 L/（人·次），延续供水时间为 1 h。

二、工业废水设计流量的确定

工业企业的工业废水量及其总变化系数应根据工艺特点确定，并与国家现行的与工业用水量有关的规定相协调。工业废水设计流量一般是按工厂或车间的每日产量和单位产品（每件产品，每吨产品等）的废水量计算的，有时也可以按生产设备的数量和每一生产设备的每日废水量进行计算。以每日产量和单位产品废水量为基础的工业废水设计流量，可用式(3-5)计算：

$$Q_{\mathrm{m}} = \frac{q_{\mathrm{m}} \cdot M \cdot 1\,000}{T \cdot 3\,600} \cdot K_{总} \tag{3-5}$$

式中：Q_{m}——工业废水设计流量，L/s；

q_{m}——生产每单位产品的平均废水量，m^3；

M——产品的平均日产量；

T——每日生产时数；

$K_{总}$——总变量系数，因为 $K_{日}=1$，所以 $K_{总}=K_{时}$。

工业废水量的变化是很大的，它不仅取决于产品种类和生产过程，也取决于管理水平及供水情况等。同样的产品，如果生产设备和生产过程不同，其废水量标准不同；如果管理水平和供水情况不同，其产生的废水量也不同。在确定某一工厂的工业废水设计流量时，应向该厂负责生产工艺的人员和操作工人了解各车间排出废水的详细情况，需要时应对各车间的废水量进行测定。在设计新建企业的排水系统时，应根据生产过程相似的现有企业的数据来确定工业废水设计流量。如果废水需要分别由几个管道系统收集和输送，则应分别确定每一个管道系统的设计流量。《给水排水设计手册》第六册中提供的各种生产用水量和废水量资料，只能作为参考。

最后要指出，上面讲的计算方法在运用时，应当依据实际情况作判断，特别要参考实际用水量情况。

第二节　污水管道系统的平面布置

污水管道系统的平面布置包括：确定排水区界、划分排水流域；选择污水厂和出水口的位置；拟定污水管道系统的路线；确定需要抽升的排水区域和设置泵站等。在施工图设计阶段，尚需确定街道支管的路线及管道在街道上的位置等。

一、确定排水区界、划分排水流域

排水区界是排水系统敷设的界限。在排水区界内应根据地形及城市和工业企业的竖向规划划分排水流域。一般说来，排水流域边界应与分水线相符合。如在地形起伏及丘陵地区，排水流域分界线与分水线基本一致。在地形平坦无显著分水线的地区，应使干管在最大合理埋深情况下，尽量使绝大部分污水能

确定排水区界和划分排水流域

够自流排出。如有河流或铁路等障碍物贯穿，应根据地形情况、周围水体情况及倒虹管的设置情况等，通过方案比较，决定分为几个排水流域。每一个排水流域应有一条或一条以上的干管，根据流域高程情况就能查明水流方向和污水需要抽升的地区。

二、选择污水厂和出水口的位置

污水厂和出水口要设在城市的下风向、水体的下游，离开居住区和工业区。其间距必须符合环境卫生的要求，应通过环境影响评价最终确定。

三、拟定污水管道系统的路线

确定污水管道系统的路线，又称污水管道系统的定线。正确的定线是合理地、经济地设计污水管道系统的先决条件，是污水管道系统设计的重要环节。管道定线一般按总干管、干管、支管顺序依次进行。定线应遵循的主要原则是：应尽可能地在路线较短和埋深较小的情况下，让最大区域的污水能自流排出。定线时通常考虑的因素是：地形和竖向规划；排水体制和其他管线的情况；污水厂和出水口位置；水文地质条件；道路宽度；地下管线及构筑物的位置；工业企业和产生大量污水的建筑物的分布情况；发展远景和修建顺序等。

拟定污水管道系统的路线

污水总干管的走向取决于污水厂和出水口的位置。因此，污水厂和出水口的数目与分布位置将影响总干管的数目和走向。例如，在大城市或地形平坦的城市，可能要建几个污水厂分别处理与利用污水，这就需要敷设几条总干管。在小城市或地形倾向一方的城市，通常只设一个污水厂，则只需敷设一条总干管。若相邻的若干城镇联合建造一个污水厂，则需相应建造联结这些城镇的区域污水管道系统。

在一定条件下，地形一般是影响管道定线的主要因素，定线时应充分利用地形。在整个排水区域较低的地方（如在集水线或河岸低处）设总干管及干管，这样便于干管及支管的污水自流接入。在地形平坦略向一边倾斜的地区，总干管与等高线平行敷设，干管与等高线垂直敷设[图3-2(a)]。由于总干管口径较大，保持自清流速所需的坡度小，其走向与等高线平行是合理的。当地形斜向河道的坡度很大时，总干管与等高线垂直，干管与等高线平行[图3-2(b)]。这种布置虽然总干管的坡度较大，但可设置为数不多的跌水井，而使干管的水力条件得到改善。

管道定线时应考虑地质条件。污水管道，特别是总干管，应尽量布置在坚硬密实的土壤中。如遇到劣质土壤（松软土、回填土、土质不均匀等）或地下水位高的地段时，污水管道可考虑绕道或采用其他施工措施和其他办法加以解决。

为了降低施工费用，缩短工期及减少日后养护工作的困难，管道定线时应尽量避免或减少与河道、山谷、铁路及各种地下构筑物交叉。

在一般情况下，污水管道是沿道路敷设的（与道路中心线平行）。在无道路的场地（如堆场等空旷地段），管道不应直接穿过，而必须沿道路绕过它，以免管道被将来的建筑物或堆物压在下面，造成渗漏和养护的困难。

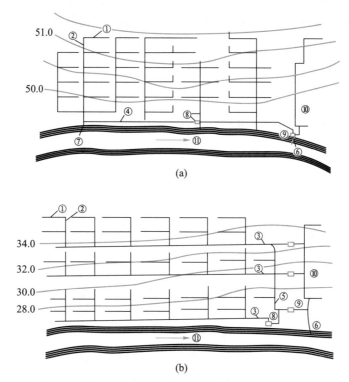

① 支管；② 干管；③ 地区干管；④ 拦集干管；⑤ 总干管；⑥ 出口渠渠头；
⑦ 溢流口；⑧ 泵站；⑨ 污水厂；⑩ 污水灌溉田；⑪ 河流
图 3-2　总干管、干管的正交布置和平行布置
（a）地形坡度较小时，总干管（拦集干管）与等高线平行，干管（地区干管）与等高线垂直布置；
（b）地形坡度较大时，总干管与等高线垂直，地区干管与等高线平行布置

管道定线时还需考虑街道宽度及交通情况，污水干管一般不宜在交通繁忙而狭窄的街道下敷设。

此外，管道定线还应考虑居住区和工业企业的近远期规划及分期建设的安排。其布置与敷设应满足近期建设的要求，同时，还应考虑远期有无扩建的可能。

污水管道系统应在满足环境保护要求的前提下，根据当地的具体条件，拟定几种不同的设计方案，经过全面的技术经济比较之后，从中选用一个最优方案。

污水管道系统的方案确定之后，便可绘制污水管道初步设计阶段的平面布置图。其中包括干管、总干管的位置与流向和主要泵站、污水厂、出水口及灌溉田的位置等。

污水管道系统的最后布置形式受地形的影响最大，图 3-3 显示了六种形式。在施工图设计阶段应考虑支管的平面布置，以及污水管道在街道上的具体位置。

污水支管的平面布置除取决于地形外，还需考虑街坊的建筑特征，并便于用户的接管排水，一般有三种形式（图 3-4）。

（1）低侧式：街坊狭长或地形倾斜时采用；

（2）围坊式：街坊地势平坦且面积较大时采用；

（3）穿坊式：街坊内部建筑规划已确定，或街坊内部管道自成体系时，支管可以穿越街坊布置。

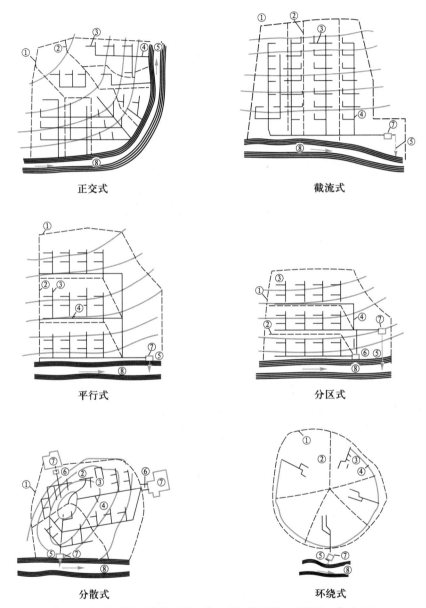

正交式　　　　　　　　　　截流式

平行式　　　　　　　　　　分区式

分散式　　　　　　　　　　环绕式

① 市边界；② 排水流域分界线；③ 支管；④ 干管、总干管；⑤ 出水口；
⑥ 泵站；⑦ 处理厂、灌溉田；⑧ 河流

图 3-3　污水管道系统的布置形式

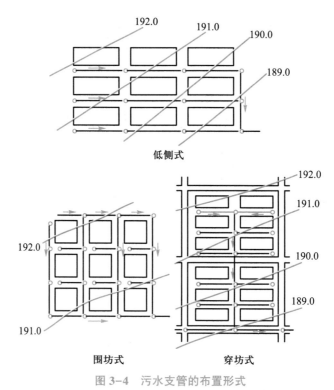

图 3-4　污水支管的布置形式

四、确定需要抽升的排水区域和设置泵站

污水泵站一般分为中途泵站和终点泵站，有时也有局部泵站。中途泵站的位置是根据管道的最大合理埋深而确定的。由于污水管道中的水流靠重力流动，因此，管道必须具有坡度。在地形平坦地区，管道埋深往往增加很快，当埋深超过最大埋深时，需设置中途泵站抽升污水。在管道定线时，应选择适当的定线位置，使之既能节省埋深，又可少建泵站。终点泵站一般是设在污水厂内处理构筑物之前。在地形复杂的城市，有些地区比较低洼，需设置局部泵站抽升污水；在一些高楼的地下室、地下铁道和其他地下建筑物中，其污水也需要设置局部泵站抽升。

第三节　管道在街道上的位置

在现代化城市的道路下面设有各种管道（给水管、排水管、煤气管、供热管）；各种电缆电线（通讯电缆、路灯线、电力线、电车电缆）；大城市还有各种隧道（人行横道、地下铁道、工业专用隧道等）。这些地下设施相互之间、地下设施和街面建筑物之间应当很好地配合。为便于施工和检修，它们之间应有一定距离（参见附录四）。

由于管道难免渗漏而影响房屋基础，因此要求远离房屋。同时，离树木不应过近，以免树根挤坏甚至长入管道。当管道的埋深小于 2.2 m 时，管道离房屋边线的水平距离不应小于 3.5 m；离行道树的水平距离不应小于 2 m。当埋深大于 2.2 m 时，离房屋不应小于 5 m；离行道树不应小于 1.5 m。

排水管道应设在道路上，街区连接支管较多、地下管线较少的一侧。当街道红线宽度大于 40 m 时，可考虑两侧都设置污水管道，以减少连接支管的长度和与其他地下管线的交叉，并尽可能避开车行道，如图 3-5 所示。

在地下设施拥挤或交通极其繁忙的场合，常把地下管线集中在隧道(共同沟)里，隧道的坡度应与排水管道配合，当两者坡度难以配合时，排水管道可采用压力管道，如图 3-6 所示。

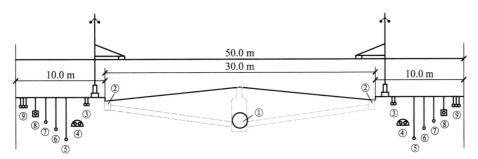

① 雨水管道；② 雨水口；③ 无轨电车电缆；④ 供热管；⑤ 污水管道；
⑥ 给水管；⑦ 煤气管；⑧ 通讯电缆；⑨ 电力线

图 3-5　街道地下管线的布置

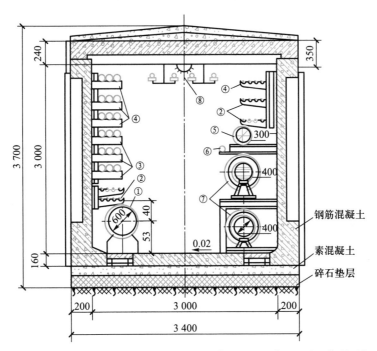

① 污水管道；② 通讯电缆；③ 电车电缆；④ 电力线；⑤ 给水管；⑥ 洒水管；⑦ 供暖管；⑧ 电灯

图 3-6　管线隧道(共同沟)

城市的地下管线往往错综复杂，纵横交错。处理这些管线交叉的原则是：小管让大管，有压管让无压管，新建管线让已建管线，临时管线让永久管线，柔性结构的管线让刚性结构的管线。具体处理方式是：给水管在排水管道之上，电力线、煤气管、热水管、热气管在给水管之上(图3-5)。当其他管线与排水管道稍有相交时，管道可以修改设计或在相交处允许穿过管道，采取适当措施修补管道。污水管道允许压缩的高度与其口径有关，可参考表3-2。顺便指出，雨水干管可压缩 $\dfrac{H}{3}$ (渠高)或 $\dfrac{D}{3}$ (口径)，雨水支管则可压缩高度为 $\dfrac{H}{5}$ (渠高)或 $\dfrac{D}{5}$ (口径)。

表 3-2　污水管道允许压缩高度

管道口径 D/mm	150~300	300~500	500~900	900
可压缩高度 H/%	30	20	15	10

第四节　污水管道的水力设计

一、设计要求

污水管道水力设计的任务是根据已经确定的管道路线，计算和确定各设计管段的设计流量、管径、坡度、流速、充满度和管底高程。

污水管道水力设计的原则是不冲刷、不淤积、不溢流、要通风。

污水管道水力计算是由确定控制点开始，从上游到下游，计算和确定各个设计管段的有关数据。

控制点是对整个管道系统的高程起控制作用的地点。控制点的位置一般位于距离污水厂或出水口最远处或排水流域中地面高程最低处，管道埋深有特殊要求处(如地下室)。控制点的埋深影响整个管道系统的埋深，所以应尽量浅些。控制点埋深的减小可以从以下几方面着手：① 加强管道强度；② 填高控制点处的地面高程；③ 设置局部泵站提升水位。

设计管段的设计流量可能由三部分组成。

(1) 沿线流量：从本管段服务的街坊流来的流量。

(2) 集中流量：从工厂(生产车间及生活区)或公共建筑来的流量，它们的排水量可以较为准确地估计。

(3) 转输流量：从上游管段和旁侧管段来的流量。

二、计算示例

污水管道水力计算示例如下。

在进行管道水力学计算前，先要将管道划分为若干设计管段。设计管段的起讫点是检查井的位置(但并不是每两个检查井之间就是一个设计管段,设计管段中间的检查井,图中不必画出),图3-7中检查井5和检查井4之间构成的设计管段的管道发生了转向,仍可把管段5-4作为一个设计管段,而不把它分为两个设计管段,这是因为井5至井4之间设计流量没有变化,地面坡度也基本没有变化。

污水管道计算过程示例

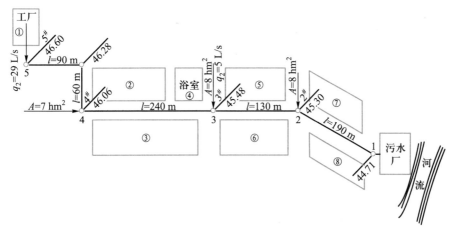

图3-7　某城镇污水干管平面布置图

设计管段划分好后,从污水厂开始标定每个设计管段起讫点上检查井的编号。本示例共有四个设计管段:5-4,4-3,3-2,2-1(图3-7)。其次是确定各设计管段的设计流量,见表3-3和图3-7。表中的设计管段的设计流量由沿线流量和集中流量两部分组成:$Q=q_1+q_2$,每一部分中都有来自本管段的流量和转输流量。沿线流量是指管道沿线建筑的生活污水量,按人口密度、平均污水量定额、管道服务面积和总变化系数计算;集中流量是指工厂或其他废水流量较大的单位(如公共建筑)的废水高峰流量,因为它们的数量较大,应当仔细核实,而且因为对象明确,也有可能实地调查,故集中流量都是经过专门调查后计算确定的。

在本例中,有两个集中流量;这条干管的起端(检查井5)处,接纳几个工厂的废水,设计流量经调查后确定为29 L/s;检查井3处,接纳一个公共浴室的废水,设计流量经调查后确定为5 L/s。居住区人口密度约为500 人/hm²,平均污水量约120 L/(人·d),则每公顷居住区面积的生活污水平均流量(即比流量)为 $q_0=\dfrac{500\times120}{86\,400}$ L/(s·hm²) = 0.69 L/(s·hm²)如图3-7和表3-3所示,设计管段5-4只有一个集中流量 q_2 为 29 L/s,而无沿线流量,故设计流量 Q 就是29 L/s。设计管段4-3除转输的集中流量29 L/s外,还有沿线流量。在计算沿线流量时,先根据该段服务面积 A 为 7 hm² 求得该设计管段从该管段排水面积上来的生活污水平均流量,即该段流量 $q_0A=0.69\times7$ L/s=4.9 L/s。由于该管段是街坊的起始,管段没有转输的沿线流量,因此,其沿线平均累计流量也就是4.9 L/s。查表3-1得 $K_{总}$ 为 2.7,则该设计管段的沿线流量的累计设计流量 $q_1=2.7\times4.9$ L/s=13 L/s,其与集中流量的累

表 3-3 某城镇污水干管设计流量计算表

管段编号 (1)	街坊编号 (2)	本段流量 服务面积 A/hm^2 (3)（量得）	本段流量 比流量 $q_0/$ $(L \cdot s^{-1} \cdot hm^{-2})$ (4)= $\dfrac{120 \times 500}{24 \times 3\,600}$	本段流量 $q_0 A/$ $(L \cdot s^{-1})$ (5)= (3)×(4)	沿线流量 转输流量 $/(L \cdot s^{-1})$ (6)	累计平均流量 $\Sigma q_0 A/$ $(L \cdot s^{-1})$ (7)= (5)+(6)	总变化系数 $K_总$ (8)（查表）	累计设计流量 $q_1/$ $(L \cdot s^{-1})$ (9)= (7)×(8)	集中流量 本段流量 $/(L \cdot s^{-1})$ (10)	集中流量 转输流量 $/(L \cdot s^{-1})$ (11)	累计设计流量 $q_2/$ $(L \cdot s^{-1})$ (12)= (10)+ (11)	总设计流量 Q $/(L \cdot s^{-1})$ (13)= (9)+ (12)
5-4	①								29		29	29
4-3	②③	7	0.69	4.8		4.8	2.7	13		29	29	42
3-2	④⑤⑥	8	0.69	5.5	4.8	10.3	2.5	26	5	29	34	60
2-1	⑦⑧	8	0.69	5.5	10.3	15.8	2.4	38		34	34	72

计设计流量 q_2 相加，得设计管段 4-3 的总设计流量 $Q=q_1+q_2=(13+29)\,\text{L/s}=42\,\text{L/s}$。其余类推。

在确定设计流量后，即可从上游管段（即设计管段 5-4）开始，进行各设计管段的水力计算（表 3-4）。其计算步骤如下所述。

① 根据图 3-7，从上游至下游将设计管段编号列入表中第（1）列。

② 从管道平面图上量出每一段管段的长度［即设计管段起讫点检查井之间的距离（图 3-7）］，并列入表中第（2）列。

③ 将各设计管段的设计流量（抄录表 3-3）列入表中第（3）列。

④ 从该城镇的总体规划图中（或通过测量），求得设计管段起讫点检查井处地面高程，注在图上（图 3-7），并列入表中第（10）、（11）两列。

⑤ 计算第一设计管段的地面坡度＝地面高程差/距离，作为确定管道坡度的参考。例如，管段 5-4 的地面坡度 $=\dfrac{46.60-46.06}{150}=0.003\,6$ 列入表中第（18）列。

⑥ 根据流量和各个管段的地面坡度，估计需要的管径。本例中干管的地面坡度较为平坦，而且干管上端（即检查井 5）的埋深较大，覆土较厚。因此，在这种情况下，各个管段应采用较小的坡度，以减少管道埋深。例如，管段 5-4 的设计流量为 29 L/s，如果采用 300 mm 管径（《标准》规定最小管径），该管段即为不计算管段，则必须采用 0.003 的最小坡度（《标准》规定的数值）。此值接近该管段的地面坡度 0.003 6，按照采用较小坡度的原则，还不够理想。为了进一步降低坡度，改用 350 mm 管径。从 350 mm 管径的不满流算图中查得，当流速为 0.60 m/s（《标准》规定的最小数值）时，充满度为 0.51，坡度为 0.001 8（较为适宜）。流速及充满度都在《标准》规定的范围内。因此，管段 5-4 决定采用：管径 350 mm，坡度 0.001 8，流速 0.60 m/s，充满度 0.51，并分别将这四个数据列入表中第（4）、（5）、（6）、（7）列。

⑦ 算出水深 $h=(4)\times(7)$，列入表中第（8）列。

⑧ 根据求得的管道坡度，计算管段上端至下端的管底降落量 $iL=(5)\times(2)$，列入表中第（9）列。

⑨ 根据上游工厂排出管埋深，本示例将管段 5-4 上端（即检查井 5）管底高程定为 44.60 m，并将其列入表中第（14）列。为了求得其他各个管段上下端的管底高程，先要决定各管段在检查井处的衔接问题。当下游管段管径等于或大于上游管段管径时，采用管顶相平的连接方式；当下游管段管径小于上游管段时，则采用管底相平的连接方式；如果上下游管径相同，因采用管顶平接而出现下游水位高于上游水位时，则改用水面平接。管段 5-4 的上端管底高程 44.60 m 减去降落量 0.27 m，求得管段 5-4 下端管底高程 44.33 m，并列入第（15）列；管段 5-4 的上端水面高程为上端管底高程（44.60 m）+水深（0.18 m）= 44.78 m，列入表中第（12）列；下端水位高程为下端管底高程（44.33 m）+水深（0.18 m）= 44.51 m，列入表中第（13）列。管段 4-3 的管径为 350 mm，与管段 5-4 的管径相同，由于管段 4-3 的水深（0.23 m）大于管段 5-4 的水深（0.18 m），故采用水面平接，管段 5-4 的下端水面高程（44.51 m）等于管段 4-3 的上端水面高程，并列入表中第（12）

列；管段 3-2 的管径为 400 mm，大于管段4-3的管径，因此采用管顶平接，43.86 m+0.35 m-0.40 m=43.81 m，即为管段3-2的上端管底高程，列入第(14)列；管段2-1的管径大于管段3-2的管径，因此也采用管顶平接，管段2-1的上端管底高程43.59 m +0.40 m-0.45 m =43.54 m，并进行水面校核，管段2-1上端水面高程即为43.54 m +0.28 m(水深)=43.82 m，低于管段3-2的下端水面高程43.85 m，符合要求，将43.54 m列入第(14)列，43.82 m列入表中第(13)列。

⑩ 覆土厚度=地面高程-管底高程-管径-管壁厚度，一般管壁厚度可略去不计。例如，管段 5-4 的上端覆土厚度为 46.60 m-44.60 m-0.35 m=1.65 m，列入第(16)列。《标准》规定管顶在车行道下最小覆土厚度不得小于 0.7 m，表3-4 的计算结果满足了这个要求。本示例的城镇是在我国南方，不受冰冻的影响。在计算管道 5-4 的管底高程时，提出的上端管底高程为 44.60 m，已经考虑到车间排出管与干管的衔接问题。因此，本示例水力计算求得的覆土厚度满足第二章第五节所讲的三个要求。

为了保证施工质量，管底高程单位用 m 计，精确至小数点后两位有效数字，要算到 cm，而覆土厚度的有效位数只要取小数点后一位即可。

⑪ 将求得的管径、管底高程等直接标注在管道平面布置图上。其标注方法见图3-8。

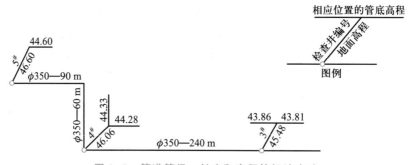

图 3-8 管道管径、长度和高程等标注方法

⑫ 在地下管线布置较多的地区，为了检查计算结果，在作水力计算时，应同时绘制管道剖面图。由于资料限制和只要求解决原则性问题，规划中(初步设计)的管道剖面图比较简单。绘制时首先用黑色的线条和文字绘出已知资料：地面线、基准水平面、地面高程、管段长度、检查井编号以及钻孔记录。随着水力计算的进行，用红色的线条和文字绘注计算结果：管道和检查井剖面、管道特性数据(管径、管底坡度、管段长度、管底高程、覆土厚度)，水力学控制数据(流量、流速、充满度)，如图 3-9所示。

表 3-4　污水干管水力计算表

管段编号	长度 L/m	设计流量 Q/(L·s⁻¹)	管径 D/mm	管坡 i	流速 v/(m·s⁻¹)	充满度 $\frac{h}{d}$	水深 h/m	管底降落量 iL/m	高程/m 地面 上端	高程/m 地面 下端	高程/m 水面 上端	高程/m 水面 下端	高程/m 管底 上端	高程/m 管底 下端	覆土厚度/m 上端	覆土厚度/m 下端	地面坡度 I
(1)(数值来源)	(2)(从平面图量得)	(3)(抄录表3-3)	(4)	(5)	(6)	(7)	(8)= (4)×(7)	(9)= (5)×(2)	(10)	(11)	(12)= (14)+(8)	(13)= (12)-(9) 或 (15)+(8)	(14)=	(15)= (14)-(9) 或 (13)-(8)	(16)= (10)-(14)-δ①	(17)= (11)-(15)-(4)-δ	(18)= $\frac{(10)-(11)}{(2)}$
				(查水力计算图、表)					(由地形图得)								
5-4	150	29	350	0.001 8	0.60	0.51	0.18	0.27	46.60	46.06	44.78	44.51	44.60	44.33	1.65	1.38	0.003 6
4-3	240	42	350	0.001 8	0.64	0.65	0.23	0.42	46.06	45.48	44.51	44.09	44.28	43.86	1.43	1.27	0.002 4
3-2	130	60	400	0.001 7	0.68	0.65	0.26	0.22	45.48	45.30	44.07	43.85	43.81	43.59	1.27	1.31	0.001 4
2-1	190	72	450	0.001 5	0.68	0.65	0.28	0.29	45.30	44.71	43.82	43.53	43.54	43.25	1.31	1.01	0.003 1
(一)②	(二)	(三)		(六)		(七)	(八)	(四)		(九)		(十)		(五)			

注：① 表中 δ 表示管壁厚度，计算中忽略不计。

② 表中(一)，(二)，(三)，……，(十)表示各列数据写出的先后顺序。

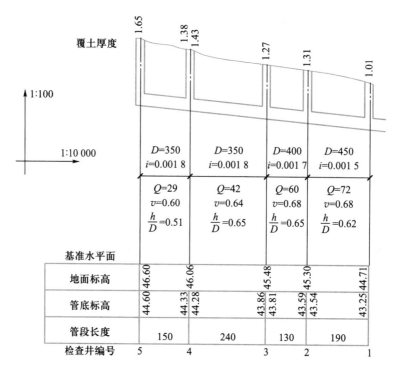

图 3-9　某城镇干管的剖面图(初步设计阶段)

注：图中 Q 的单位为 L/s；v 的单位为 m/s；D 的单位为 mm；管段长度、覆土厚度和标高的单位为 m。

第五节　管道施工图绘制

在技术设计中，管道的平面图和剖面图是最后的设计图，将据以施工，所以要包括极其详细的资料。

为了便于施工和管理，管道平面图应分段绘制并装订成册，图的比例尺通常采用 1∶500。图上除应绘出初步设计平面图上的项目以外，还应绘出现有的地面设施(人行道边线、房屋界线、树木、电杆木、各种检查井、水准点等)和所有的现存地下各种管线，如图 3-10 所示。

施工图设计阶段中的管道剖面图是管道施工和管理的最主要的图纸之一。图上除绘出初步设计剖面图上的项目以外，还应绘出或注明管道材料和基础做法，与管道直交的其他地下管线的资料，设计管道的走向和改向角度。图的水平比例尺通常采用 1∶1 000，垂直比例尺 1∶100。如图 3-11 所示。

污水管道工程设计实例图纸

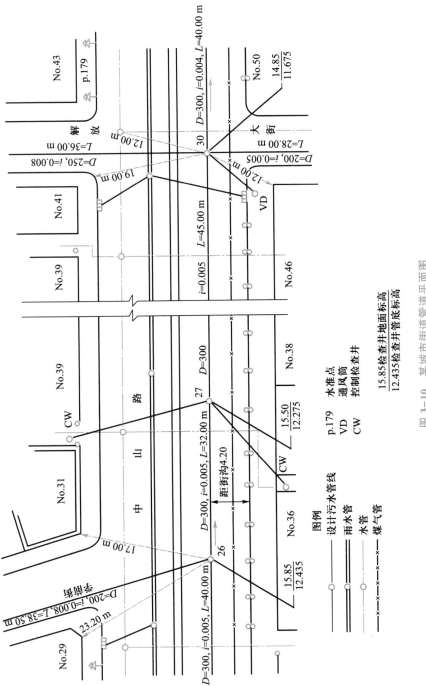

图 3-10　某城市街道管道平面图

图例

	设计污水管线	p.179	水准点
○——	雨水管	VD	通风筒
—×—	水管	CW	控制检查井
—·—×—·—	煤气管		

$\dfrac{15.85}{12.435}$ 检查井地面标高
检查井管底标高

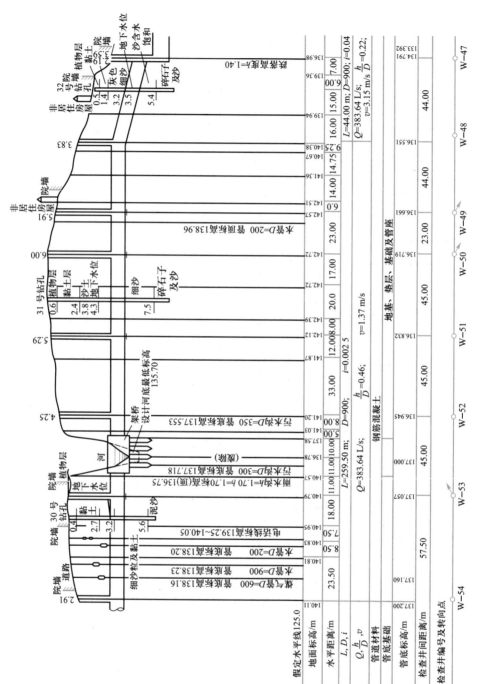

图 3-11 管道纵剖面图（施工图设计阶段）

思考题和习题 <<<

1. 设计污水管道系统有哪些步骤？

2. 试述污水量标准的含义，它受哪些因素影响，规划时如何考虑？

3. 确定污水设计流量时应收集哪些基本资料？

4. 管道系统如何进行平面布置？有哪些基本要求？包括哪些内容？

5. 表 3-1 中提供的生活污水量总变化系数为什么随着污水平均日流量的增加而相应减少？

6. 控制点的位置如何确定？在条件不利时如何减少控制点处的管道埋深？

7. 污水管道水力计算的原则是什么？

8. 试述沿线流量、集中流量和转输流量的含义。

9. 一般情况下，尽可能使管道与地面坡度平行，以减少埋深。在什么情况下，不应该使管道与地面坡度平行？在什么情况下，管道与地面坡度平行反而增加埋深？

10. 分析污水干管水力计算表（表 3-4），思考下列问题：① 选定管径的主要依据是什么？② 管径选定后，如何确定各个管段的坡度？为什么管段 5-4 不按充满度 0.65 来确定坡度？为什么管段 3-2 不按流速 0.60 m/s 来确定坡度？③ 在管顶平接的情况下，已知前一管段的下端管底标高，如何求得后一管段的上端管底标高？④ 在水面平接的情况下，已知前一管段的下端水面标高，如何求得后一管段的上、下端管底标高？⑤ 已知管底标高，如何求得覆土厚度？

11. 计算图 3-12 所示工业城的总干管的设计流量。该城区街坊的人口密度为 300 人/hm²，污水量标准为：120 L/（人·d）。工厂甲的污水最大时流量为 26 L/s，工厂乙的污水最大时流量为 6 L/s，请列表进行计算。

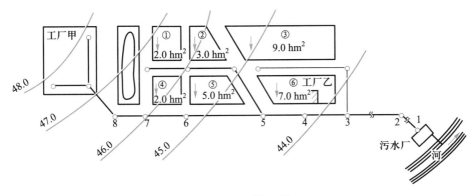

图 3-12　习题 11 图

12. 图 3-13 为某厂生产废水管道系统的干管平面图。图上注明各车间的生产废水进入干管的位置和设计流量，各设计管段的长度，各检查井处的地面标高。管段 6-5 的上端管底标高，受车间排水管埋深的限制，为 209.08 m。其他检查井处的管道最小覆土厚度为 0.7 m。要求列表进行水力计算，并将求得的管底标高和管径注明在管道平面图上(图中流量 Q 的单位为 L/s,管段长度 L 的单位为 m)。

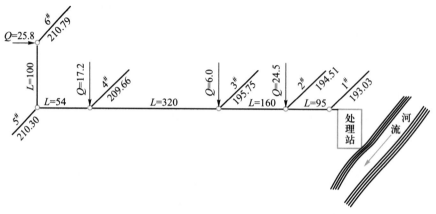

图 3-13　习题 12 图

第四章

城镇雨水管渠的设计

我国疆土辽阔，气候复杂多样。各地年平均降雨量差异很大，东南沿海可达 1 500 mm 以上，逐渐向内陆减少到西北地区的 50 mm 以下。即使在我国南方多雨地区，年降雨总量也并不大，在同一排水面积上，全年降雨量和全年生活污水总量相近。但暴雨的径流流量常常数十倍、数百倍于生活污水流量。若不及时排除，形成雨洪，便会造成损失和危害。

防止雨水成灾的措施从原则上讲，主要有两种途径：排泄与阻拦。城镇区内的雨水径流常用雨水管道或合流管道排泄，外区雨洪用集水沟或河堤阻拦。此外，我国旧城传统排水措施列于附录一，供读者参考。

第一节 雨水径流量的计算

雨水管道和合流管道的设计以降雨量为基础，其设计流量为雨水径流量。降雨量的测定、记录、资料整理和径流量的推算属于水文学的范畴，水利界面对的主要是大流域，如长江流域、黄河流域等。城镇面对的则是小流域。这里仅以确定管道设计流量为目标，叙述基本知识。

降雨、径流
及入渗过程

一、雨量参数

降雨量、强度、历时、频率和重现期等参数用来分析雨的特征。

（一）阵雨历时和降雨历时

一场暴雨经历的整个时段称阵雨历时，阵雨过程中任一连续的时段则称降雨历时。阵雨历时和降雨历时常用分钟计算。

（二）降雨量和降雨强度

降雨量是一段时间（日、月、年）内降落在某一面积上的总水量，可用深度 h(mm) 表示，也可以用 1 公顷(hm^2)面积上的降水立方米(m^3)，即 m^3/hm^2 表示。当地历史上出现的最大日或最大 24 h 降雨量对城镇雨水管道设计具有参考价值。

降雨强度又称雨率，指在某一降雨历时（如 10 min、20 min、30 min）内的平均降雨量。它有两种表示，是排水工程中常用的参数。

$$i = \frac{h}{t} \qquad \text{mm/min}$$

$$q = K \cdot i = 166.7i \qquad \text{L/(s·hm}^2)$$

式中：K——单位换算系数，其值为

$$K = \frac{1 \times 10\ 000 \times 1\ 000}{1\ 000 \times 60} = 166.7 \approx 167$$

（三）降雨强度的频率或重现期

一个地区的水文资料常由水文站测定，气象资料由气象站测定。降雨量一般用自记雨量计记录。经过多年记录就可找出降雨量变化的大体规律。例如，常雨较多，小、大雨较少。通常称单位时间内某种事件出现的次数（或百分率）为频率。在水文统计上，也用频率反映水文事件出现的频繁情况，但工程上更常用重现期为参数。例如，洪水的大小常以五十年一遇、百年一遇等表达，五十年、百年即为相应洪水的重现期；如以频率表达则为 2%（0.02）、1%（0.01）。

二、推理公式

雨水管道的汇水面积不大，通常属于小汇水面积（<100 km²）的范畴，雨水管道设计流量一般采用推理公式计算。

$$Q_s = K\psi iA = \psi qA \tag{4-1}$$

式中：Q_s——雨水管道设计流量，L/s；

$\quad A$——排水面积，hm²；

$\quad i$——降雨强度，mm/min；

$\quad q$——降雨强度，L/（s·hm²）；

$\quad K$——单位换算系数，约等于 167；

$\quad \psi$——径流系数，其值小于 1。

降落到地面上的雨水，并不全部流进雨水管道。小雨时，地都湿不了，就不会有雨水流入管道。在一般情况下，有些雨水渗入泥土，有些留在树叶上，有些为地面的洼地所截留，有些则蒸发掉，只有一部分雨水流入管道，这部分雨水流量称地面径流量。径流系数（ψ）反映这一事实，其值是地面径流量与降雨量之比。

三、雨水管道设计流量的估算

运用推理公式计算设计流量时，先要确定 A 和 i 或 q。下文逐一讲述。

（一）设计降雨强度的确定

有了各地的自动雨量记录资料，就可采用数理统计方法计算确定降雨强度公式。当自动雨量记录资料少于 20 年时，可采用"年多个样法"；当自动雨量记录资料大于 20 年时，可采用"年最大值法"统计。

1. 采用"年多个样法"计算确定降雨强度公式

（1）降雨分析：雨水从落地点流到雨水口有一段时间，流到设计管段又有一段时间。同一瞬间降落到某一排水面积 A 上各点的雨水，不可能同时流到设计管段。推理公式中采用的降雨强度 i 应当与排水面积 A 的集水时间 t（最远一点的雨水流到设计管段的时间）相应，如果 t 是 10 min，i 应是历时为 10 min 的最大平均降雨强度。图 4-1(a) 是自记雨量计记录纸的一段，显示某降雨的始降段。横坐标是历时，用 t(h) 表示；纵坐标是雨量，用深度 h(mm) 表示，可据以推算不同历时 t 的平均降雨强度 i。

例如，从 20：40 到 20：50，t 为 10 min，雨量为 0.10 mm，则相应的 i 为 0.010 mm/min。显然，在一降雨的降落过程中可以有无数个 10 min 历时，以哪一个为准呢？应当采用一个最大的 i 来计算设计流量 Q_s。在该降雨中，22 时到 23 时间有一段与 10 min 相应的曲线坡度最陡，相应的 i 为 0.130 mm/min［图 4-1(b)］。根据这个概念，我们把该降雨的记录分析制成表 4-1。这一降雨分析方法是以推理公式的概念为依据的。

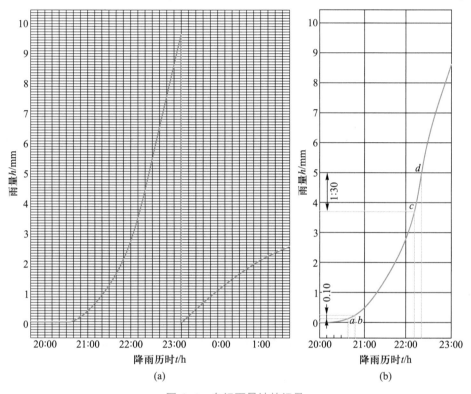

(a)   (b)

图 4-1 自记雨量计的记录

(a) 一段记录纸；(b) 降雨记录的分析

表 4-1 中的 $t\text{-}i$ 数据可绘成曲线，称雨量曲线，见图 4-2。从雨量曲线上可读得与任一集水时间相应的 i。

表 4-1 降雨分析表

降雨历时	降雨深度	降雨强度	雨段起讫时间	
$t/\min$	h/mm	$i/(\mathrm{mm \cdot min^{-1}})$	起	讫
10	1.3	0.13	22：12	22：22
15	2.0	0.13	22：16	22：31
20	2.55	0.13	22：13	22：33
30	3.35	0.11	22：12	22：42
45	4.6	0.10	22：09	22：54
60	5.7	0.095	21：59	22：59
90	7.8	0.087	21：43	23：13
120	8.9	0.074	21：13	23：13

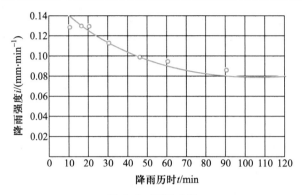

图 4-2 雨量曲线

（2）一个自记雨量计降雨记录的整理——雨量曲线和雨量公式：具体步骤如下。

① 分析每一年的记录。从一年中自记雨量计记录到的降雨中，选择较大的几个降雨(丰水年多选几个，旱年少选几个)进行分析并汇总，如表 4-2 所示。表中每组"历时-深度"数据来自一次降雨。

表 4-2 某站 1930 年降雨分析汇总表

编号	日期		降雨历时 t/min							
	月	日	10	15	20	30	45	60	90	120
			降雨深度 h/mm							
1	4	10	6.0	8.8	9.1	9.8	11.4	15.5	17.0	17.1
2	6	12	4.5	6.4	8.0	12.2	15.2	15.7	18.4	25.7
3	6	13	9.3	11.5	15.1	19.0	21.8	22.0	22.1	22.1
4	7	2	7.9	10.4	12.7	15.1	22.1	27.2	38.0	46.2
5	7	5	8.4	11.5	12.3	14.2	19.7	20.3	28.3	28.5
6	8	13	12.1	13.2	14.7	17.0	18.5	19.0	19.7	20.6
7	8	28	21.6	30.6	41.4	55.7	65.8	66.5	66.8	68.9

② 整理每一年的降雨分析汇总表。将表 4-2 的降雨深度按大小顺序进行整理，并取最大的 3~5 组数据(丰水年多选几组，旱年少选几组)列表，如表 4-3 所示。

表 4-3 某站 1930 年降雨分析整理表

编号	降雨历时 t/min							
	10	15	20	30	45	60	90	120
	降雨深度 h/mm							
1	21.6	30.6	41.4	55.7	65.8	66.5	66.8	68.9
2	12.1	13.2	15.1	19.0	22.1	27.2	38.0	46.2
3	9.3	11.5	14.7	17.0	21.8	22.0	28.3	28.5
4	8.4	11.5	12.7	15.1	19.7	20.3	22.1	25.7
5	7.9	10.4	12.3	14.2	18.5	19.0	19.7	22.1

③ 编制降雨分析整理表和绘制雨量曲线。汇总各年降雨分析整理表，重新按大小排列降雨深度，然后选出几组典型数据，并把降雨深度化为降雨强度列表，如表4-4所示。这几组数据可以绘制成一组雨量曲线（图4-3），也可以整理成一个雨量公式，供设计雨水管道时选用。

表4-4　某站10年的降雨分析整理表

编号	降雨历时 t/min								重现期 P/a
	10	15	20	30	45	60	90	120	
	降雨强度 i/(mm·min^{-1})								
1	2.880	2.630	2.240	1.927	1.522	1.172	0.957	0.830	10
2	2.630	2.240	1.880	1.833	1.440	1.153	0.850	0.658	5
5	2.340	1.627	1.300	1.073	0.911	0.733	0.530	0.455	2
10	1.700	1.380	1.150	0.973	0.789	0.600	0.393	0.324	1
20	1.200	1.047	0.860	0.700	0.527	0.405	0.360	0.300	0.5

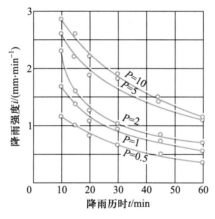

图4-3　雨量曲线

表4-4中的序号表示同列 i 值在10年中按大小排列所处的位置。序号为1的，处在最高位；序号为5的，处在第5位；以此类推。用重现期概念表达时，序号为1的，重现期为10年，即在10年中这些 t-i 值出现一次；序号为5的，重现期为2年，即在10年中平均2年出现一组 t-i 值，它们等于或大于序号为5的 t-i 值。

综上所述，可以看出在计算设计管段的设计流量时，需要先求出此设计管段的集水时间 t，才能用雨量曲线或雨量公式，确定 i 值。

表4-5为我国10个城市的雨量公式。我国其他主要城市的雨量公式可参看《给水排水设计手册》第五册或当地政府部门发布的最新公开数据。

表 4-5　我国 10 个城市雨量公式表

序号	城市名称		雨量公式	资料年数
1	北京	Ⅰ区	$q=\dfrac{2\,719(1+0.96\lg P)}{(t+11.591)^{0.902}}$	50
		Ⅱ区	$q=\dfrac{1\,602(1+1.037\lg P)}{(t+11.593)^{0.681}}$	74
2	上海		$q=\dfrac{1\,600(1+0.846\lg P)}{(t+7.0)^{0.656}}$	95
3	天津		$q=\dfrac{2\,141(1+0.756\,2\lg P)}{(t+9.609\,3)^{0.689\,3}}$	76
		Ⅰ区	$q=\dfrac{2\,728(1+0.767\,2\lg P)}{(t+13.475\,7)^{0.738\,6}}$	
		Ⅱ区	$q=\dfrac{3\,034(1+0.758\,9\lg P)}{(t+13.214\,8)^{0.784\,9}}$	
		Ⅲ区		
		Ⅳ区	$q=\dfrac{2\,583(1+0.778\,0\lg P)}{(t+13.752\,1)^{0.767\,7}}$	
4	南京		$q=\dfrac{10\,738.1(1+0.837\lg P)}{(t+32.9)^{1.011}}$	58
5	杭州		$q=\dfrac{1\,455.6(1+0.958\lg P)}{(t+5.861)^{0.674}}$	40
6	广州(中心城区)		$q=\dfrac{3\,618.4(1+0.438\lg P)}{(t+11.259)^{0.750}}$	54
7	成都		$q=\dfrac{7\,447.2(1+0.651\lg P)}{(t+27.346)^{0.953(\lg P)^{-0.017}}}$	45
8	昆明		$q=\dfrac{1\,226.6(1+0.958\lg P)}{(t+6.714)^{0.648}}$	77
9	西安		$q=\dfrac{2\,210.9(1+2.915\lg P)}{(t+21.933)^{0.974}}$	58
10	长春		$q=\dfrac{896(1+0.68\lg P)}{t^{0.6}}$	58

2. 采用"年最大值法"计算确定降雨强度公式主要步骤

(1)"年最大值法"的选样方法：类似于"年多个样法"。各地气象局通过自动雨量记录(纸)资料的分析，统计出每年按不同时段的降雨强度，按大小顺序列表，供各有关部门选择应用。城市雨量公式统计的选样，因城市雨水管道的流域较小，集流时间不长，选样方法通常是每年选取历时 5、10、15、20、30、45、60、90、120 min 共 9 个时段的雨样，每个时段每年选取一个最大值降雨强度即为"年最大值法"选样。

(2)频率分布计算：为了使统计出的雨量公式精度较为可靠，通常需要进行频率分布计算(本教材"年多个样法"未作频率分布计算)，并且降雨数据一般要求不少于 30~40 年的逐年连续资料，以近年资料更佳。我国目前各地气象局已具有 50~60 年以上的雨量统计资料。

实测系列降雨资料是自然界降雨的客观现象的记录，含有必然性质的规律，对各个单独资料来说，含有偶然的性质。因此必须以有限资料为样本，推求样本规律的模型，基此拟合频率分布模型，求得调整频率、强度和历时的相应数值。

频率分布计算是制定雨量公式的核心。经研究，我国"年最大值法"的选样资料，采用耿贝尔分布或指数分布模型拟合最好，抽样误差很小，统计方法简易。

（3）雨量公式统计：由所定的频率分布模型计算出统计雨量公式用的频率-强度-历时计算表，表中所用重现期为 100、50、30、20、10、5、2 年，相对应的强度与历时（5、10、15、20、30、45、60、90、120 min），再由该表制定雨量公式。

（二）设计降雨历时的确定

确定设计降雨历时，需要考察设计径流的形成过程。图 4-4 是三个街区的雨水排除情况示意图。图中的箭头表明地势，街区是北高南低，道路是西高东低。街区北面的一条点画线是道路的中心，街区南面的雨水管道是沿道路中线埋设的。道路的断面一般呈拱线，中间高、两边低。下雨时，道路的两侧成为两条边沟，排除降落在路面上的雨水。降落在街区地面上的雨水顺着地面坡度也流到道路的边沟。道路边沟的坡度一般是和道路的坡度一致的。当雨水沿着道路边沟流到道路交叉口时，则通过雨水口流入雨水暗管（图 4-4）。

等流时线与汇水面积径流过程

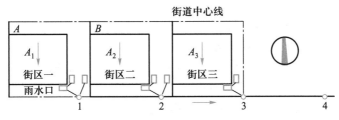

图 4-4　雨水排除情况示意图

从图 4-4 可以看到，三个街区的雨水分别在三个点（三个检查井）流入暗管。第一街区的雨水（包括降落在路面上的雨水）在 1 号井集中，流入管段 1-2。第二街区的雨水在 2 号井集中，同第一街区流来的雨水汇合后流入管段 2-3。其余类推。

计算图 4-4 中 1 号井处的最大雨水径流量，降雨历时应该采用多大的数值呢？在图 4-4 中，1 号井是排水面积 A_1 的集水点，A 点则是面积 A_1 上离集水点最远的一点。假设雨水从 A 流到集水点需要 10 min，而雨下了 5 min 就停了，我们是否可用此降雨的平均强度和 A_1 的数值代入公式 $Q_s = 167 \psi A i$ 来计算此降雨流到管段 1-2 的径流量呢？不可以。为什么？因为当离 1 号井较近的各点雨水流到 1 号井时，A 点的雨水还在半路上；而当 A 点的雨水流到 1 号井时，近处各点早在降雨 5 min 后就没有雨水了。同样的道理，当降雨历时超过 10 min 时，也不可以采用小于 10 min 的降雨历时作为设计降雨历时。那么，是否能采用大于 10 min 的降雨历时作为设计降雨历时呢？从图 4-2 和图 4-3 中可以看出，一般的规律是降雨历时越长，相应的降雨强度越小。因为设计管段时，要按较大的流量来设计，所以不可采用大于 10 min 的降雨历时作为设计降雨历时。结论是应当采用 10 min 作为设计降雨历时。也就是说，以排水面积中最远的一点到集水点的雨水流行时间（称为排水面积的集水时间）

作为设计降雨历时,即某一排水面积的设计降雨历时等于它的集水时间。

怎样计算排水面积的集水时间呢?只能粗略估计。在图 4-4 中,对管段 1-2 的排水面积 A_1 讲,雨水都是沿着地面流行的,它的集水时间叫地面集水时间,数值应根据汇水距离、地形坡度和地面种类通过计算确定,《标准》建议地面集水距离的合理范围是 50~150 m,采用的集水时间为 5~15 min。对管段 2-3 的排水面积 A_1+A_2 讲,离集水点 2 号井最远的一点仍然是 A 点,雨水从 A 点流到 2 号井所需的时间可分两部分估计,一部分是地面集水时间(即从 A 点流到 1 号井的时间),另一部分是在管道中流行的时间(即在管段 1-2 中流行的时间)。如果雨水在管段 1-2 中的流速是不变的,而且是已知的,那么流行时间可以根据管段的流速和长度算出来。

上面所说的可用公式概括如下:

$$t = t_1 + t_2 \tag{4-2}$$

$$t_2 = \sum \frac{L}{v \times 60} \tag{4-3}$$

式中:t——设计降雨历时(排水面积的集水时间),min;

　　　t_1——地面集水时间,min;

　　　t_2——在管道中流行的时间,min;

　　　L——集水点上游各管段的长度,m;

　　　v——相应各管段的设计流速,m/s。

这里顺便指出,应用推理公式计算设计流量时应予注意的几方面。仍以图 4-4 所示管道为例,各管段的设计流量如下:

$Q_{s,1-2} = \psi_1 i_1 A_1$,$i_1$ 与 A_1 的集水时间 t_1 相应;

$Q_{s,2-3} = (\psi_1 A_1 + \psi_2 A_2) i_2$,$i_2$ 与 A_1+A_2 的集水时间 t_2 相应;

$Q_{s,3-4} = (\psi_1 A_1 + \psi_2 A_2 + \psi_3 A_3) i_3$,$i_3$ 与 $A_1+A_2+A_3$ 的集水时间 t_3 相应。

假设图 4-3 中的雨量曲线趋势适用于本例,则

$$t_3 > t_2 > t_1$$

故　　　　　　　　　　　　　　　$i_3 < i_2 < i_1$

尽管排水面积 A 逐渐增加,因设计降雨强度 i 相应逐渐减小,因此,设计径流量 Q_s 不一定跟着逐渐增大,即不一定 $Q_{s,3-4} > Q_{s,2-3} > Q_{s,1-2}$。例如,当 $\psi_3 A_3$ 很小(因 ψ_3 很小,A_3 很小,或 ψ_3、A_3 都很小)而 t_3 很大(即 L_{2-3} 长)时,$Q_{s,3-4}$ 就可能小于 $Q_{s,2-3}$。因为

$$Q_{s,3-4} - Q_{s,2-3} = (\psi_1 A_1 + \psi_2 A_2)(i_3 - i_2) + \psi_3 A_3 i_3$$

前项为负数,如果后项小于前项绝对值时

$$Q_{s,3-4} - Q_{s,2-3} < 0, \text{ 即 } Q_{s,3-4} < Q_{s,2-3}$$

显然这时仍应以 $Q_{s,2-3}$ 的值作为管段 3-4 的设计流量。

同样,当 $\psi_1 A_1$ 很小时,可能出现如下所示的情况:

$$(\psi_1 A_1 + \psi_2 A_2) i_2 < \psi_2 A_2 i_1$$

$$(\psi_1 A_1 + \psi_2 A_2 + \psi_3 A_3) i_3 < (\psi_2 A_2 + \psi_3 A_3) i_2$$

这时也不应按常例运用推理公式，在设计下游管段(管段 2-3、管段 3-4)，确定设计流量时，不计入上游排水面积 A_1。

这些反映了推理公式是一个有局限性的公式。

(三) 设计重现期的确定

1. 雨水管渠设计重现期的确定

人们期望城镇不出现降雨积水情况，雨水管道应立刻排走雨水径流，但这常常需要加大投资。因此，设计雨水管道，确定设计降雨强度时，常选用重现期较短的当地降雨强度。重现期选用长些(10 年、5 年)还是短些(3 年、2 年)，主要看管道溢流、地区积水将造成的危害(通常是经济损失)程度，其次是施工费用。繁华的商业区应当选用较长的重现期，城镇广场最好不出现雨天积水。

试设想设计重现期与管道溢流之间的关系。设计重现期选用 1 年，管道是否平均每年都会溢流一次呢？不一定，因为：① 雨水管道是按满流设计的，实际到达满流时还没有溢流；② 重现期相同的降雨强度并非同时发生在同一阵雨中，下游管段满流时，上游管段已非满流，留有空间(称自由容积)；③ 实际流量超过满流时，出现压力流，管道的排水量将超过满流流量。

《标准》规定，雨水管渠设计重现期确定，应根据汇水地区性质、城镇类型、地形特点和气候特征等因素，经技术经济比较后按表 4-6 的规定取值。

表 4-6　雨水管渠设计重现期　　　　　　　　　　　　　　　　单位：a

城镇类型	城区类型			
	中心城区	非中心城区	中心城区的重要地区	中心城区地下通道和下沉式广场等
超大城市和特大城市	3~5	2~3	5~10	30~50
大城市	2~5	2~3	5~10	20~30
中等城市和小城市	2~3	2~3	3~5	10~20

注：1. 表中所列设计重现期适用于采用年最大值法确定的暴雨强度公式。

2. 雨水管渠按重力流、满流计算。

3. 超大城市指城区常住人口在 1 000 万人以上的城市；特大城市指城区常住人口在 500 万人以上 1 000 万人以下的城市；大城市指城区常住人口在 100 万人以上 500 万人以下的城市；中等城市指城区常住人口在 50 万人以上 100 万人以下的城市；小城市指城区常住人口在 50 万人以下的城市(以上包括本数，以下不包括本数)。

2. 内涝防治设计重现期的确定

2012 年 6 月 23 日北京遭遇了一场特大暴雨。全市平均降雨量 164 mm，为 61 年以来最大。其中，最大降雨点房山区河北镇达 460 mm，引发山洪暴发，全市受灾人口 190 万人，造成 77 人遇难，经济损失近百亿元。国内外其他城市也有类似情况。为此《标准》除了提高雨水管渠设计重现期的规定外，还专门提出了内涝防治设计重现期的规定，以将降雨期间的地面积水控制在可接受的范围之内。根据内涝防治设计重现期校核地面积水排除能力，当校核结果不符合要求时，应当调整设计，包括放大管径、增设渗透设施、建设调蓄池、内河整治及非工程性措施在内的综合应对措施。表4-7所示数值取自《标准》，可供设计计算时选用。

表4-7 内涝防治设计重现期

城镇类型	重现期/a	地面积水设计标准
超大城市	100	
特大城市	50~100	1. 居民住宅和工商业建筑物的底层不进水；
大城市	30~50	2. 道路中一条车道的积水深度不超过15 cm。
中等城市和小城市	20~30	

注：1. 表中所列重现期均按"年最大值法"得出；

2. 超大城市指城区常住人口在1 000万人以上的城市；特大城市指城区常住人口在500万人以上1 000万人以下的城市；大城市指城区常住人口在100万人以上500万人以下的城市；中等城市指城区常住人口在50万人以上100万人以下的城市；小城市指城区常住人口在50万人以下的城市（以上包括本数，以下不包括本数）。

3. 经济条件较好，而且人口密集、内涝易发的城市，宜采用规定的上限。

内涝防治设计中比较切实可行的办法是在严重积水地区采取渗透、调蓄、设置行泄通道和内河整治等措施，在缺水地区还可进行雨水利用。内涝严重的程度取决于暴雨的概率与已建雨水管道的排水能力。用模式雨型及其径流过程线结合已建雨水管道的设计流量，可计算不同概率的暴雨，及其相应的积水量，为地下雨水调蓄池引排地面积水所需的有效容积提供设计依据。计算示例可参考本书主要参考文献[11]中"城市不同概率的暴雨积水量计算"一文。

（四）径流系数的确定

影响径流系数的主要因素是地面的透水性和坡度。其次，降雨情况也有影响，久雨和暴雨都会提高径流系数。透水性相同的地面，坡度平缓的比坡度较大的雨水径流量要小得多。表4-8和表4-9所示数值取自《标准》，可供设计计算时选用。排水面积的径流系数常采用面积内各类地面径流系数的加权（相应的面积百分比）平均值。

表4-8 径流系数 ψ

地面类型	ψ
各种屋面、混凝土和沥青路面	0.85~0.95
大块石铺砌路面和沥青表面的各种碎石路面	0.55~0.65
级配碎石路面	0.40~0.50
干砌砖石或碎石路面	0.35~0.40
非铺砌土路面	0.25~0.35
公园或绿地	0.10~0.20

表 4-9　综合径流系数 ψ

区域情况	ψ
城镇建筑密集区	0.60~0.70
城镇建筑较密集区	0.45~0.60
城镇建筑稀疏区	0.20~0.45

（五）降低设计流量的尝试

鉴于早期发达国家的设计偏于安全，尚有潜力可挖，在降低雨水管道管径上有过多种尝试，包括集水时间的修正、自由容积的利用和压力流的利用等。

按公式(4-3)计算 t_2 时采用的 v 是设计流速，而实际上流速是渐变的，采用 v 是最高值，所以计算值 t_2 比实际的集水时间短，通过研究后在计算值上乘以 1.2（称延缓系数）。

在同一场雨中，各管段的"洪峰"不会同时出现，上游管段是有空间可以利用的。研究认为在计算集流时间时可将 t_2 再乘上一个系数（称容积利用系数），把系数 1.2 改为 2，2 被称为折减系数 m。

但是鉴于近年来许多地区发生严重内涝，给人民生活和生产造成了极其不利的影响，为防止或减少类似事件，有必要提高城镇排水管渠设计标准，而采用降雨历时计算公式中的折减系数降低了设计标准。发达国家一般不采用折减系数。为了有效应对日益频发的城镇暴雨内涝灾害，提高我国城镇排水安全性，《标准》取消折减系数 m，计算集水时间时应采用 $t=t_1+t_2$，即集水时间=地面集水时间+管渠内雨水流行时间。

四、讨论

雨水径流量的推算是水文学的一个重要课题。推理公式仅是推算方法的一种。有的排水工程教科书中也有介绍单位过程线法的。不论采用何种方法，都以经验为依据，精度都不太高。

应用推理公式确定雨水管道的设计流量时，除排水面积的数值精度较高外，径流系数的值很难精确，且随城市的建设而变动，有时设计值与真实值相差一倍也是可能的；降雨强度设计值的确定、重现期的选用、地面集水时间的确定都有经验性。设计人员应该加强实地调查研究，积累经验，使设计更符合实际。

第二节　雨水管渠的设计

开始设计前，应对当地的雨量资料、地形地貌和历年降雨情况有所了解。

一、雨水管渠设计的原则

雨水管渠设计原则如下：

① 尽量利用池塘、河浜受纳地面径流，最大限度地减少雨水管道的设置。受纳

水体周围的地面径流可直接借地面排入水体。

② 利用地形，就近排入地面水体。雨水径流的水质和地面情况有关，初期径流的污染较大。近年来，国外个别地区计划处理初期径流，但通常都直接排入水体。雨水管渠应充分利用地形，就近排放地面水体，以降低造价。

③ 考虑采用明渠。明渠造价低。在建筑物密度较高、交通繁忙的地区，可以采用加盖明渠。这需要创新意识，因为一般都用暗管。

④ 尽量避免设置雨水泵站。雨水泵站的投资很大，用电量也很大，可能冲击正常用电。受纳水体水位接近岸边时，采用明渠有可能避免设置泵站。受纳水体受潮汐影响，水位不时高出岸面时，才考虑设置泵站；这时应设旁道，供水位不高时排水。

二、雨水管渠系统的平面布置

雨水管渠系统的平面布置应考虑多方面因素。

① 雨水管渠的平面布置，应根据城镇规划和建设情况，考虑利用河湖水体与洼地调蓄雨水，把地形条件、地下水位及原有的和规划的地下设施、施工条件等因素综合考虑、合理布置、分期建设、逐步完善。

② 在平坦地区，干管应设在流域的中部，以减少两侧支管长度，避免干管埋深过大，增加造价；在陡坡地区，为避免因管道坡度太陡而设跌水检查井等特殊构筑物，使干管与等高线斜交，以适当减少干管坡度。管渠定线还需注意设在地质良好、沿线的特殊构筑物较少的地段，使施工简易，降低造价，也便于养护。

③ 雨水管渠常沿道路铺设，设在道路中线的一侧，与道路相平行，尽量在快车道以外。雨水口的设置位置，要配合道路边沟，在道路交叉口处，雨水不应漫过路面，可按图 4-5 布置。

道路交叉口
雨水口布置

三、雨水管渠水力设计的准则

雨水管渠的水力设计，可按《标准》进行。

① 管道按满流设计，明渠应留超高，不小于 0.2 m。

② 管道最小设计流速为 0.75 m/s，明渠为 0.4 m/s。

③ 管道可不考虑最大流速，明渠的最大流速可按表 4-10 采用。

表 4-10 明渠最大设计流速

渠壁材料	最大设计流速/(m·s⁻¹)	渠壁材料	最大设计流速/(m·s⁻¹)
粗沙或低塑性粉黏土	0.8	草皮护面	1.6
沙质黏土	1.0	干砌块面	2.0
黏土	1.2	浆砌块石或浆砌砖	3.0
石灰岩和中砂岩	4.0	混凝土	4.0

注：上表适用于明渠水深 h 为 0.4~1.0 m。如 h 在 0.4~1.0 m 以外，表中流速应乘以下列系数：$h<0.4$ m，乘以 0.85；1.0 m$<h<2.0$ m，乘以 1.25；$h\geqslant2$ m，乘以 1.4。

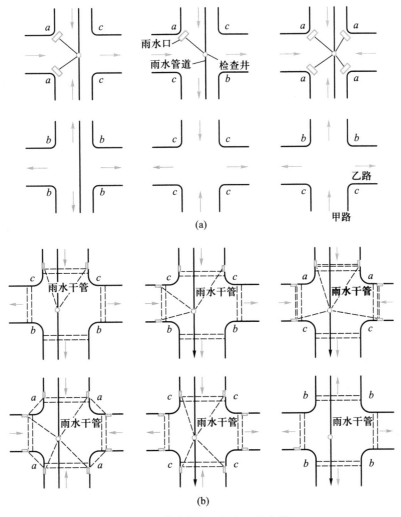

图 4-5　道路交叉口雨水口的布置

(a) 窄道路交叉口；(b) 宽道路交叉口

④ 最小管径采用 300 mm，塑料管最小坡度为 0.002，其他管最小坡度为0.003；雨水口连接管管径为 200~300 mm，最小坡度为 0.01。

⑤ 管道流速公式

$$v = \frac{1}{n} R^{\frac{2}{3}} I^{\frac{1}{2}}$$

式中：v——流速；

　　　I——水力坡度；

　　　R——管道水力半径；

　　　n——管壁粗糙系数，按表 2-1 采用。

⑥ 管段衔接一般用管顶平接，当条件不利时也可用管底平接。

⑦ 最小覆土厚度，在车行道下时，一般不小于 0.7 m，基础应设在冰冻线以下。

⑧ 在直线管段上检查井的最大间距见表 1-1。

四、设计步骤

雨水管渠的设计步骤如下：

① 划分流域与管渠定线。根据地形的分水线和铁路、公路、河道的具体情况，划分排水流域，进行管渠定线，确定雨水流向。

② 划分设计管段与沿线汇水面积。雨水管道设计一般以 100~200 m 为一段。沿线汇水面积的划分，要根据当地地形条件。当地形平坦时，则根据就近排除的原则，把汇水面积按周围管道的布置用角等分线划分；当地面有坡度时，则按雨水向低处流的原则划分。

③ 确定雨量参数的设计值。包括径流系数、重现期和地面集水时间等。

④ 确定管道的最小埋深。

⑤ 进行水力计算。确定各设计管段的管径、坡度、管底高程和管道埋深。

五、雨水管道水力设计示例

雨水管道系统平面图，如图 4-6 所示。

1. 基本公式和数据

雨水管道计算过程示例

雨量重现期用两年，相应降雨强度公式 $i = \dfrac{73.792}{(t+31.546)^{1.008}}$，地面集水时间 t_1 用 10 min。径流系数及加权平均计算如表 4-11 所示。

表 4-11　径流系数及加权平均计算

地面	A_i/%	ψ_i	$A_i\psi_i$/%
建筑面积	35	0.90	31.5
不透水路面	25	0.90	22.5
绿地	33	0.15	4.95
泥地	7	0.30	2.10

$$\psi = \frac{\sum A_i \psi_i}{\sum A_i} = 0.61$$

图 4-6 中地面高程即为道路路面高程，街坊内地面一般比路面高出 0.3 m。本示例中河流常水位高程为 1.30 m。

2. 列表计算

如表 4-12 所示，从管道系统图 4-6 中量得各管段的长度 L 列入第（2）列；根据排水面积的划分，将各管段沿线面积列入第（3）列；各管段的设计排水面积列入第（4）列，例如，管段 5-4 的设计排水面积为（1.0+0.6+1.0+0.9）hm² = 3.5 hm²；第（14）、（15）列的地面高程数据直接从图 4-6 读出。

管段 6-5、7-5、8-5 是起端的设计管段，它衔接着街坊内部接出的管道，其起端管底标高由街坊出流管标高决定，据估算分别定为 3.50 m、3.40 m、3.50 m。

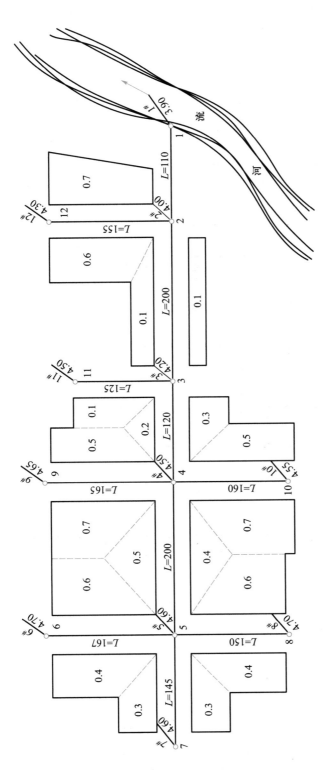

图 4-6 雨水管道系统平面图

注: 面积单位为hm²; 长度单位为m。

表 4-12 雨水管道设计计算表

管道编号	管长 L/m	排水面积 A/hm²		流速 v/(m·s⁻¹)	$t = 10 + \Sigma \dfrac{L}{v \times 60}$ t/min			比流量 q_0'/(L·s⁻¹·hm⁻²)	设计流量 Q_s/(L·s⁻¹)	管径 D/mm	管道坡度 I	坡降 /m	地面高程 /m		管底高程 /m		覆土厚度 /m	
		沿线	设计		$\dfrac{L}{v \times 60}$	$\Sigma \dfrac{L}{v \times 60}$	t						起端	终端	起端	终端	起端	终端
(1)	(2)	(3)	(4)	(5)	(6)	(7)	(8)	(9)	(10)	(11)	(12)	(13)	(14)	(15)	(16)	(17)	(18)	(19)
6-5	167	1.0	1.0	0.86	3.24	0	10	175.3	175.3	500	0.001 9	0.32	4.70	4.60	3.50	3.18	0.70	0.92
7-5	145	0.6	0.6	0.78	3.10	0	10	175.3	105.2	400	0.002 4	0.35	4.60	4.60	3.40	3.05	0.80	1.15
8-5	150	1.0	1.0	0.86	2.91	0	10	175.3	175.3	500	0.001 9	0.29	4.70	4.60	3.50	3.22	0.70	0.88
5-4	200	0.9	3.5	1.08	3.09	3.24	13.24	162.5	568.8	800	0.001 7	0.34	4.60	4.50	2.75	2.41	1.05	1.29
9-4	165	1.2	1.2	1.00	2.75	0	10	175.3	210.4	500	0.002 8	0.46	4.65	4.50	3.45	2.99	0.70	1.01
10-4	160	1.2	1.2	1.00	2.67	0	10	175.3	210.4	500	0.002 8	0.45	4.55	4.50	3.35	2.90	0.70	1.10
4-3	120	0.5	6.4	1.20	1.67	6.32	16.32	152.0	972.8	1 000	0.001 6	0.19	4.50	4.20	2.22	2.03	1.28	1.17
11-3	125	0.1	0.1	0.75	2.78	0	10	175.3	17.5	300	0.003 0	0.38	4.50	4.20	3.50	3.13	0.70	0.77
3-2	200	0.2	6.7	1.20	2.78	7.99	17.99	146.8	983.6	1 000	0.001 5	0.30	4.20	4.00	2.03	1.73	1.17	1.27
12-2	155	1.3	1.3	1.12	2.31	0	10	175.3	227.9	500	0.003 3	0.51	4.30	4.00	3.10	2.59	0.70	0.91
2-1	110	0	8.0	1.35	1.36	10.77	20.77	139.0	1 112.0	1 000	0.002 1	0.23	4.00	3.90	1.73	1.50	1.27	1.40
(一)①	(二)	(三)	(八)	(八)	(五)		(六)	(七)		(八)			(四)		(九)		(十)	

注：① 表中(一)、(二)、(三)、……、(十)表示各列数据写出的先后顺序。

管段 9-4、10-4、11-3、12-2 在可以衔接街坊内部接出的管道情况下，为减低造价，它们的起点可以用最小覆土厚度来控制。

本示例地形比较平坦，所以各管段设计流速不宜过大，以减少管道埋深。根据地面集水时间 t_1 和上游管段的管道流行时间 t_2，算出设计管段的集流时间 t，比流量 q'_0（$q'_0 = 166.7\psi_i$），设计流量 Q_s。而后从水力学算图（附录二附图 2-18）上选定管径 D 与坡度 I，并计算该管段相应的流速 v。在管段流量计算过程中，有可能出现下游管段的设计流量反而比上游管段的设计流量小的情况。（为什么？）这时下游管段设计流量应当采用上游管段的设计流量来选定管径 D 和坡度 I，以及计算管道的高程。

在支管和干管相接后，计算下一设计管段时，要注意 t_2 和管底高程的计算。例如，管段 6-5 和支管 7-5、8-5 在检查井 5 处相接，计算集水点的 t_2 时就有三个数值。一个是管段 6-5 的 3.24 min，一个是支管 7-5 的 3.10 min，一个是支管 8-5 的 2.91 min。这三个数值中，要采用大的一个。同样，计算管段 5-4 的上端管底高程时，可得三个数值，一个是承接管段 6-5 算出来的，即本例题的 3.18 m，一个是承接支管 7-5 算出来的 3.05 m，一个是承接支管 8-5 算出来的 3.22 m，这三个数值中要采用小的一个。

支管 11-3 的设计流量仅有 17.5 L/s，按《标准》规定，应按最小管径（300 mm）及其相应最小设计坡度（0.003）设计。

六、雨水管道平面图的绘制

管道平面图是管道设计的主要图纸。在初步设计阶段，将计算所得数据加注在管道系统平面布置图上即可。在施工图设计阶段，必须画出完整的管道的平面图。在平面图上除反映初步设计要求之外，还应标明检查井的具体位置，可能与施工有关的地面建筑物，其他地下管线及地下建筑物的位置，管线图例及施工说明等，施工图设计阶段平面图比例尺常采用 1∶500～1∶2 000。图 4-7 为雨水管道部分管段平面图（施工图设计阶段）示例。

雨水管道工程设计实例图纸

七、立体交叉道路排水

立体交叉道路包括城市高架式立体交叉道路和下穿式立体交叉道路。高架式立体交叉道路通常指高架道路、上跨道路的匝道和引道；下穿式立体交叉道路包括地道和隧道。

立体交叉道路排水的设计重现期标准高于地面排水系统，同一立体交叉道路的不同部位可采用不同的重现期。立体交叉道路的设计重现期可采用不小于 10 年，位于中心城区的重要地区，设计重现期为 20～30 年。

由于坡度大集水时间短，一般为 2～10 min；而且路面径流系数较高，宜采用 0.8～1.0；所以立体交叉道路产生的径流量大于地面排水系统。

地形高差导致立体交叉道路产生的雨水具有较高的势能，直接纳入地面排水系统易造成地面和低洼地区积水。因此，需采用高水高排、低水低排，且互不连通的

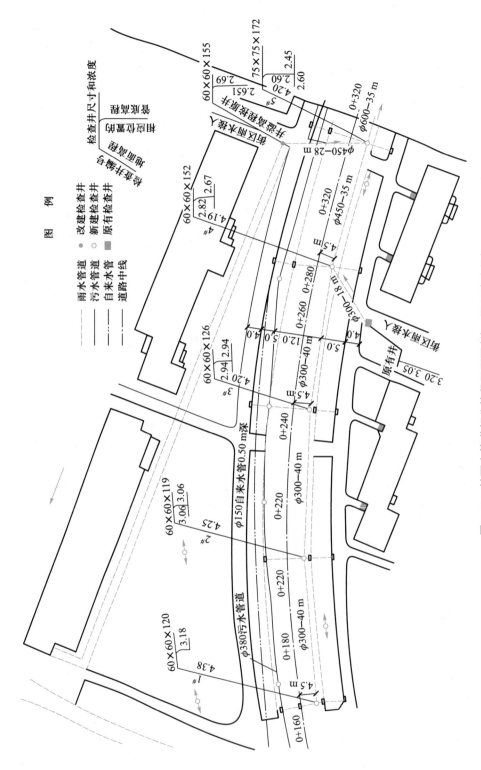

图 4-7 某雨水管道部分管段平面图（施工图设计阶段）

注：检查井尺寸单位为cm；高程单位为m；管道长度单位为m。

系统。例如，城市高架道路、上跨桥的匝道和引道等高架式立体交叉道路的排水可设单独的管道，依靠重力直接排入河道或雨水干管；地道和隧道等下穿式立体交叉道路的排水可在最低处设泵站。隧道排水不仅要计算两侧敞开段进入的雨水，还应包括地道结构的渗漏水和火灾发生时产生的消防水。火灾时的消防水宜排入城市污水排水系统以避免污染河道。不能自流排除的地道或隧道宜设泵房排除，一般与土建结构合建。泵房内设置大小搭配的水泵，分别用于排除雨水和渗漏水，还应该设置备用水泵。为了确保排水泵的供电安全，泵站的配电设备宜布置在地面，或设置在下穿式立体交叉道路内较高处。

为减少立体交叉道路产生的雨水量，可以在道路两端设置局部高起的驼峰来控制汇水面积，防止高架或地面的雨水流入地道和隧道，减少坡底积水量。参见图4-8和图4-9隧道排水示意图。

立体交叉道路雨水的收集可采用雨水口、横截沟和排水边沟。坡度较陡处由于纵向坡度远大于横向坡度，道路两侧的雨水口不易收集雨水，宜采用横截沟进行拦截。坡度较缓处可采用两个或三个并联布置的雨水口收集雨水。

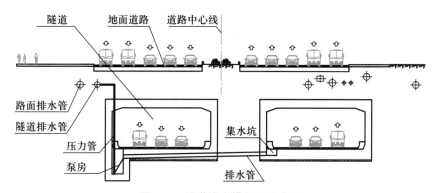

图4-8 隧道排水横剖面示意图

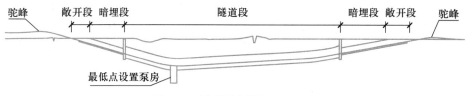

图4-9 隧道排水纵剖面示意图

第三节 合流管道系统

一、合流管道系统的适用条件与布置特点

在实践中，合流管道系统有两种类型：① 全部污水不经处理直接排入水体；② 具有截流管道，在截流管道上设溢流井，当水量超过截流能力时，超过的水量通过溢流井小溢入水体，被截流的雨污混合水进污水厂处理。

第一种合流管道系统，根据环境保护有关规定已不容许采用；第二种截流式合流管道系统尚在应用。

截流式合流管道往往是在第一种合流管道的基础上发展而成的。由于城市的发展通常是逐步形成的，最初城市人口与工业规模不大，合流管道收集各种雨、污、废水，直接排入就近水体，这时污染负荷不大，水体还能承受。随着城市发展，人口增多，工业生产扩大，污染负荷超过了水体自净能力，这时水体出现不洁，人们开始认识到应对污水进行适当处理，于是修建截流管道，把晴天时的污水全部截流，送入污水厂处理；暴雨时因雨水流量很大，一般只能截流部分雨、污混合水送入污水厂处理，超量混合污水由溢流井溢入水体。截流式合流管道是直接排放式合流管道的发展，因为它与城市逐步发展的规律相一致，故而它是国内外现有排水体制中使用最多的。

截流式合流管道与分流制系统相比，在管渠系统造价上投资较省，管道养护也较简单，地下管线可减少，也不存在雨水管与污水管的误接问题，但合流制污水处理厂的造价比分流制污水厂高，处理厂养护也较复杂。

在环境保护方面，截流式合流管道可截流小部分初雨径流，但周期性地把生活污水、工业废水泄入城区内的水体，造成环境污染，特别是晴天时合流管道内充满度低，水力条件差，管内易产生淤积，该淤积在雨天时将被雨水冲入水体，给环境带来严重污染。实践经验表明：截流式合流制在卫生上比分流制差，环境污染的后遗症较大，对于适应社会发展、控制水污染方面不如分流制有利，故近年来国内外对于新建城镇一般建议尽可能采用分流制。

排水体制的选择，应根据城镇的总体规划、环境保护要求、水环境容量、水体综合利用情况、地形条件及城镇发展远景等因素综合考虑确定。

截流式合流管系的布置原则，应使雨水及早溢入水体，以降低下游干管的设计流量。当溢流井距离排放水体较近，且溢流井不受高水位倒灌影响时，为降低截流管道的截流量、节省管道投资，原则上宜多设溢流井。当溢流井受高水位倒灌影响时，宜减少溢流井数量，并在截流管道上设防潮门或橡胶鸭嘴阀，必要时设泵站排水。

溢流井的位置，通常在干管与截流管道的交汇处。溢流井的设置应征询环境保护部门与航道部门的意见。

二、合流污水水质与截流倍数

截流式合流管道在雨天溢流出的雨污混合水中挟有大量污染物质，它给水体带来污染。日本合流式雨水对策调查专门委员会于 1980 年对日本 11 个城市的截流式合流管道作了调查，结果如下。

1. 污水水质

① 雨污混合水的 BOD_5 与 OC 的平均浓度和晴天污水并无很大的差异（表 4-13）。

② 雨污混合水的 SS 平均为晴天时的 2 倍以上（表 4-13）。

③ 雨污混合水水质随水样机率发生变化（表 4-14）。

表 4-13 晴天和雨天的污水水质   单位：mg/L

项目	晴天		雨天	
	范围①	平均②	范围	平均
BOD$_5$	50.0~195.9	112.8	6.45~267.23	119.67
OC	29.9~135.8	58.9	12.43~181.34	74.26
SS	41.1~175.2	84.6	88.13~394.97	209.91

注：① 是城市平均值的最大值与最小值。

　　② 是 11 个城市的平均值的平均值。

表 4-14 雨污混合水水质变化

项目	水样机率/%	范围/(mg·L^{-1})	平均/(mg·L^{-1})
BOD$_5$	50①	33~243	90
	70	58~295	121
	90	112~402	189
OC	50	27~174	54
	70	42~213	71
	90	63~244	110
SS	50	66~289	137
	70	144~480	215
	90	184~859	376

注：① 表示 50%水样的 BOD$_5$在 33~243 mg/L 之间，平均值为 90 mg/L。

2. 单位面积的流出负荷量与溢流负荷量

晴天和雨天时的流出负荷量如表 4-15 所示。溢流负荷量如表 4-16 所示。

表 4-15 晴天和雨天时的流出负荷量

项目	晴天时/ (kg·hm^{-2}·mm^{-1})	雨天时/ (kg·hm^{-2}·mm^{-1})	雨天时流出负荷量/晴天时流出负荷量
BOD$_5$	1.214	0.898	0.74
OC	0.645	0.553	0.86
SS	0.859	1.897	2.21

表 4-16 溢流负荷量

项目	截流雨水量(1 mm·h^{-1})		截流雨水量(2 mm·h^{-1})		晴天年流出负荷量/ [t·(100 hm^2·a)$^{-1}$]
	溢流负荷量/ [t·(100 hm^2)$^{-1}$]	溢流负荷比/%	溢流负荷量/ [t·(100 hm^2)$^{-1}$]	溢流负荷比/%	
BOD$_5$	36	3.6	10	1.0	995.1
OC	22	4.6	6	1.3	487.1
SS	76	10.8	21	3.0	701.7

注：溢流负荷量=溢流水量×溢流水质浓度；溢流负荷比=$\dfrac{溢流负荷量}{晴天年流出负荷量}$。

调查表明：

① 晴天污水浓度的最大值是平均值的 2~3 倍，雨天时混合水浓度变化很大，最大值可为平均值的 10 倍以上，这是因管道淤积被雨水冲刷所致。

② 一般雨天时的加权平均 BOD_5 约为晴天时的 70%，很少会超过晴天时的浓度；雨天时的加权平均 OC 约为晴天的 80%，但因地区不同，也有可能会超过晴天浓度；对于 SS，雨天时的加权平均浓度约为晴天时的 2 倍，低于晴天浓度的现象极为少见。

③ 当截流雨水量增大，溢流污染负荷量将急剧减少。当截流雨水量到达 2~3 mm/h 时，溢流污染负荷量将显著减少；当截流雨水量超过 2~3 mm/h 时，溢流污染负荷量的减少不再明显。

④ 研究认为采用截流雨水量为 2 mm/h 比较适当，按全国平均的晴天最大小时污水量 1 mm/h 计〔相当于 2.778 L/(s·hm²)〕，则截流雨水量为晴天最大小时污水量的 2 倍，截流管道宜按 3 倍晴天最大小时污水量设计。

三、我国合流管道系统的工作情况与改造问题

我国大多数城市原有的合流制管道系统，都不设污水厂。近年来已有部分改造为截流式合流管道。据调查，经改造后的截流式合流管道效果并不理想，江河污染仍极严重，只是污染程度有所减轻而已。原因如下：① 《标准》规定截流倍数（截流雨水量与设计旱流污水量之比）n_0 宜采用 2~5，因早期的老标准要求偏低，一般要求 1~5，但实际上为节省投资一般用 0.5~1，截流倍数用得过小，致使大量污物泄入水体，远远超过水体的自净能力。② 城市污水厂处理能力不足。目前城市污水厂按旱流污水量设计，甚至在旱流污水量下也已经超负荷运行，因雨天处理能力严重不足，迫使大量雨污混合水不经处理直接流出。③ 目前大量工业废水并没有达到进入城市排水管道的水质要求，特别是一些水量大、浓度高或有毒的废水未经处理直接排入城市管道。④ 我国北方河流的流量较小，流量的季节性变化很大。

关于我国合流管道的改造问题，总的来说，任务很艰巨。对于那些污水不经处理直接排入水体的合流管道，必须尽早加以改造，控制污染。如果将这类合流系统改建为分流制，使废水实现清浊分流，当然可以从根本上改变城市环境卫生，但要改造成分流制一般需要具备三个条件：① 所有街坊与庭院都需具有雨水和污水两个管道系统，严格分流；② 工厂内部的雨水和冷却水等排水系统与工业废水、生活污水系统分开；③ 城市街道要有足够的地下空间，使有可能实现铺设雨水和污水两个管道系统。这些在一般已建成的大、中城市中是较难实现的，特别是①、②两个条件难以具备，并且改建几乎所有的接户管，要破坏大量路面，改造工作量极大，需要很长时间才可能完成。因此，合流制改造成分流制在实践中较难实现。据美国资料，华盛顿哥伦比亚特区曾对合流制改造方案进行比较，如全部改为分流制需投资 2.38 亿美元，如改造成截流式合流管道，投资只需 0.58 亿美元，相差达 4 倍多。因此，无论从技术还是经济上看，污水不经处理直接排入水体的合流管道，主要的改

造方向还是向截流式合流管道过渡。

把直接排放型的合流管道改造为截流式合流管道，为达到理想的效果，需规划设计好几个方面：① 截流倍数的选用要适当提高，我国现用的截流倍数 n_0 是以平均污水量为标准的，它实质上只有国外通常用的以最大小时污水量为标准值的 $50\% \sim 60\%$，所以《标准》建议的截流倍数 $2 \sim 5$ 倍只相当于国外的 $1 \sim 3$ 倍。据国外经验和我国江河污染的严重情况看，所用 n_0 宜根据不同地区的水体稀释能力和自净能力作不同程度的提高。② 合流系统污水处理厂的设计，应对截流污水作适当处理，处理能力应与截流量相适应。③ 溢流井的设置位置要定得恰当，减轻对城市环境的污染，要设计好溢流井的构造，发挥溢流井的应有作用。④ 在有条件地区，可在溢流口附近设置雨污混合水调蓄池，以截取初雨径流，改善溢流污水水质。在晴天时再把调蓄池中混合污水送至处理厂处理。⑤ 截流干管的布置应与市内河道的整治和城市防洪排涝规划相结合，在利用现有管道与泵站的同时，对工业废水要注意清浊分流，杜绝旧管道的渗漏和回流现象，调整或扩建旧有泵房，使其充分发挥应有的作用。

四、截流式合流管道的水力计算

(一) 合流管道的设计标准

合流管道的设计，在很多方面与雨水管道或污水管道设计有相同之处，但也有一些不同之处。现把不同之处分述如下。

1. 设计流量

合流管道的设计流量由生活污水量、工业废水量和雨水量三部分组成。《标准》规定合流管道中生活污水量按平均流量计算，即总变化系数用 1。工业废水量用最大生产班内的平均流量计算；雨水量在溢流井上游的管段按最大径流量计算，不考虑管道容量的调蓄作用。在溢流井下游管段按截流的雨水量计算。

2. 设计充满度

按设计流量满流计算。

3. 设计最小流速

合流管道(满流时)设计最小流速为 0.75 m/s。鉴于合流管道晴天时管内的充满度很低，流速很小，容易产生淤积，为了改善旱流的水力条件，需校核旱流时管内的流速。

4. 设计重现期

因为合流管道溢流的混合污水挟有生活污水，所造成的环境影响不同于雨水溢流，所以合流管道所用的设计重现期，应比同一情况下的雨水管道设计适当提高。俄罗斯圣彼得堡公用事业研究所建议，合流管道系统的设计重现期可比雨水管道系统大 $20\% \sim 30\%$。

5. 截流倍数

截流倍数指合流管道溢流井开始溢流时截流管道所截流的雨水量与旱流污水量之比。截流倍数应根据旱流污水的水质、水量、受纳水体的环境容量和排水区域大小等因素经计算确定,《标准》建议采用 2~5,并宜采取调蓄等措施,提高截流标准,减少合流制溢流污染对河道的影响。同一排水系统中可采用不同截流倍数。

(二) 截流式合流管道的设计流量

1. 第一个溢流井上游管道的设计流量

在第一个溢流井上游,合流管道系统任一段(如图 4-10 中的管段 1-2)的设计流量 Q 为

$$Q = \overline{Q}_d + \overline{Q}_m + Q_s = Q_{dr} + Q_s \tag{4-4}$$

式中:$\overline{Q}_d$——平均生活污水量,L/s;

$\overline{Q}_m$——工业废水的平均最大班流量,L/s;

Q_s——设计雨水径流量,L/s;

Q_{dr}——旱流污水量,$Q_{dr} = \overline{Q}_d + \overline{Q}_m$,L/s。

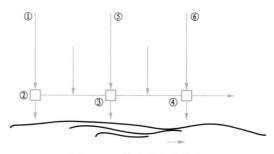

图 4-10 截流式合流管道

2. 溢流井下游管道的设计流量

合流管道溢流井下游管道的设计流量 Q',包括旱流污水量 Q_{dr}(按上述方法计算)及未溢流的设计雨水量(按上游旱流污水量的倍数 n_0 计),此外,还需计入溢流井以后的旱流污水流量 Q'_{dr} 和溢流井以后汇水面积的设计雨水径流量 Q'_s。

$$Q' = (n_0 + 1) Q_{dr} + Q'_{dr} + Q'_s \tag{4-5}$$

(三) 溢流井水力设计

截流式合流管道上的溢流井,是合流管道系统上的重要构筑物(见图 4-11)。最常见的溢流井是在井中设溢流堰,堰顶的高度根据所需的截流量水位确定,堰的长度计算公式为

$$L = \frac{Q}{1.8 H^{\frac{3}{2}}} \tag{4-6}$$

式中:Q——溢流量,m³/s;

H——堰上水深,m;

L——堰长,m。

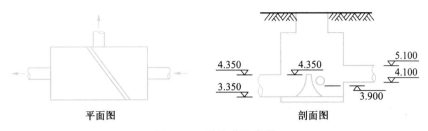

平面图　　　　　　　　　　　剖面图

图 4-11　溢流井示意图

合流管道溢流井计算举例如下。

1. 入流管资料

管径	流量/(L·s⁻¹)			管坡	流速	充满度	水深	标高/m	
D/mm	雨污水	雨水	污水	i/‰	v/(m·s⁻¹)	h/D	h/m	管底	水位
1 000	1 000	960	40	1.6	1.25	1.0	1.000	4.100	5.100

2. 截流水量

截流水量 = $3Q_污$ = 3×40 L/s = 120 L/s（n_0 = 2）

溢流雨污水量 =（1 000-120）L/s = 880 L/s

3. 入流管在截流时的条件

管径	流量	管坡	截流量	$\dfrac{q}{Q}$	$\dfrac{h}{D}$	水深	水位/m
D/mm	Q/(L·s⁻¹)	i/‰	q/(L·s⁻¹)			h/m	
1 000	1 000	1.6	120	0.12	0.25	0.25	4.350

入流管满流水位与截流量水位之差 =（5.100-4.350）m = 0.75 m

4. 截流管

管径	管坡	流量 Q/(L·s⁻¹)		流速 v/(m·s⁻¹)		$\dfrac{h}{D}$		水位/m		管底标高/m
D/mm	i/‰	雨天	晴天	雨天	晴天	雨天	晴天	雨天	晴天	
450	2.2	120	40	0.85	0.70	1.0	0.45	4.350	4.102	3.900

5. 溢流管

管径	溢流量	管坡	流速 v/	$\dfrac{h}{D}$	水深	标高/m	
D/mm	Q/(L·s⁻¹)	i/‰	(m·s⁻¹)		h/m	水位	管底
1 000	880	1.2	1.10	1.0	1.000	4.350	3.350

6. 溢流堰的高与长

堰高 = 截流量水位 = 4.350 m

$$堰长 L = \frac{0.880}{1.8 \times 0.75^{\frac{3}{2}}} \text{ m} = 0.75 \text{ m}$$

五、截流式合流管道水力设计示例

合流管道计算过程示例

例 4-1 图 4-12 为某城镇合流管道系统示意图。

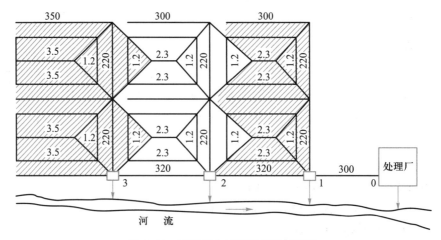

图 4-12 某城镇合流管道系统示意图

注：面积单位为 hm²；长度单位为 m。

该城镇人口密度为 400 人/hm²，污水量标准为 150 L/(d·人)，$\psi = 0.6$，$t_1 = 8$ min，重现期 $P = 2$ a。

雨量公式：$i = \dfrac{57.694 + 53.476 \lg P}{(t + 31.546)^{1.008}}$ 截流倍数 $n_0 = 4$

求：截流干沟 3-2-1-0 的设计流量及 D、I、v。列表 4-17 进行设计。

解： 1. 基本公式和数据

污水比流量 $q_0 = \dfrac{q_d P}{24 \times 3\ 600} = \dfrac{150 \times 400}{86\ 400} \text{L/(s·hm}^2) = 0.69 \text{ L/(s·hm}^2)$

雨水比径流量 $q_0' = 166.7 \psi i = \dfrac{7\ 380.7}{(t + 31.546)^{1.008}} \text{L/(s·hm}^2)$

2. 列表计算

合流制管道水力计算方法同分流制中的雨水管道，按总设计流量设计，并用旱季污水流量校核。

如表 4-17 所示，首先从管道系统图 4-12 中对溢流井进行编号，列入第 (1) 列，并进行截流干管管段编号，列入第 (2) 列，量得各管段长度 L 列入第 (3) 列。根据服务区域的排水面积划分，将溢流井前各自的排水面积列入第 (4) 列，例如溢流井 3 的排水面积为 (3.5×4 + 1.2×4) hm² = 18.8 hm²，溢流井 2 为 (18.8 + 14.0) = 32.8 hm²，同理计算溢流井 1 面积 44.4 hm²。将计算的污水比流量 q_0 值 0.69 L/(s·hm²) 列入第（5）列。计算各溢流井污水总流量（平均值）$\overline{Q}_d = （4）×（5）$，列入第（6）列，例如溢流井 3 的截流污水量为 18.8 hm² × 0.69 L/(s·hm²) = 13.0 L/s。把各溢流井前所各自的服务区域的排水面积列入第（7）列。找出各溢流井前最长支沟长度，并计算雨水流入最长支沟最后管段的段前雨水流行长度，例如流入溢流井 3 支沟的末段计算管段（长度 220 m）的管前支沟长度为（350+220）m = 570 m，列入第（8）列。假定支沟的雨水流速为 0.9 L/s，列入第（9）列，因此可计算出支沟的雨水管道流行时间 $t_2 = \dfrac{570}{0.9×60} = 10.6$ min，列入第（10）列。并考虑地面集水时间 t_1 可得出汇入计算管段前的雨水集流时间 $t = t_1 + t_2 = （8+10.6）$ min = 18.6 min，代入雨水比径流量公式，得 $q_0' = \dfrac{7\,380.7}{（18.6+31.546）^{1.008}} = 142.6$ L/(s·hm²)，列入第（11）列。从而得出流入溢流井 3 的雨水径流量 $Q = 18.8$ hm² × 142.6 L/(s·hm²) = 2\,680.9 L/s，列入第（12）列，此流量包括支沟和截流干管的雨水汇入量。已知截流倍数 $n = 4$，计算溢流井 3 截流雨水量 $Q = 4×13.0$ L/s = 52.0 L/s，列入第（15）列，同时该流量又是下一溢流井的转输截流雨水量，列入第（13）列。因此溢流井合流总量为该井所服务区域计上游地区的截流污水总量（上游污水由截流干管转输汇入）、该井服务区域的雨水径流量和上游截流干管的转输截流雨水量之和，例如溢流井 2 的合流量 $Q = （22.6+2\,038.4+52.0）$ L/s = 2\,113.0 L/s。溢流井的截流总量为截流污水总量和截流雨水量之和，例如截流污水总量 $Q = （13.0+52.0）$ L/s = 65.0 L/s，列入第（16）列，因此溢流井的溢流量为合流总量减去截流总量，即 $Q = （2\,693.9-65.0）= 2\,628.9$ L/s，列入第（17）列。溢流井后的截流干管流量由该溢流井的截流总量、干管沿线的截流污水量和截流雨水径流量之和组成，因此根据图 4-17 量出截流干管的沿线面积，列入第（18）列，计算管段雨水集流时间 t，本例截流干管作为一段计算管段，无上游管段的雨水管道流行时间，即 $t_2 = 0$，因此仅考虑地面集水时间 t_1，即 $t = t_1 + t_2 = 8$ min，列入第（19）列。由此得出雨水比径流量 $q_0' = \dfrac{7\,380.7}{（831.546）^{1.008}} = 181.2$ L/(s·hm²)，列入第（20）列。根据截流干管沿线面积，可计算其截流雨水径流量和截流污水量，例如截流径流量 2.3 hm² × 181.2 L/(s·hm²) = 416.8 L/s，列入第（21）列，截流污水量 2.3 hm² × 0.69 L/(s·hm²) = 1.6 L/s，列入第（22）列。因此截流干管设计流量为 $Q = （65.0+416.8+1.6）$ L/s = 483.4 L/s，列入第（23）列，并查水力算图，得出相应的设计管径、设计坡度和设计流速，分别列入第（24）、（25）、（26）列。完成截流干管水力计算后，还应校核晴天时截流干管的水流状况，此时的生活污水量应为最大日最大时的流量，即为管段上游溢流井生活污水总量和干管沿线生活污水量之和，乘上相应的总变化系数 $K_总$，例如 3-2 管段的设计污水量为（13.0+1.6）L/s × 2.4 = 35 L/s，列入第（27）列。再根据前面设计得到的截流干管管径和坡度，查水力算表得出充满度（0.18）和流速（0.55 m/s），分别列入第（28）、（29）列。

表 4-17 合流管道系统截流干管水力计算表

溢流井编号	截流干管		排水面积 /hm²	污水比流量 /(L·s⁻¹·hm⁻²)	污水总流量 /(L·s⁻¹)	溢流井前 临近上游井间					溢流井间		
	编号	长度 /m				排水面积 /hm²	支沟流行长度 /m	假定流速 /(m·s⁻¹)	流行时间 /min	比径流量 /(L·s⁻¹)	径流量 /(L·s⁻¹)	转输截流雨水量 /(L·s⁻¹)	合流总量 /(L·s⁻¹)
(1)	(2)	(3)	(4)	(5)	(6)=(4)×(5)	(7)	(8)	(9)	(10)=(8)÷(9)	(11)	(12)=(7)×(11)	(13)来自(15)	(14)=(6)+(12)+(13)
3	3-2	320	18.8	0.69	13.0	18.8	570	0.9	10.6	142.6	2 680.9	—	2 693.9
2	2-1	320	32.8	0.69	22.6	14.0	520	0.9	9.6	145.6	2 038.4	52.0	2 113.0
1	1-0	300	44.4	0.69	30.6	11.6	520	0.9	9.6	145.6	1 689.0	90.4	1 810.0

截流雨水量 /(L·s⁻¹)	溢流井处		溢流井后截流干管									晴天时沟系水流情况		
	截流总量 /(L·s⁻¹)	溢流量 /(L·s⁻¹)	本段沿线面积 /hm²	集流时间 /min	比径流量 /(L·s⁻¹·hm⁻²)	径流量 /(L·s⁻¹)	污水量 /(L·s⁻¹)	设计流量 /(L·s⁻¹)	设计管径 /mm	设计坡度 /‰	设计流速 /(m·s⁻¹)	流量 /(L·s⁻¹)	充满度	流速 /(m·s⁻¹)
(15)=4×(6)	(16)=(6)+(15)	(17)=(14)-(16)	(18)	(19)	(20)	(21)=(20)×(18)	(22)=(5)×(18)	(23)=(16)+(21)+(22)	(24)	(25)	(26)	(27)=[(6)+(22)]×K总	(28)	(29)
52.0	65.0	2 628.9	2.3	8.0	181.2	416.8	1.6	483.4	800	1.3	0.96	35.0	0.18	0.55
90.4	113.0	2 000.0	2.3	8.0	181.2	416.8	1.6	513.6	800	1.6	1.06	56.0	0.22	0.68
122.4	153.0	1 657.0	—	—	—	—	—	153.0	500	1.7	0.79	67.0	0.46	0.76

注：校核晴天水流情况时，污水量为最大日最大时流量。

第四节　海绵城市建设

海绵城市建设的提出始于 2013 年。在我国社会经济快速发展和城镇化推进过程中，针对我国许多地区频繁出现严重城市内涝的现象，2013 年 12 月习总书记在中央城镇化工作会议上发表讲话时提出，在提升城市排水系统时要优先考虑把有限的雨水留下来，优先考虑更多利用自然力量排水，建设自然积存、自然渗透、自然净化的"海绵城市"。2014 年 2 月，建设"海绵型城市"的设想被明确提出。随后，中央及各地政府开始积极推进有关海绵城市的专项规划示范工程设计和建设运营等工作。

国家住房和城乡建设部于 2014 年 11 月印发了《海绵城市建设技术指南——低影响开发雨水系统构建（试行）》（以下简称《指南》），随后财政部、住房和城乡建设部、水利部又联合下发了《关于开展中央财政支持海绵城市建设试点工作的通知》，鼓励有能力的城市积极开展海绵城市试点建设。2015 年，第一批 16 个城市入选海绵城市试点城市名录，开始了为期三年的试点建设工作；2016 年，选拔产生了第二批 14 个海绵城市试点城市。2018 年 7 月，住房和城乡建设部发布了关于征求国家标准《海绵城市建设评价标准（征求意见稿）》意见的通知，标志着我国海绵城市进入到规划建设与效果评价并重的全面推进阶段。

海绵城市的概念自提出以来，逐渐得到学者和工程建设人员的广泛认可，成为我国新一代城市雨洪管理的策略和方法。

一、海绵城市建设的内涵

中国处于城镇化快速发展的阶段，在城市的开发过程中，大量的建筑物和道路的建设，改变了原有自然生态下的径流产生和汇集规律，使得降雨时产生更多地表径流，洪峰到来时间更短，洪峰流量更大。

传统的雨水排放理念强调雨水的快速排放，解决城市内涝问题的主要途径是进行雨水管道系统的提标改造，即采用更高的设计标准对雨水排放系统进行改建或重建。这类方法虽然能保证雨水径流的安全排放，却会引发一系列的环境问题。一方面，雨水径流就近进入管道系统后被直接排入河道，打破了原有自然环境中"降水–下渗–径流–滞蓄–蒸腾"的水循环平衡关系，不仅导致地下水资源得不到有效补充，也造成雨水资源的浪费。另一方面，雨水径流在快速排放的过程中冲刷不透水的下垫面，将其表面的污染物带入雨水管道，这些污染物在管道中沉积易造成管道淤积和水环境污染。此外，随着设计标准的不断提高，雨水管道系统提标改造建设成本不断增加，一定程度上限制了其大规模的应用。尤其在老旧城区，地下管线排布情况十分复杂，雨污水管道混接严重，实施难度不断增加。

与传统的"快排式"雨洪控制途径相比，海绵城市更注重雨水的自然积存、自然渗透和自然净化，更加注重对城市生态环境的保护，是一种可持续的生态雨洪管理模式。世界范围内的生态雨洪管理途径还有很多，例如美国的低影响开发（LID）、最佳管理实践（BMP）、绿色基础设施（GI），英国的可持续城市排水系统（SUDS），澳大利亚的水敏感性城市设计（WSUD）等。这些生态雨洪管理模式的名称虽有差异，应用范围和侧重点也不尽相同，但本质都是通过加强渗透、滞蓄等生态友好的雨水排放途径，来补充甚至代替传统的雨水排放方式，以促进城市雨水排放系统的可持续发展。

相比于发达国家，我国的城市雨洪管理问题更加复杂，具体表现为城市内涝、水质污染、水资源短缺、用地紧张等问题同时出现，狭义的源头分散型低影响开发措施难以全面满足我国雨洪管理的实际要求。因此，海绵城市建设将传统的低影响开发雨水系统概念，扩展为包含源头、中途和末端的全过程的生态雨水控制体系，在传统的低影响开发设施之外增加了湿地、景观水体等大型调蓄设施，形成了从单一"排放"目标的传统雨水系统，向整合了"渗、滞、蓄、净、用、排"技术措施的多重目标的生态雨水系统的根本性转变。

二、构建途径与功能要求

水污染问题的根本性解决需要跨尺度的系统性规划与工程措施紧密结合，在注重场地雨水处理设施的同时，应更加重视系统性的规划布局，提出全面合理的解决方案。由此，海绵城市构建需从宏观、中观、微观三个层面进行统筹规划与建设。虽然水污染控制工程着重于微观技术层面，但有必要对其他工作层面的内容有一定的了解，从而保证海绵城市建设在各个层面的有效衔接与整体实施。

1. 宏观层面

海绵城市建设的宏观层面是对海绵城市建设工作的整体规划，主要是编制海绵城市专项规划及其他规划中与海绵城市相关的部分，建立起流域的水循环体系和雨洪管理紧密结合的模式，实现海绵城市建设与城市整体规划建设的衔接。

2. 中观层面

中观层面是对海绵城市规划的细化，开展海绵城市建设的设计，根据具体地块的地形地貌、用地性质、排水系统等情况，将海绵城市建设目标进行分解，提出海绵城市建设的控制目标与指标体系，结合区域内水域的调蓄功能，进行系统性的布局和设计。

3. 微观层面

在海绵城市构建的微观层面，具体开展海绵城市建设的实施工作。结合规划建设目标、场地特征和设计要求，选择具体的技术措施和实施方案；在绿地、建筑、排水、结构、道路等相关专业相互配合下，开展各项海绵设施详细的施工设计与实施工作，保障海绵城市建设方案具体落实。

《指南》指出：海绵城市建设应统筹低影响开发雨水系统、城市雨水管渠系统及超标雨水径流排放系统。低影响开发（low impact development，LID）是 20 世纪 90 年代由美国提出的雨水综合管理体系，是一种采用源头控制理念实现雨水控制与利用的雨水管理方法，强调城镇开发应减少对环境的冲击。其核心是基于源头控制和延缓冲击负荷的理念，通过采用多种分散的源头控制措施，构建与自然相适应的城镇排水系统，合理利用景观空间和采取相应措施对暴雨径流进行控制，减少城镇面源污染。在海绵城市的构建中，传统的城市雨水管渠排水系统与低影响开发雨水系统共同组织径流雨水的收集、转输与排放。对于超过雨水管渠系统设计标准的雨水径流，通过综合选择自然水体、多功能调蓄水体、行泄通道、调蓄池、深层隧道等自然途径或人工设施构建。以上三个系统并不是孤立的，也没有严格的界限，三者相互补充、相互依存，是海绵城市建设的重要基础元素。

总体而言，海绵城市的构建是在建设责任主体的统筹协调下，在宏观上规划领先，在中观和微观上，与低影响开发等先进雨洪管理技术措施结合，通过设计、实施和运行维护工作，采用多层次的技术措施及各个子系统的融合，实现目标功能要求。

海绵城市功能的关键是模拟自然水文条件，从源头上缓解城市内涝、削减城市径流污染负荷，使城市应对雨洪具有良好的海绵性能，降雨时下垫面吸水、蓄水、渗水、净水，需要时将蓄存的水得以利用，其建设的功能性目标包括径流总量控制、径流峰值控制、径流污染控制，以及雨水资源化利用和生态影响最小的系统性功能要求。

1. 径流总量控制

径流总量控制一般采用年径流总量控制率指标，即全年不外排的雨量占全年总降雨量的百分比。由于我国地域辽阔，地区差异较大，在现阶段的海绵城市建设中，根据气候特征、土壤地质等天然条件和经济条件不同，径流总量控制目标由西北至东南大致分为五个区，各区建议的年径流总量控制率最低和最高限值分别为 I 区（$85\% \leqslant \alpha \leqslant 90\%$）、II 区（$80\% \leqslant \alpha \leqslant 85\%$）、III 区（$75\% \leqslant \alpha \leqslant 85\%$）、IV 区（$70\% \leqslant \alpha \leqslant 85\%$）、V 区（$60\% \leqslant \alpha \leqslant 85\%$）。

在径流总量控制中，主要通过控制频率较高的中、小降雨事件来实现年径流总量控制率的目标，主要的技术途径为自然下渗和人工强化的渗透、储存及蒸发等方式。

2. 径流峰值控制

径流峰值直接关系到城市雨水系统设计的规模，其峰值流量是雨水管网设计的重要技术经济指标，也是海绵城市建设的重要控制目标之一。海绵城市的具体措施有一定的峰值削减与延迟作用，对于暴雨事件，峰值削减幅度比较有限。因此，从城市安全保障出发，城市雨水管渠和泵站的设计重现期、径流系数等设计参数仍应按照《标准》的要求执行。同时，与区域海绵城市措施结合，建立从源头到末端的全过程雨水控制与管理体系，共同达到雨洪防治要求。

3. 径流污染控制

初期雨水造成的径流污染是城镇水体的主要污染来源之一，也是海绵城市建设的重要功能目标之一，一般采用 SS 作为径流污染物控制指标。由于径流污染物变化的随机性和复杂性，径流污染控制需要根据场地的具体情况来分析确定控制目标、技术方法与污染物控制指标。雨水径流污染的具体内容详见本节雨水径流面源污染控制介绍。

在海绵城市的规划和建设中，应结合当地的水环境现状、水文地质条件等特点，合理选择一项或多项建设目标。由于径流污染控制和雨水资源化利用目标的实现，与径流总量控制的关联度较高，因此，径流总量控制往往作为重要的功能性控制目标。

在海绵城市建设的各项功能选择中，应该根据城市的水文地质特征及社会发展水平，选择合适的重点控制目标。在水资源缺乏的城市或地区，雨水资源化利用应作为径流总量控制目标之一；在水资源丰沛的城市或地区，更加关注径流污染及径流峰值控制目标；在水土流失严重和水生态敏感地区，则注重尽量减小地块开发对水循环的破坏；在易涝城市或地区，往往把径流峰值的控制作为重要的功能目标。

三、实施技术方法

以低影响开发的理念与技术措施为基础，针对我国大多数城市土地开发强度较大，仅在场地采用分散式源头削减的低影响开发措施，难以实现开发前后径流总量和峰值流量等维持基本不变的实际情况，海绵城市建设通过源头削减、中途转输和末端调蓄的系统性思路与低影响开发措施相结合，在具体实施措施上形成了"渗、滞、蓄、净、用、排"等技术方法的综合应用，以实现城市的良性水循环，提高对径流雨水的渗透、调蓄、净化、利用和排放能力，维持或恢复城市的"海绵"功能。

1. 渗入型技术措施

通过就地渗入的雨水处理措施取代传统的快速排除雨水排放系统，采用的技术形式有入渗沟、入渗洼地、渗透管沟及渗透井等。如"低绿地+下排水系统"措施，结合原有的绿化布局，对土壤应进行改造，通过填进石英砂、煤灰等提高土壤的渗透性，同时在地下增设穿孔排水管，穿孔管周围用石子或其他多孔材料填充；由各种人工材料铺设的透水地面，采用各种透水砖、多孔嵌草砖（俗称草皮砖）、碎石地面，以及透水沥青和透水混凝土等实现雨水的下渗（图4-13）；植草沟则是利用天然或人工的洼地蓄存、入渗和净化雨水的技术设施（图4-14）。

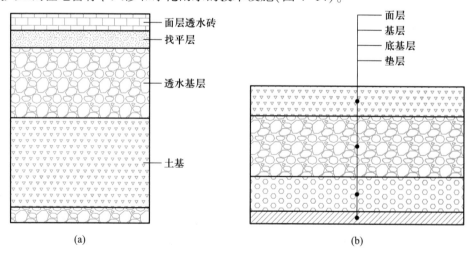

(a)   (b)

图4-13 透水铺装结构图

（a）透水砖结构图；（b）透水混凝土/沥青铺装结构图

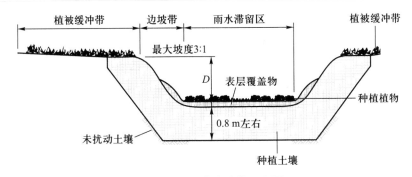

图 4-14 植草沟结构示意图

2. 滞留型技术措施

通过滞留雨水的措施，减少雨水流动聚集速度，延缓径流形成高峰的时间，降低雨水的径流峰值流量。采用的技术形式有生物滞留塘、渗滤池、人工湿地、绿色屋顶、植草沟等。如生物滞留塘不仅可以削减洪峰流量、延缓径流形成时间，其生物作用还可以净化雨水；绿色屋顶则通过植物和土壤吸收雨水，削减洪峰流量和径流总量(图 4-15)。

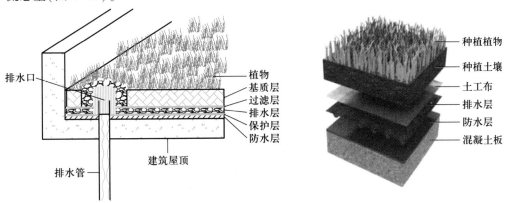

图 4-15 典型绿色屋顶构造示意图

3. 调蓄型技术措施

雨水的调蓄措施可以降低雨水的径流峰值流量，采用的技术形式有生物滞留塘、雨水花园、生态蓄水池等。如屋面雨水收集利用系统和生物滞留塘可以延缓径流形成时间，削减洪峰流量；雨水花园里的植物缓冲树池通过植物和土壤对雨水的吸收，削减洪峰流量和径流总量(图 4-16)。

4. 净化型技术措施

通过雨水的净化措施能有效降低初期雨水径流污染，采用的技术形式有初期雨水弃流和土壤渗透净化。土壤的过滤和生物净化过程可以净化雨水中的污染物，削减污染量；植物的吸附和生物净化功能，对雨水产生净化作用，削减径流污染量。

5. 雨水利用技术措施

雨水经过渗滤净化后利用，有利于缓解我国水资源短缺的矛盾，尤其在干旱少

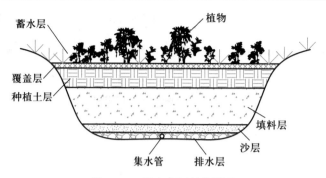

图 4-16　雨水花园结构图示

雨的地区，应尽可能对雨水加以收集、净化和利用。雨水利用的技术方式多种多样，如将停车场上方的雨水收集净化后用于洗车和道路冲洗。具体详见本节雨水资源化利用概述。

6. 雨水排放技术措施

城市雨水管渠系统即传统的排水系统，与海绵城市共同组成径流雨水的收集、转输与排放体系。对于经过径流总量和峰值控制后的雨水，最终通过市政管网排出。个别大城市为了应对超过雨水管渠系统设计标准的雨水径流，开始采用深层排水隧道调蓄后再排放水体。英国、日本、美国已建成大型地下排水隧道，广州和上海也已开始探索深层排水隧道的建设。但深层排水隧道造价很高，多用于城市设施密集、较为发达的大型城市(图 4-17)。

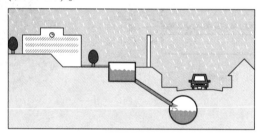

图 4-17　深层排水隧道构造图

上述技术方法在具体的工程实施过程中，人行道、停车场和广场等城区硬化地面可采用渗透性铺面，其中，多孔渗透性铺面有整体浇注多孔沥青或混凝土，也有组件式混凝土砌块。在绿地的建设中，绿地低于周围地面适当深度，形成下凹式绿地，可削减绿地本身的径流，同时周围地面的径流能流入绿地下渗。场地条件许可时，可设置植草沟、渗透池等设施接纳地面径流。雨水渗透设施建设增加了深层土壤的含水量，使土壤的受力性能改变，可能会影响道路、建筑物或构筑物的基础。因此，建设雨水渗透设施时，需对场地的土壤条件进行调查研究，以便正确设置雨水渗透设施，避免影响城镇基础设施、建筑物和构筑物的正常使用。

有些技术方法具有多重作用，如生物滞留塘、绿色屋顶、植草沟，既有延缓雨水的流动过程，达到削减径流峰值的作用，又有雨水渗入、初期雨水径流净化等作用。在选用具体技术措施时，应根据地域特征、水文地质特点等综合发挥其作用，表4-18、表4-19是《指南》提出的具体技术措施比选及选用一览表。

表 4-18 低影响开发设施比选一览表

单项设施	功能					控制目标			处置方式		经济性		污染物去除率（以SS计）/%	景观效果
	集蓄利用雨水	补充地下水	削减峰值流量	净化雨水	转输	径流总量	径流峰值	径流污染	相对分散	相对集中	建造费用	维护费用		
透水砖铺装	○	●	◎	◎	○	●	◎	◎	√	—	低	低	80~90	—
透水水泥混凝土	○	○	◎	◎	○	○	◎	◎	√	—	高	中	80~90	—
透水沥青混凝土	○	○	◎	◎	○	○	◎	◎	√	—	高	中	80~90	—
绿色屋顶	○	○	◎	○	○	●	◎	◎	√	—	高	中	70~80	好
下沉式绿地	○	●	◎	○	○	●	◎	◎	√	—	低	低	—	一般
简易型生物滞留设施	○	●	◎	◎	○	●	◎	◎	√	—	低	低	—	好
复杂型生物滞留设施	○	●	◎	◎	○	●	◎	●	√	—	中	低	70~95	好
渗透塘	○	●	◎	○	○	●	◎	◎	—	√	中	中	70~80	一般
渗井	○	●	○	○	○	●	◎	○	—	√	低	低	—	—
湿塘	●	○	●	◎	○	●	●	◎	—	√	高	中	50~80	好
雨水湿地	●	○	●	●	○	●	●	●	—	√	高	中	50~80	好
蓄水池	●	○	○	○	○	●	◎	◎	—	√	高	中	80~90	—
雨水罐	●	○	○	○	○	●	◎	○	√	—	低	低	80~90	—
调节塘	○	○	●	◎	○	○	●	○	—	√	高	中	—	一般
调节池	○	○	●	○	○	○	●	○	—	√	高	中	—	—
转输型植草沟	◎	○	○	◎	●	◎	○	◎	√	—	低	低	35~90	一般
干式植草沟	○	●	◎	◎	○	◎	○	◎	√	—	低	低	35~90	好
湿式植草沟	○	○	○	●	●	○	○	◎	—	√	中	低	—	好
渗管/渠	○	◎	○	○	●	◎	○	◎	√	—	中	中	35~70	—
植被缓冲带	○	○	○	●	—	○	○	●	√	—	低	低	50~75	一般
初期雨水弃流设施	◎	○	○	●	—	○	○	◎	√	—	低	中	40~60	—
人工土壤渗滤	●	○	○	●	—	○	○	◎	—	√	高	中	75~95	好

注：1. ●——强，◎——较强，○——弱或很小。

2. SS 去除率数据来自美国流域保护中心（Center for Watershed Protection，CWP）的研究数据。

表 4-19 各类用地中低影响开发设施选用一览表

技术类型 （按主要功能）	单项设施	用地类型			
		建筑与小区	城市道路	绿地与广场	城市水系
渗透技术	透水砖铺装	●	●	●	◎
	透水水泥混凝土	◎	◎	◎	◎
	透水沥青混凝土	◎	◎	◎	◎
	绿色屋顶	●	○	○	○
	下沉式绿地	●	●	●	◎
	简易型生物滞留设施	●	●	●	◎
	复杂型生物滞留设施	●	●	◎	◎
	渗透塘	●	◎	●	○
	渗井	●	◎	●	○
储存技术	湿塘	●	◎	●	●
	雨水湿地	●	●	●	●
	蓄水池	◎	○	◎	○
	雨水罐	●	○	○	○
调节技术	调节塘	●	◎	●	◎
	调节池	◎	◎	◎	○
转输技术	转输型植草沟	●	●	●	◎
	干式植草沟	●	●	●	◎
	湿式植草沟	●	●	●	◎
	渗管/渠	●	●	●	○
截污净化技术	植被缓冲带	●	●	●	●
	初期雨水弃流设施	●	◎	◎	○
	人工土壤渗滤	◎	○	◎	◎

注：●——宜选用，◎——可选用，○——不宜选用。

四、区域海绵城市规划

区域海绵城市规划以地方人民政府为主体，统筹协调规划、国土、排水、道路、交通、园林、水文等职能部门。《指南》对海绵城市建设提出了规划引领、生态优先、安全为重、因地制宜、统筹建设的基本原则，并就海绵城市规划提出如下要求。

在城市总体规划上，《指南》要求将低影响开发雨水系统作为新型城镇化和生态文明建设的重要手段，结合城市生态保护、土地利用、水系、绿地系统、市政基础设施、环境保护等相关内容，因地制宜确定城市年径流总量控制率及其对应的设计降雨量目标，制定城市低影响开发雨水系统的实施策略、原则和重点实施区域，并将有关要求和内容纳入城市水系、排水防涝、绿地系统、道路交通等相关专项规划。

详细规划(控制性详细规划、修建性详细规划)具体落实城市总体规划及相关专项(专业)的目标与指标，落实雨水渗、滞、蓄、净、用、排等设施用地。《指南》提出有条件的地区可编制基于低影响开发理念的雨水控制与利用专项规划，兼顾径流总量控制、径流峰值控制、径流污染控制、雨水资源化利用等不同的控制目标，构建从源头到末端的全过程雨水控制系统。

在具体的专项规划中，《指南》要求城市水系规划编制工作，应依据城市总体规划划定城市水域、岸线、滨水区，明确水系保护范围；保持城市水系结构的完整性，优化城市河湖水系布局，实现自然、有序排放与调蓄；优化水域、岸线、滨水区及周边绿地布局，明确低影响开发控制指标。

城市绿地系统专项规划的编制内容，在满足绿地生态、景观、游憩和其他基本功能的前提下，合理地预留或创造空间条件，对绿地自身及周边硬化区域的径流进行渗透、调蓄、净化，并与城市雨水管渠系统、超标雨水径流排放系统相衔接，提出不同类型绿地的低影响开发控制目标和指标，合理确定城市绿地系统低影响开发设施的规模和布局。同时，城市绿地应与周边汇水区域有效衔接，符合园林植物种植及园林绿化养护管理技术要求，合理设置预处理设施，充分利用多功能调蓄设施调控排放径流雨水。

城市排水系统规划、排水防涝综合规划等相关排水规划中，《指南》明确要结合当地条件确定低影响开发控制目标与建设内容，并满足《城市排水工程规划规范》(GB 50318—2017)、《标准》等相关要求，明确低影响开发径流总量控制目标与指标，确定径流污染控制目标及防治方式，明确雨水资源化利用目标及方式。

总体而言，通过海绵城市建设规划的编制实施，使城市区域合理控制开发强度，在城市中保留足够的生态用地，控制城市不透水面积比例，最大限度地减少对城市原有水生态环境的破坏，维持城市开发前的自然水文特征。同时，根据需求适当开挖河湖沟渠、增加水域面积，促进雨水的积存、渗透和净化，建设自然积存、自然渗透、自然净化的海绵城市。

五、雨水径流面源污染

径流污染通过降雨和地表径流冲刷，将大气和地表中的污染物带入受纳水体，使受纳水体遭受污染，是城市面源污染的主要来源。其中，尤以初期雨水形成的面源污染为重。

随着城市点源污染控制程度的提高，雨水径流引起的面源污染日益突出，严重影响了城市水环境质量的进一步改善。初期雨水产生的径流，其水质水量随区域环境、季节和时间变化，成分比较复杂，个别地区可以出现初期雨水污染物浓度超过生活污水的现象。表4-20为不同地区初期雨水水质状况。

表 4-20 不同地区初期雨水水质状况 单位：mg/L

地区	BOD$_5$		COD		SS		总氮	总磷
	平均值	范围	平均值	范围	平均值	范围	平均值	平均值
密歇根州安阿伯	28	62~11	—	—	2 080	11 900~650	3.5	1.7
华盛顿哥伦比亚特区	19	90~3	335	1 514~29	1 697	11 280~130	2.1	0.4
艾奥瓦州得梅因	36	100~12	—	—	505	1 035~95	2.2	0.87
北卡罗来纳州达勒姆	31	232~2	224	660~40	—	—	—	0.18
上海	124	949~68	336	2 019~205	251	1 033~185	7.74	0.57
苏州(枫桥)	—	—	172	423~45	352	1 135~44	6.87	1.01

雨水径流水质大致可分为轻度污染型、中度污染型和重度污染型。对于确定的区域而言，其水质污染程度与大气质量和径流类型有较大的关系。一般来说，径流可分为屋面(顶)雨水径流、地面雨水径流及绿地雨水径流等。

屋面初期径流污染程度较高，但随着降雨延续迅速降低；一般说来，降雨量越大，持续时间越长，后期径流水质也相应越好。而绿地雨水基本以渗透为主，当降雨量增大形成明显的径流时，其污染程度相对较轻。

路面径流水质与其所承担的交通密度有关，其主要污染源是路面的沉积物、行人的废弃物和车辆的排放物等，与屋面径流相比，更具有偶然性和波动性。在我国，大部分道路上行驶的机动车会对地面雨水的水质造成一定的污染，而这个问题在现阶段还没有被人们足够重视。机动车辆往往使道路上的雨水含有金属、橡胶和燃油等污染物质，其地面径流的雨水水质要比屋面径流的雨水水质差、污染程度较高。

除了机动车道的地面雨水径流外，还有非机动车道的雨水径流，如城镇的商业区、居民区、工业区，以及广场、停车场等，这些地表积累了大量的污染物，如油类、盐分、氮、磷、有害物质及生活垃圾等，都会严重污染雨水径流。因此，加强对街道、广场、人行道等的清洁工作，加强对停车场、广场等废弃物的管理，对控制城镇径流污染能起到明显的效果。

有学者研究了北京市交通繁忙的市内道路的雨水，得出其初期径流的 COD 和 SS 均大致为 1 000~2 000 mg/L，而居民小区内道路初期径流的 COD 和 SS 则为300~500 mg/L 和 300~700 mg/L。若降雨量大，足以将路面沉积物冲洗干净，则降雨后期市区道路径流的 COD 和 SS 均能稳定于 300 mg/L 以下，小区内道路则能稳定于150 mg/L 以下，具体见表 4-21。

表 4-21　北京市市内交通道路不同径流的 COD 和 SS 指标　　单位：mg/L

指标	屋面径流			路面径流			
	初期径流	稳定值		市区道路		小区内道路	
		雨量<20 mm	雨量>20 mm	初期径流	稳定值	初期径流	稳定值
COD	200~300	80~100	20~50	1 000~2 000	<300	300~500	<150
SS	400~800	20~50	0	1 000~2 000	<300	300~700	<150

随着环境要求的逐步提高，雨水径流污染问题日益突出，已成为城市面源污染控制的主要任务。结合海绵城市规划和建设的要求，采用工程和雨水综合管理相结合的措施，控制雨水径流污染，减小面源污染对城市水环境的影响，已成为改善城市生态环境的重要方面。

六、雨水调蓄设施

雨水调蓄是雨水调节和储蓄的统称。雨水调节是指在降雨期间暂时储存一定量的雨水，削减向下游排放的雨水峰值流量，延长排放时间，实现减少管道洪峰流量的目的。雨水储蓄是指对径流雨水进行储存、滞留、沉淀、蓄渗或过滤以控制径流总量和峰值，实现径流污染控制和回收利用的目的。

（一）雨水径流调蓄设施的作用与方法

雨水径流调蓄设施是用于储存雨水的蓄水池，可用于径流污染控制、径流峰值削减和雨水回用。

我国雨水管渠早期的设计采用的重现期较小，在平原地区的城市中，常出现暴雨积水的状况。对于已建城市，在城市发展过程中，不透水地面面积增加，使得雨水径流量增大。在条件允许的情况下，设置具有一定雨水调蓄容量的调节设施，通过径流量调蓄，可以显著降低雨水径流量，减少城市暴雨积水。因此，雨水径流量调蓄，在经济上和城市发展方面，都有很大的实际意义。

早期的雨水调蓄主要是以削减径流峰值流量为目的，近年来随着社会对水环境质量要求的提高，以及雨水资源综合利用的需求，为了减少降雨初期排水系统溢流或放江的污染量，达到保护水环境的要求，国家制定《城镇雨水调蓄工程技术规范》（GB 51174—2017）等，并修订了《标准》，拓展了雨水径流调蓄内涵，使兼具削减峰值流量、控制地表径流污染和提高雨水综合利用程度的作用。

根据在排水系统中的位置，调蓄设施可分为源头调蓄、管渠调蓄和排涝除险调蓄设施。源头调蓄设施可与源头渗透设施等联用于削减峰值流量、控制地表径流污染和提高雨水综合利用程度，一般包括小区景观水体、雨水塘、生物滞留设施和源头调蓄池等；管渠调蓄设施主要用于削减峰值流量和控制径流污染，一般包括调蓄池和隧道调蓄工程等；排涝除险调蓄设施主要用于内涝设计重现期下削减峰值流量，一般包括内河内湖、雨水塘和雨水湿地等绿地空间、下沉式广场及隧道调蓄工程等。

实践表明，利用天然洼地、池塘、河流等蓄洪或建造人工调蓄池，将雨水径流的洪峰流量暂存其内，待洪峰雨量过后，再从调蓄设施中排除所蓄水量，可以降低下游管渠高峰排水流量，减小下游管渠断面尺寸，降低工程造价。如果调蓄设施后设有泵站，则可减少装机容量。设置雨水径流调蓄设施经济效益显著，在国内外的工程实践中日益得到重视和应用。

在下列情况下设置径流调蓄设施，可以取得良好的技术经济效果。

① 在雨水干管的中游或有大流量交汇处设置径流调蓄池，可降低下游管渠的设计流量；

② 正在发展或分期建设的区域，可用以解决旧有雨水管渠排水能力不足的问题；

③ 在雨水不多的干旱地区，可用于蓄积雨水综合利用；

④ 利用天然洼地或池塘、公园水池等调蓄径流，可以充分利用雨水资源补充景观水体，美化城镇环境；

⑤ 设置调蓄池和隧道调蓄工程等，能截流初期污染径流，降低放江污染量，改善地表水环境质量。

（二）径流调蓄池的构造

径流调蓄池的形式主要有溢流堰式、底部流槽式和泵汲式，图4-18为三种调蓄池的构造。

溢流堰式雨水径流调蓄池

底部流槽式雨水径流调蓄池

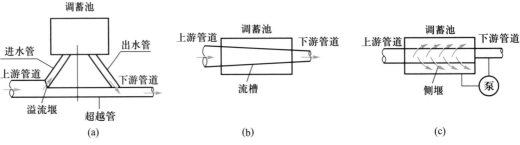

图4-18　调蓄池构造
(a)溢流堰式；(b)底部流槽式；(c)泵汲式

泵汲式雨水径流调蓄池

1. 溢流堰式

如图4-18(a)所示，溢流堰式是在雨水进水管道上设置溢流堰，调蓄池通常设置在干管一侧，上游管道、下游管道、进水管和出水管用超越管连接。进水管较高，其管顶一般与调蓄池内最高水位相平；出水管较低，其管底一般与调蓄池内最低水位相平。当雨水在上游管道中的流量增大到设定流量时，由于溢流堰下游管道变小，管道中水位升高产生溢流，流入雨水径流调蓄池。当雨水排水径流量减小时，调蓄池中的蓄存雨水开始外流，经出水管和下游管道排出。溢流堰式适宜于陡坡地段。

2. 底部流槽式

如图4-18(b)所示，底部流槽式是雨水管道流经调蓄池中央，上游和下游的雨水管道在调蓄池中通过池底的流槽连接。池底为斜面，池顶与地面相平。当雨水在上游管道中的流量增大到设定流量时，由于调蓄池下游管道变小，使雨水不能及时全部排出，即在调蓄池中淹没流槽，雨水调蓄池开始蓄存雨水。当雨量减小到小于下游管道排水能力时，调蓄池中的蓄存雨水开始外流，经下游管道排出。底部流槽式适宜于平坦地形而管道埋深较大的条件。

3. 泵汲式

泵汲式又称中部侧堰式，如图4-18(c)所示，对于地形平坦而管道埋深不大的情况，利用底部低于管道的池塘、洼地或在管道一侧建设低于管道埋深的调蓄池，当雨水增大到设定流量时，调蓄池开始蓄存雨水，雨停后，用泵(小容量,可利用低电谷时排水)排除蓄存雨水，恢复有效调蓄容积。

（三）雨水径流调蓄设施的计算

雨水径流调蓄设施的主要功能是削减峰值流量、防治内涝、控制雨水径流污染和开展雨水综合利用，其设计调蓄量应根据主要功能要求，经计算确定。当雨水调蓄设施具有多种功能时，应分别计算各种功能所需要的调蓄量，根据不同功能发挥的时序，确定取最大值或是合计值作为设计调蓄量。

径流调蓄池的计算内容包括调蓄池的进水管管径、出水管管径，调蓄池的调蓄容积及相应的最高水位和最低水位，以及调蓄池放空时间的校核等。

调蓄池内最高水位与最低水位之间的容积为有效调蓄容积 V。当调蓄池用于削减峰值流量时，调蓄量可采用雨水流量变化曲线求定法，也可以采用经验公式法。雨水流量变化曲线求定法可以通过绘制调蓄池进水口处的流量过程线求定 V。雨水径流量调蓄池的具体计算方法，可参考给水排水设计手册和有关论著。《室外排水设计标准》和《城镇雨水调蓄工程技术规范》提出了用于合流制排水系统的径流污染控制时雨水调蓄池有效容积的计算方法和用于分流制排水系统径流污染控制时雨水调蓄池有效容积的计算方法，可供借鉴。当调蓄池用于雨水利用设施时，应根据当地的降雨特性、用水需求和经济效益等确定有效容积。

七、居住社区海绵城市建设

居住用地在我国各城市中心区域建设用地中的占比普遍达到30%以上，远高于其他用地类型所占比例。以东南沿海某大城市为例，其中心城区各类居住用地占比超过了40%，是海绵城市建设的重要载体。一些已建居住社区中存在降雨内涝积水和径流污染的现状问题，其海绵城市建设的成效不仅影响城市整体的雨洪管理水平，对居民生活环境的改善和城市面源污染的控制也具有重要意义，居住社区的海绵城市建设效果很大程度上影响着城市整体的雨洪管理水平。

已建居住社区的雨水排放系统大多按照传统的"快排式"雨水管理理念进行设计，各类下垫面雨水径流的排放路径如图4-19所示。这类传统的雨水排放模式，一旦雨水径流排放不畅，就会引起小区道路积水，给居民的正常生活带来不便。

根据传统居住社区产汇流特征及需求，其海绵城市建设途径包括对硬质下垫面上产生的雨水径流进行源头控制，充分利用绿地的消纳能力实现对雨水径流的转输

已建居住社区海绵城市改造案例简介

控制与利用，以及在小区雨水系统末端建设调蓄设施保证排水防涝安全，建设的技术路径参考图 4-20。

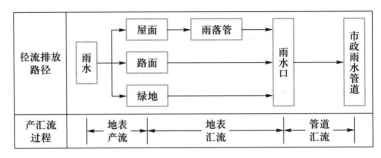

图 4-19 传统居住小区雨水产汇流过程

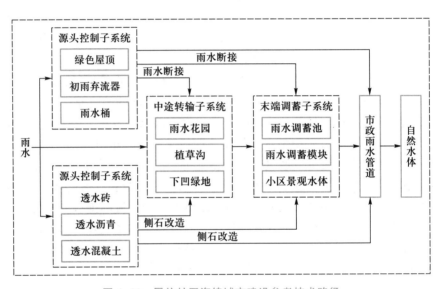

图 4-20 居住社区海绵城市建设参考技术路径

从图 4-20 的技术路径出发，居住社区海绵城市建设内容主要可以从源头控制子系统、中途转输子系统、末端调蓄子系统的建设，以及雨水排放路径四个方面进行改造。

源头控制子系统建设技术由屋面源头控制子系统和路面源头控制子系统组成。其中，在屋面源头控制子系统中，绿色屋顶是最常用的技术。在坡度满足要求的屋面上可以建设绿色屋顶，但应对建筑原有防水层进行防水性能检验，并根据屋顶承载能力，选择合适的种植土类型、种植土层厚度和植物类型等以保证屋顶结构的安全。同时，屋面雨水径流中污染物的流出过程表现出显著的初期冲刷现象，可以采用初雨弃流器，将污染浓度较高的初期屋面雨水径流排入污水管道，能有效起到控制屋面雨水径流污染的作用。透水铺装是路面源头控制子系统最常用的技术，但透水砖铺装的承载力较低，适用于荷载要求不高的人行道、停车场和小区广场；车行道和人车混行的小区道路则应采用透水混凝土或透水沥青铺装，保证承载力满足车辆通行的要求。

中途转输子系统的目的是利用绿地系统的径流消纳能力，在转输过程中，对超出屋面和路面源头控制子系统处理能力的雨水径流进行流量负荷和污染负荷削减。为了增强绿地系统渗透、滞留和储存雨水径流的能力，常采用下凹绿地、雨水花园和植草沟等技术对居住社区中的普通绿地进行改造。植草沟是衔接源头控制子系统和中途转输子系统的关键，一般建在小区道路两侧和需要导流的屋面和铺装的雨水汇集处，起到将屋面和路面雨水径流引入雨水花园和下凹绿地的作用。相比于普通下凹绿地，雨水花园的结构更为复杂，往往还设有滤料层（换土层）和砾石调蓄层，但有关研究发现，雨水花园的径流总量和径流峰值削减效果是同等面积下凹绿地的 2~3 倍，对污染物的削减效果也明显优于下凹绿地。但雨水花园的建设和维护成本也远高于下凹绿地，在居住社区海绵城市建设中，可以将这两种技术搭配使用，将小而分散的绿地改造为下凹绿地，在集中式绿地处建设雨水花园。

末端调蓄子系统的目的是在极端降雨条件下，将雨水径流的高峰流量暂存在雨水调蓄设施中，待雨水径流量下降后再从调蓄池中将雨水慢慢排出，从而达到缓解市政管网排水压力和保证小区排水防涝安全的目的。雨水调蓄设施主要包括雨水调蓄池和雨水调蓄模块。雨水调蓄模块通常采用聚丙烯材料制成，具有施工周期短、后期维护方便的优点，更适合于居住社区海绵化改造工作。因雨水调蓄设施的占地面积较大，一般应设在小区面积较大的广场和绿地之下，且需要与建筑保持一定的距离，以免影响建筑基础的稳定。同时，部分居住社区内设置的景观水体，是小区内天然的雨水调蓄设施，能在降雨过程中有效起到削减径流总量和径流峰值的作用，也能在一定程度上提高雨水的资源化利用率。

径流排放路径调整技术的作用是将直排管网的径流导入到绿地海绵设施中进行滞留和净化。如对屋面雨水径流和路面雨水径流采用的排放路径调整技术主要为屋面雨落管断接和侧石改造。

屋面雨落管断接是切断屋面雨水与地下排水管网的直接连接，将其与绿地海绵设施建立衔接的技术，图 4-21 为外排水和内排水的屋面雨水落管断接方式。

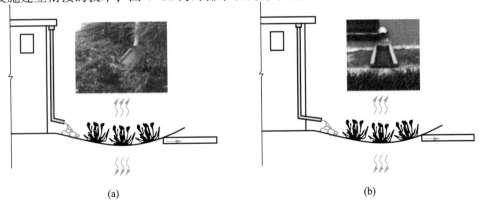

(a)   (b)

图 4-21 屋面雨水落管断接方式

（a）外排水落管断接；（b）内排水落管断接

与区域海绵城市建设相比，居住社区进行海绵城市改造有其自身的特点，针对城市居住社区下垫面特征、雨水径流特点及面源污染控制需求，可以采用综合径流系数降低率、径流总量削减率、集水时间延缓率、径流峰值削减率来量化评估其对雨水径流的削减效果。

1. 综合径流系数降低率

径流系数综合反映了流域内自然地理要素对径流的影响，也表示了地表雨水的下渗能力，其降低率可以有效评估居住社区海绵城市建设前后的径流控制效果，如式(4-7)所示：

$$\eta_\psi = \frac{\psi_{前} - \psi_{后}}{\psi_{前}} \times 100\% \tag{4-7}$$

式中：η_ψ ——综合径流系数降低率；

$\psi_{前}$ ——海绵城市改造前居住社区的综合径流系数；

$\psi_{后}$ ——海绵城市改造后居住社区的综合径流系数。

2. 径流总量削减率

在传统快排式雨水系统中，下垫面上产生的径流总量之和即为居住社区的外排径流总量，而海绵型居住社区的径流总量是各下垫面的径流产生总量与技术设施径流削减量的差值，其径流总量削减率反映了改造前后对径流削减的效果，计算如式(4-8)所示：

$$\eta_{V_排} = \frac{V_{排,前} - V_{排,后}}{V_{排,前}} \times 100\% \tag{4-8}$$

式中：$\eta_{V_排}$ ——径流总量削减率；

$V_{排,前}$ ——海绵城市改造前居住社区的径流总量，m^3；

$V_{排,后}$ ——海绵城市改造后居住社区的径流总量，m^3。

3. 集水时间延缓率

当汇水区设有调蓄类海绵设施（雨水花园、下凹绿地、植草沟、雨水调蓄模块等）时，汇水区内的径流雨水要先蓄满这些设施才进入雨水管道，下游管道的集水时间也会相应延长。因此，海绵城市改造后雨水管道的集水时间除地面流行时间和管道流行时间外，还包括雨水在调蓄类海绵设施内的停留时间，称之为海绵滞蓄时间，用 t_3 表示。因此，海绵城市建设后居住社区集水时间的计算如式(4-9)所示：

$$T = t_1 + t_2 + t_3 \tag{4-9}$$

式中：T ——集水时间，$\min$；

t_1 ——地面流行时间，$\min$；

t_2 ——管道流行时间，$\min$；

t_3 ——海绵滞蓄时间，$\min$。

其中，

$$t_3 = \frac{1\,000S}{60Q_X}$$

式中：Q_X——进入调蓄类海绵设施的调蓄空间体积的雨水径流流量，L/s；

　　　　S——调蓄类海绵设施的调蓄容积，m³。

由此，集水时间延缓率的计算如式(4-10)所示：

$$\eta_T = \frac{T_{后} - T_{前}}{T_{前}} \times 100\% \tag{4-10}$$

式中：η_T——集水时间延缓率；

　　　　$T_{前}$——海绵城市改造前居住社区的总排放口集水时间，min；

　　　　$T_{后}$——海绵城市改造后居住社区的总排放口集水时间，min。

4. 径流峰值削减率

径流峰值削减率为海绵城市建设前后径流峰值的差值与海绵城市建设前径流峰值的比值，反映了海绵城市建设对居住社区内涝积水问题的改善情况，其计算如式(4-11)所示：

$$\eta_Q = \frac{Q_{前} - Q_{后}}{Q_{前}} \times 100\% \tag{4-11}$$

式中：η_Q——径流峰值削减率；

　　　　$Q_{前}$——海绵城市改造前居住社区的总排放口径流峰值，L/s；

　　　　$Q_{后}$——海绵城市改造后居住社区的总排放口径流峰值，L/s。

图 4-22 为上海市浦东新区某居住社区海绵城市改造技术路线。

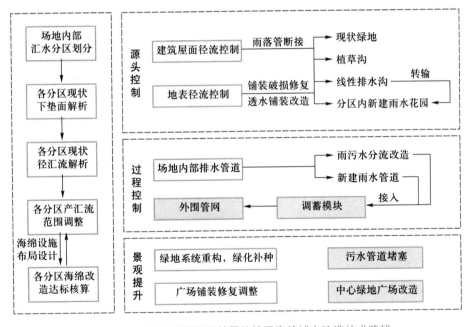

图 4-22　上海市浦东新区某居住社区海绵城市改造技术路线

该居住社区改造前后各类下垫面的面积和径流系数如表 4-22 所示，其改造前后综合径流系数分别为 0.62 和 0.59，综合径流系数降低率为 4.8%。同时，其径流总量削减率、集水时间延缓率、径流峰值削减率也都达到了预期的效果。

表 4-22 上海市浦东新区某居住社区改造前后综合径流系数计算表

下垫面类型		改造前面积/m²	改造后面积/m²	径流系数
屋面	普通屋面	33 567	33 567	0.9
路面	普通路面	21 901	16 935	0.9
	透水铺装	0	4 966	0.25
绿地	普通绿地	36 399	33 457	0.20
	下凹绿地	0	493	0.15
	雨水花园	0	2 449	0.15
水系		73	73	0

八、雨水资源化利用概述

雨水资源化利用是海绵城市建设的重要内涵之一。在现代城市发展中，雨水利用具有显著的环境、生态和经济效益，已引起世界各国的关注，前景广阔。雨水径流作为可利用的自然水源，在农业用水、缺乏淡水的海岛地区及边远山区供水等方面有着广泛应用。在城镇用地规划和雨水管道设计中，考虑雨水渗透，合理、充分地利用雨水涵养地下水源，既能补偿地下水，又有利于自然界水循环，缓解地面沉降。同时，雨水蓄水池和分散的渗渠系统可降低城市洪水压力和排水管网负荷，减少污水处理设施投资，对改善城市生态环境、缓解城市排水压力、防洪减灾和绿化美化城市等方面可起到重要作用。

(一) 雨水水质特点

纯净的雨水属于软水，雨水中杂质浓度与大气质量和流经地区地面污染情况直接相关，主要含有氯离子、硫酸根离子、硝酸根离子、钠离子、钙离子、镁离子及有机物质等，还可能有少量的重金属。表 4-23 是我国雨水水质成分。

表 4-23 我国雨水水质成分 单位：mg/L

离子成分	沿海雨水	内陆雨水
Ca^{2+}	0.3	10.5
Mg^{2+}	0.4	4.2
NH_4^+	0.2	1.5
HCO_3^-	1.3	18.8
Cl^-	5.4	7
NO_3^-	0.3	1
Na^+	3.4	5

由表可见，雨水水质较软，矿物盐含量比较低，沿海雨水以 Na^+、Cl^- 为主，内陆雨水水质成分与河水相似，以 Ca^{2+}、HCO_3^- 为主。雨水的离子含量一般很低，腐蚀性弱，特别是储存良好的雨水不易腐蚀金属管道。另外，雨水中细菌、病毒和重金属污染物也较少。研究表明污染轻微的雨水化学指标基本符合饮用水质要求。

雨水水质一般可分为三种：无污染（轻度污染）型、中度污染型和重度污染型。

在雨水利用中，城市雨水受污染环节多，需经过一定的处理后，才可用作冷却、厕所冲洗、公共场所地面冲洗、汽车冲洗、消防等杂用水和涵养地下水。

（二）雨水利用系统

城市雨水利用系统由集流区、输水系统、截污净化系统、储存系统及配水系统等组成。有时还设有渗透设施，并与蓄水池溢流管相连，当截雨量较多或降雨频繁时，部分雨水可以进行渗透。图 4-23 是雨水收集利用系统图。

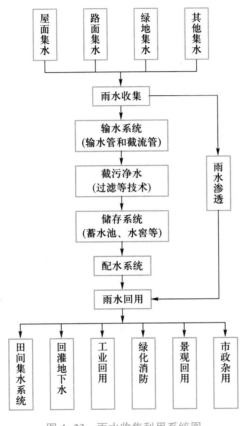

图 4-23 雨水收集利用系统图

（三）雨水截流和储存技术

雨水截流是将集流面的雨水汇集起来，输送到储水设施。雨水集流系统按集流面类型，可以分为屋顶（面）雨水集流、地面雨水集流、路面雨水集流和岩石雨水集流系统等类型。由于降水是随机事件，往往难以与用水同步，因此，需要将降水径流通过一定的传输和储存设施收集备用。

雨水收集的集流面应选择污染较轻的屋面、广场、人行道等作为汇水面收集雨水；对屋面雨水进行收集时，优先收集绿化屋面和采用环保型材料的屋面雨水；不选择收集厕所、垃圾堆场、工业污染场地等雨水，避免收集利用机动车道路的雨水径流。当不同汇水面的雨水径流水质差异较大时，可分别收集和储存。对屋面、场地雨水进行收集利用时，应将降雨初期的雨水弃流。当弃流雨水污染物浓度不高，绿地土壤的渗透能力和植物品种在耐淹方面条件允许时，可考虑将弃流雨水就近排入绿地。

雨水径流储存的形式多样，有家庭利用雨水的混凝土或塑料蓄水池，有社区环境利用雨水的水景或人工湖等；还有为增加雨水入渗，将绿地或花园做成起伏的地形或采用人工湿地等。一些国家将雨水的输送、储存与城市景观环境建设融为一体，既有效利用了雨水资源，减轻城市排水压力，又美化了城市景观。

(四) 雨水径流渗透技术

雨水渗透是雨水利用的方法之一，它能促进雨水、地表水、土壤水及地下水"四水"之间的转化，维持城市水循环系统的平衡。雨水渗透设施有许多种类型，有花坛、绿地、地下渗透沟管、渗透路(地)面和渗透池(井)等，不同的雨水渗透设施适合于不同的场所。对于新建小区，在高程和平面设计中，应全面考虑雨水渗透利用。例如，使道路高于绿地高度，道路径流经过绿地初步净化后进入渗透装置。对于建筑物密集的已建小区，绿地面积有限，地下渗透沟管为首选的雨水渗透设施。

(五) 雨水水质净化技术

雨水净化是将雨水收集到输送系统末端或蓄水池前，集中进行物理化学或生物处理，去除雨水中污染物的过程。给水与污水处理的许多工艺可以应用于雨水处理中，但由于雨水的水量和水质变化大，而且雨水中含有机污染物较少，一般采用物理处理法净化。

过滤是雨水预处理的主要方法，可分为分散式和集中式两种。过滤器可将雨水径流中直径大于 0.25 mm 的杂质除去，再通过径流控制措施使径流以恒定流量进入净水系统，根据雨水水质情况和利用水质要求，确定是否需要进一步处理及消毒。消毒是用来控制微生物学指标的重要措施，一般有臭氧、紫外线、氯和二氧化氯消毒等。

第五节 城镇防洪

一、概述

城镇是各地政治、经济、文化和交通的中心，做好城镇防洪的规划、设计、建设和管理工作是保障现代化建设的大事，务必高度重视。除了每年汛期要做好防汛工作外，特别要注意从长远考虑，结合江河规划和城镇总体建设，做好城镇防洪规划、防洪建设、河道清障和日常管理工作，都是极其重要的。

洪水泛滥成灾，在国内外都有沉痛的教训。例如，四川省于 1981 年 6—8 月遭受了一次严重的洪水灾害，受灾面积达 10 个地、市、州的 100 多个县，一千多万人口的广大地区，有 50 多个县以上的城市和 500 多个城镇不同程度地受淹，给经济建设和人民生活造成了巨大损失。这些城镇的受淹，除由于特大洪峰超过了江河排泄能力或工程设计标准偏低外，防洪设施不善或防洪设施应建而未建，也是重要原因。

城镇防洪所抗御的洪灾，有河洪与山洪两类。

（1）河洪：当沿江河城市，市区地面标高低于洪水或大潮的高水位，则该城市就有河洪的威胁。受河洪威胁的城镇，大抵都筑河堤以御洪潮。同时还需解决市区本身的暴雨积涝。某些沿海地区，往往有洪水、高潮、台风和暴雨等几种自然灾害同时侵袭的危险性。用堤防工程防止洪水泛滥漫溢，自古以来就获得广泛应用，它对洪量大、历时长的洪水防治相当有效，是目前平原地区大中河流防洪的主要措施之一。堤防工程的缺点是堤线长、工程大、坚固性差、需要培修多，如一处溃决则全堤尽弃，将对城镇造成毁灭性灾害，即使只是洪、潮从排水口及管道等缺口倒灌入市，危害及损失也很大。上海、南京、九江、武汉等市的江堤均属这类工程。大江大河的堤防工程，沿河城镇应分段配合，常由水利部门负责。

（2）山洪：位于山坡或山脚下的城镇和工业区，为防止坡面上的山洪冲刷，应在城镇受山洪威胁的外围修建防洪设施，拦截由山坡下泄的山洪，使其绕过防护区域，排入下游江河。山区河道的暴雨洪水暴涨陡落，水势汹涌，破坏力极大。山洪防治的原则是"因势利导""因地制宜""宜顺不宜挡"。治理山洪的主要措施是上游缓蓄和截洪引水，中游疏导，下游泄洪或滞洪。

纵观城镇和工业区的防洪方法，不论防河洪或防山洪，其防洪方法可分为"拦、蓄、分、泄"四种。

"拦"是在流域内进行水土保持，节节拦截，就地拦截部分径流，在洪水发生前将部分径流拦截下来，以控制和减小洪水的发生。

"蓄"是在流域的干支流的中上游或适当地点修建防洪水库，以拦蓄已发生的洪水，削减洪峰流量，延长洪流时间，起蓄洪和滞洪作用，以减缓洪水的威胁。"拦"与"蓄"的防洪措施是尽可能地不让超过中下游安全泄量的洪水下泄，延迟和延长其下泄时间。

"分"是在过洪河道上修建分洪工程，以减轻河道的泄洪负担，以免过洪河道因泄洪能力不足而泛滥危及城镇。

"泄"是进行河道整治，扩大其泄洪能力。"分"与"泄"的防洪措施是将下泄洪水引走。

按"拦、蓄、分、泄"的防治意义，显然，"拦""蓄"方法是对洪水的积极控制和利用，蓄水不仅可以防洪，而且可以兴利（灌溉和发电）。为此宜以拦、蓄为主，分、泄兼顾。对于具体的防洪对象，要因地制宜、因势利导，根据上、中、下游及其水文、地理、经济效益等各有关因素，拟定几个方案作比较后决定。

防治洪水的原则，要从全局出发，综合治理，综合利用，视具体情况分清轻重缓急，兼顾上、中、下游，各种防治措施要密切配合，相互为用（一般用单一措施是很难合理解决的），以组成完整的防洪体系。与洪水作斗争不能单纯依靠工程，还必须发动群众，配合管理、操作、保护和维修，以及水情、雨情的预报和组织工作，相互协调配合，才能发挥防洪工程的最大效益，收到预期的效果。

防洪工程的内容很多，限于篇幅，本节仅对堤防工程与防洪沟工程作概要介绍。

二、设计防洪标准

按多大频率作为设计洪峰流量或洪峰水位的标准，称为设计防洪标准。设计防洪标准是根据防护对象的规模及其重要性，以及地形条件和灾情后果等对地区的政治、经济等各方面的影响所确定的。它不仅直接影响到工程规模和工程效益，也关系到工程投资和工程量的大小。一般来讲，人口越多，重要程度越高者，其防洪标准应当越高；反之，其防洪标准就要低些。因此，我国是依城市人口确定城市的重要程度等级，以城市的重要程度等级来确定城镇防洪标准的，参看表 4-24 和表4-25。

表 4-24 城 市 等 级

城市等级	分等指标		城市等级	分等指标	
	重要程度	城市人口/万人		重要程度	城市人口/万人
一	特别重要城市	>150	三	中等城市	50~20
二	重要城市	150~50	四	小城市	<20

注：1. 城市人口是指城市和近郊区非农业人口。

2. 城市是指国家按行政建制设立的直辖市、市、镇。

表 4-25 防 洪 标 准

城市等级	防洪标准(重现期/年)		
	河(江)洪、海潮	山洪	泥石流
一	>200	100~50	>100
二	200~100	50~20	100~50
三	100~50	20~10	50~20
四	50~20	10~5	<20

注：1. 标准上、下限的选用应考虑受灾后造成的影响、经济损失、抢险易难以及投资的可能性等因素。

2. 海潮是指设计高潮位。

3. 当城市地势平坦排泄洪水有困难时，山洪和泥石流防洪标准可适当降低。

三、设计洪水量和潮位的估算

洪水估算，可采用小汇水面积设计径流量公式计算，也可以通过洪水调查资料进行推算。

小汇水面积设计径流量计算公式很多，但提供公式的各单位均为各自的工程服务(如水利电力部门主要为修建中小型水库服务，铁路、公路部门为修建小桥涵服务等)，所依据的基本条件(如流域面积的大小等)各有不同。这类公式大致可分为经验公式和推理公式两类。

（一）设计洪水流量的估算

1. 经验公式

在缺乏水文直接观测资料的地区，可采用经验公式。常见的经验公式以流域面积为参数。式(4-12)是交通部公路科学研究院提出的经验公式：

$$Q = CA^m \tag{4-12}$$

式中：Q——设计径流量，$\mathrm{m^3/s}$；

　　　C——径流模数，排水面积为 1 $\mathrm{km^2}$ 时的设计径流量，可查表4-26求得；

　　　A——流域面积，$\mathrm{km^2}$；

　　　m——面积指数，当 1 $\mathrm{km^2}$ < A < 10 $\mathrm{km^2}$ 时，查表4-26求得，当 $A \leqslant 1$ $\mathrm{km^2}$ 时，$m = 1$。

这个经验公式适用于流域面积 A < 10 $\mathrm{km^2}$ 的情况。

表 4-26　径流模数 C 和面积指数 m

地区	在不同洪水频率时的 C					m
	1：2	1：5	1：10	1：15	1：25	
华北	8.1	13.0	16.5	18.0	19.0	0.75
东北	8.0	11.5	13.5	14.6	15.8	0.85
东南沿海	11.0	15.0	18.0	19.5	22.0	0.75
西南	9.0	12.0	14.0	14.5	16.0	0.75
华中	10.0	14.0	17.0	18.0	19.6	0.75
黄土高原	5.5	6.0	7.5	7.7	8.5	0.80

注：表中的洪水频率反映不同大小的洪水发生的可能性，例如 1：5 反映这种洪水发生的可能性是 20%（即 5 年中可能发生 1 次，或 100 年中可能发生 20 次）。

经验公式的优点是，一旦在某地区制定出公式后，使用极为方便；且因使用时只需要确定流域面积的大小，可避免使用者的偏见，从而避免降低所得设计流量的准确度。但它的地区性较强，在移用现成公式到其他地区时，必须注意两地区条件是否相同。经验公式很多，可参阅有关资料和各省水文手册。

2. 推理公式

估算山洪时所用的推理公式，和计算雨水管道设计流量公式基本一样，但所用单位不同。式 (4-13)是中国水利水电科学研究院提出的推理公式：

$$Q = K\psi iA \tag{4-13}$$

当 $i = \dfrac{S}{t^n}$ 时，

$$Q = K\psi \frac{S}{t^n} A$$

式中：Q——设计径流量，$\mathrm{m^3/s}$；

　　　S——与设计重现期相应的最大的 1 h 降雨量，$\mathrm{mm/h}$；

ψ——径流系数；

t——流域的集水时间，h；

A——流域面积，km^2；

n——与当地气象有关的指数；

K——单位换算常数，等于 0.278。

这个推理公式适用于流域面积 $A \leqslant 500\ km^2$ 的情况。公式中各参数的确定方法，可参考《给水排水设计手册》第七册有关章节。

3. 洪水调查

对当地的洪水进行调查，有时可直接得到洪水高峰流量。洪水调查主要指洪痕调查与流量估算。洪痕是洪水最直接的第一性资料，它对推求洪水高峰流量有决定性作用。洪痕调查主要要依靠当地的居民和农民。现场洪水痕迹的发现和辨认需要一定的经验。流域面积很小时，洪水的历时很短，较难留下洪痕。历史上的最高洪水位大都是依靠当地老人指示的。调查时，要访问当地老人并组织部分老人进行现场查勘。要了解各次洪水的水位和发生年代。洪水挟带的草木、泥土常遗留在沿程的树木或岸壁上，洪水冲刷岸壁亦可能留下痕迹，查勘时要仔细观察辨认。此外，可查阅当地的各种地方志(如县志)等文字记载。观察调查得到的洪水资料要在现场整理、核对、确定，避免日后返工。根据调查的洪痕，测量河床的横断面和纵断面，确定河槽槽底坡度 i，然后按式(4-14)和式(4-15)计算高峰流量。

$$Q = \omega v \tag{4-14}$$

$$v = \frac{1}{n}R^{\frac{2}{3}}i^{\frac{1}{2}} \tag{4-15}$$

式中：ω——河床横断面面积；

n——河槽的粗糙系数，可参考《给水排水设计手册》第七册采用。

(二) 设计潮位的推算

设计高(低)潮位是沿海城市进行防洪规划和防洪工程设计时的一个重要水文数据。

设计高(低)潮位的推算，采用年频率统计方法，并要求潮位频率分析的实测资料年限 $n \geqslant 20$ 年；当 20 年>n>5 年时，可用"极值同步差比法"与附近有连续 20 年以上资料的验潮站或港口，进行同步相关分析，以求得设计高(低)潮位。

1. 根据 20 年以上实测潮位资料推算设计高(低)潮位

应用频率分析方法推算不同频率高(低)潮位时，则可用式(4-16)计算：

$$h_P = \bar{h} + \lambda_{Pn} S \tag{4-16}$$

式中：h_P——设计年频率 P 的高(低)潮位，m；

λ_{Pn}——与设计年频率 P 及资料年数 n 有关的系数，见表4-27；

$\bar{h}$——n 年中年最高(低)潮位值 h_i 的平均值，m；

$$\bar{h} = \frac{1}{n}\sum_{i=1}^{n}h_i \tag{4-17}$$

S——n 年 h_i 的均方差。

表 4-27 λ_{Pn} 值

n	频率 P/%															
	0.1	0.2	0.5	1	2	4	5	10	25	50	75	90	95	97	99	99.9
20	6.006	5.354	4.490	3.836	3.179	2.517	2.302	1.625	0.680	-0.148	-0.800	-1.277	-1.525	-1.673	-1.930	-2.311
22	5.933	5.288	4.435	3.788	3.139	2.484	2.272	1.603	0.669	-0.149	-0.794	-1.265	-1.510	-1.657	-1.910	-2.287
24	5.870	5.232	4.387	3.747	3.104	2.457	2.246	1.584	0.659	-0.150	-0.788	-1.255	-1.497	-1.642	-1.893	-2.266
26	5.816	5.183	4.346	3.711	3.074	2.433	2.224	1.568	0.651	-0.151	-0.783	-1.246	-1.486	-1.630	-1.879	-2.249
28	5.769	5.141	4.310	3.680	3.048	2.412	2.205	1.553	0.644	-0.152	-0.779	-1.239	-1.477	-1.619	-1.866	-2.233
30	5.727	5.104	4.279	3.653	3.026	2.393	2.188	1.541	0.638	-0.153	-0.776	-1.232	-1.468	-1.610	-1.855	-2.219
35	5.642	5.027	4.214	3.598	2.979	2.356	2.153	1.515	0.625	-0.154	-0.768	-1.218	-1.451	-1.591	-1.832	-2.191
40	5.576	4.968	4.164	3.554	2.942	2.326	2.126	1.495	0.615	-0.155	-0.762	-1.208	-1.438	-1.576	-1.814	-2.170
45	5.522	4.920	4.123	3.519	2.913	2.303	2.104	1.479	0.607	-0.156	-0.758	-1.198	-1.427	-1.561	-1.800	-2.152
50	5.479	4.881	4.090	3.491	2.889	2.283	2.087	1.466	0.601	-0.157	-0.754	-1.191	-1.418	-1.553	-1.788	-2.138
60	5.410	4.820	4.038	3.446	2.852	2.253	2.059	1.446	0.591	-0.158	-0.748	-1.180	-1.404	-1.538	-1.770	-2.115
70	5.359	4.774	4.000	3.413	2.824	2.230	2.038	1.430	0.583	-0.159	-0.744	-1.172	-1.394	-1.526	-1.756	-2.098
80	5.319	4.738	3.970	3.387	2.802	2.213	2.022	1.419	0.577	-0.159	-0.740	-1.165	-1.386	-1.517	-1.746	-2.085

$$S = \sqrt{\frac{1}{n}\sum_{i=1}^{n} h_i^2 - \bar{h}^2} \qquad (4-18)$$

计算低潮位时，h_i 应按递增系列排列。

若在 n 年的潮位资料以外，根据调查得出在历史上 N 年中出现过的特高潮位值 h_N，推求设计高（低）潮位，这时按式（4-19）计算

$$h_P = \bar{h} + \lambda_{PN} S \qquad (4-19)$$

式中：λ_{PN}——与设计年频率 P 及年数 N 有关的系数，见表 4-27，N 等于表内 n。

$$\bar{h} = \frac{1}{N}\left[h_N + \frac{N-1}{n}\sum_{i=1}^{n} h_i\right] \qquad (4-20)$$

$$S = \sqrt{\frac{1}{N}\left(h_N^2 + \frac{N-1}{n}\sum_{i=1}^{n} h_i^2\right) - \bar{h}^2} \qquad (4-21)$$

n——实测高（低）潮位资料年数；

N——调查历史上出现的特高（低）潮位至今的年数。

特大值的经验频率 $P = \frac{1}{N+1} \times 100\%$，其他各点经验频率按式 $P = \frac{m}{n+1} \times 100\%$ 计算。

2. 根据不足 20 年实测潮位资料推求设计高（低）潮位

需要推求时，可参考《给水排水设计手册》第七册。此处从略。

例 4-2 已知某地有 25 年最高潮位资料（见表 4-28），推求频率 $P = 1\%$ 的设计高潮位。

解：① 将年最高潮位按递减次序进行排列，用公式 $P = \frac{m}{n+1} \times 100\%$ 计算对应各项的经验频率，并计算各年高潮位值的平方值（见表 4-28）。

② 计算均值 $\bar{h}$

$$\bar{h} = \frac{1}{n}\sum_{i=1}^{n} h_i = \frac{73.27}{25}\ \text{m} = 2.93\ \text{m}$$

③ 根据 $P = 1\%$，$n = 25$，查表 4-27 用内插法求得 $\lambda_{Pn} = 3.729$。

④ 计算 S

$$S = \sqrt{\frac{1}{n}\sum_{i=1}^{n} h_i^2 - \bar{h}^2} = \sqrt{\frac{215.9395}{25} - 2.93^2}$$

$$= \sqrt{8.638 - 8.585} = \sqrt{0.0531} = 0.23$$

⑤ 计算 $P = 1\%$ 的高潮位

$$h_P = \bar{h} + \lambda_{Pn} S = (2.93 + 3.729 \times 0.23)\ \text{m} = 3.788\ \text{m}$$

例 4-3 已知某地有 25 年最高潮位资料（见表 4-28），同时根据调查得在 60 年中出现过的特高潮位值 $h_N = 3.59$ m，推求频率 $P = 1\%$ 的设计高潮位。

解: ① 将年最高潮位按递减次序进行排列, 用公式 $P = \dfrac{m}{n+1} \times 100\%$ 计算对应各项的经验频率, 并计算各年高潮位值的平方值(见表 4-28)。

表 4-28 经验频率计算

m	年最高潮位 h_i/m	经验频率 $P = \dfrac{m}{n+1} \times 100\%$	h_i^2	m	年最高潮位 h_i/m	经验频率 $P = \dfrac{m}{n+1} \times 100\%$	h_i^2
1	3.32	3.85	11.022 4	14	2.87	53.85	8.236 9
2	3.30	7.70	10.890 0	15	2.86	57.69	8.179 6
3	3.25	11.54	10.562 5	16	2.83	61.54	8.008 9
4	3.22	15.38	10.368 4	17	2.83	65.38	8.008 9
5	3.15	19.23	9.922 5	18	2.80	69.23	7.840 0
6	3.14	23.08	9.859 6	19	2.79	73.08	7.784 1
7	3.10	26.92	9.610 0	20	2.75	76.92	7.562 5
8	3.05	30.77	9.302 5	21	2.71	80.77	7.344 1
9	3.04	34.62	9.241 6	22	2.64	84.62	6.969 6
10	3.02	38.46	9.120 4	23	2.63	88.46	6.916 9
11	2.97	42.31	8.820 9	24	2.60	92.30	6.760 0
12	2.94	46.15	8.643 6	25	2.56	96.15	6.553 6
13	2.90	50.00	8.410 0	合计	73.27		215.939 5

② 按公式 $P = \dfrac{1}{N+1} \times 100\%$, 计算特高潮位的经验频率

$$P = \frac{1}{N+1} \times 100\% = \frac{1}{60+1} \times 100\% = 1.64\%$$

③ 计算均值 $\bar{h}$

$$\bar{h} = \frac{1}{N}\left[h_N + \frac{N-1}{n}\sum_{i=1}^{n}h_i\right] = \frac{1}{60}\left[3.59 + \frac{60-1}{25} \times 73.27\right] \text{ m} = 2.94 \text{ m}$$

④ 根据 $P = 1\%$ 和 $N = 60$ 查表 4-27 得 $\lambda_{PN} = 3.446$。

⑤ 计算 S

$$S = \sqrt{\frac{1}{N}\left[h_N^2 + \frac{N-1}{n}\sum_{i=1}^{n}h_i^2\right] - \bar{h}^2} = \sqrt{\frac{1}{60}\left[3.59^2 + \frac{60-1}{25} \times 215.939\right] - 2.94^2} = 0.25$$

⑥ 计算 $P = 1\%$ 高潮位

$$h_P = \bar{h} + \lambda_{PN}S = (2.94 + 3.446 \times 0.25) \text{ m} = 3.80 \text{ m}$$

从例 4-2 和例 4-3 的结果来看,具有相同 25 年高潮位资料时,两种计算方法所得设计高潮位是很接近的(3.788 m,3.80 m)。

四、堤防工程

城镇防洪中的堤防,有河堤与海堤两类。河堤是用以保护河道两岸不受洪水淹没的堤防,因河洪涨落快,洪水期持续时间短,一般为 1~2 月,河堤受高压时间不长,堤防断面可以比海堤小;海堤常用于围海造地,常年受高水位压力,有强大的海潮与风浪袭击,故海堤所需断面较大,在结构上必须具有足够的坚固性。

1. 堤线布置

(1) 河堤堤线布置原则:

① 堤线布置应与城镇规划和防洪工程总体相配合,尽量利用原有防洪设施,兼顾环境美化。

② 堤线走向应与洪水流向相一致,不能急变,应使水流畅顺下泄,要求两岸堤线基本平行。

③ 河堤定线应考虑堤防建成后上游水位被壅高,筑堤段水流被束窄,堤下游水力坡降被增大等所引起的淤积和冲刷等问题,应该统筹兼顾上中下游及左右两岸的影响。

④ 堤线要设在地势较高、离岸边距离适当之处,以降低堤高、缓和堤边水流、防止淘刷堤脚而危及堤身。

堤线应选在地质良好地段,防止因渗水引起堤身沉陷而危及堤防。

(2) 海堤堤线布置原则:

① 海堤堤线要设在长期稳定的滩地上,堤线外要有一定幅度的比较稳定的滩地,使滩地成为天然屏障,确保海堤的安全。

② 新旧海堤衔接要平顺,尽可能与自然岸线一致,对于易受风浪和潮流集中冲击的堤段,要有保滩防冲措施。

③ 堤线范围内要有足够的用地面积,以提高工程的经济效益。

2. 堤顶高程

堤防设计水位应为防洪标准所规定的某一流量的相应水位。因此,当设计洪水位确定后,在计算波浪爬高、安全超高和堤基沉陷量后,即可确定堤顶高程。

$$H = H_0 + h_e + h_s + \delta \tag{4-22}$$

式中:H——堤顶高程,m;

H_0——设计洪水位,m;

h_e——波浪爬高,一般为 1.0~1.5 m;

h_s——土堤堤基沉陷量,约为实际堤高的 1%~3%;

δ——安全超高,一般取 0.5 m。

3. 堤防横断面设计

堤防一般采用以土堤为主、土石结合的结构。土堤横断面一般为梯形，具体的断面形式与堤高、地基情况和筑堤材料等条件有关。

土堤横断面的设计，要满足两个最基本的条件：① 堤身需有足够的质量和边坡，能抗水压而不倾覆。② 土堤的临水坡和背水坡，在水流侵入达到饱和后，仍能维持稳定而不发生坍塌和滑裂。

修建土堤必须要有一定的边坡，才能保持土堤的稳定性，边坡主要根据构成堤身土料的物理力学性质及堤的高度确定。边坡要自上而下逐渐变缓，临水坡要比背水坡稍缓一些。边坡的稳定分析很复杂，一般可参考成功的经验，简化计算。通常可根据土堤高度和土质由表4-29确定边坡。

表 4 −29 均质土堤边坡系数 *m*

堤高/m	黏土		壤土		沙土	
	临水坡	背水坡	临水坡	背水坡	临水坡	背水坡
5	2.25	2.0	2.25	2.0	2.25	2.0
10	2.5	2.25	2.5	2.25	2.5	2.25
15	3.0	2.75	2.75	2.50	2.75	2.5
20	3.25	3.0	3.0	2.75	3.0	2.75
25	3.5	3.25	3.25	3.0	3.25	3.0
30	3.75	3.5	3.5	3.25	3.5	3.25
35	4.0	3.75	3.75	3.5	3.75	3.5

为防止土堤临水坡受波浪和冰冻的影响而引起坍坡，临水面可用块石或砾石护坡，背水坡可用草皮护坡。

堤顶宽度，若不作交通公路，可参考表4-30或经验公式(4-23)计算；当作为交通公路时，堤顶宽度应不小于7~10 m。

表 4 −30 土堤顶宽(不作交通公路)

土堤高/m	≤5	6~7	8~10
堤顶宽/m	1.5	2.0	2.5

$$B = \sqrt{H} - 0.5 \qquad (4-23)$$

式中：B——堤顶宽度，m；

　　　H——堤高，m。

图4-24、图4-25所示为河堤与海堤的横断面实例。

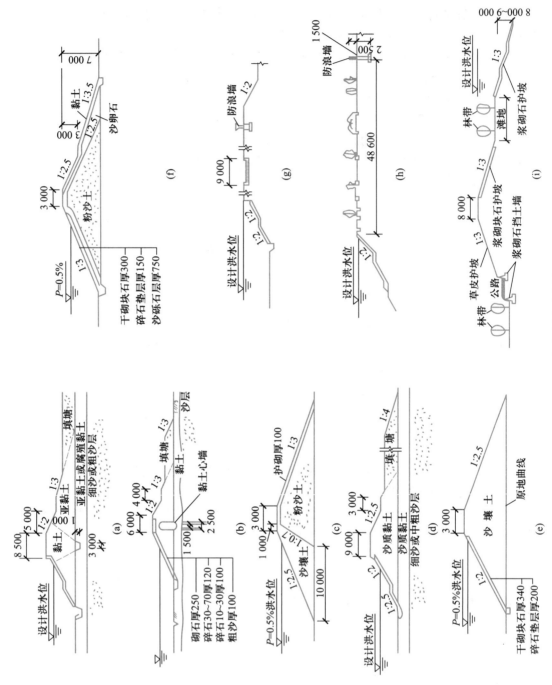

图 4-24 河堤(土堤)实例

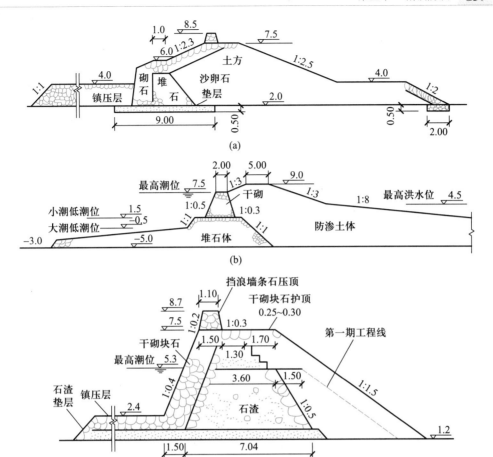

图 4-25 海堤实例

注：1—(a)(b)(c) 为三种形式的海堤；2—图中长度单位：m。

五、防洪沟工程

位于山麓地带的城镇和工矿企业，受着洪水的严重威胁。山洪具有集流时间短、来势凶猛、水大流急、破坏性大等特点，山洪防治的原则是因地制宜，因势利导，在规划设计中要根据地形特点，做好地区规划，注意水土保持，合理截流引走洪水。

（一）防洪沟的规划概要

防洪沟的规划概要如下：

① 防洪沟的设计要与建筑区的总体布置相配合(根据建筑群、道路、场地等排水设施,结合地形、地貌综合考虑)，防洪沟的建筑位置应选择在地质条件比较稳定的地带。

② 防洪沟的布置要因地制宜，首先考虑天然冲沟的整治利用，尽量利用原有冲沟，一般不要大改大动，不要轻易改道，当必要改道时也不应有急转弯，冲沟的整治要注意疏导和防护。

③ 防洪沟一般不宜穿过建筑群，应利用山坡地形，设置在建筑群的一侧，并与建筑群保持一定的距离。

④ 防洪沟应尽量采用明沟,当必须采用暗管时,需考虑洪水外溢时的排除措施。被防洪沟截断的铁路、公路和城市道路,应根据交通情况,增设桥涵构筑物,宜少用过水路桥,桥涵过水断面不应小于防洪沟的过水断面。

⑤ 防洪沟纵坡应根据天然沟纵坡、冲淤情况,以及地形、地质、护砌等条件决定。当防洪沟纵坡过大,设计流速超过护砌的许可流速时,可隔一定距离设急流槽、消力塘、跌水井等消能设施,但这些消能设施不能设在水流的弯道处。

⑥ 防洪沟的底与顶宽发生变化时,宜设渐变段,渐变段长度一般为 5~20 倍的底或顶的宽度。

⑦ 防洪沟的弯道曲率半径一般不宜小于 10 倍的水面宽度,弯道护砌要加强,弯道外侧沟壁的高度除考虑设计水位和一般超高(0.3~0.5 m)外,还应考虑弯道水位超高。

⑧ 防洪沟要有足够的泄水能力,要处理好与相交河渠的关系,与相交河渠的衔接在平面上要平顺,在高程上要避免落差较大,必要时设消能跌水设施。

⑨ 防洪沟的进出口段应选在地质良好地段,在沟谷上端的边缘处筑起围埝,使径流不直接流入沟头,以防止沟头前进;对于出山沟口的主河要加固堤防,防止决口,在出山沟口没有主河时,则在出山沟口的冲积堆外围作围堤,堤上开分洪口,以分散出流洪水。

⑩ 对原有防洪沟的改造和养护,要注意疏、导、护、防四个方面。

疏——疏通水路:沟通水网。

导——防止淤积:调整水道纵坡,增加流速,截弯取直。

护——水土保持:绿化和保护坡面与河岸,加固河床。

防——针对洪水势头的冲击和波浪的冲刷而修建驳岸、堤坝以阻水势。

综上所述,防洪沟工程规划设计的关键是要解决好两个方面的问题:一是合理规划沟系,要结合地形地貌,选定地质良好的有利位置,因地制宜,因势利导地规划好沟系;二是设计好防洪沟工程的主体,合理地确定流量、断面、纵坡和护砌,处理好交汇、桥涵、转向和进出口段等各个衔接上的工程措施。

(二)防洪沟的防护

在防洪沟内的流速超过土壤最大允许流速的沟段,必须采取有效的防护措施,在防洪沟的弯道、凹岸、跌水和急流槽等地段,都应采用适当的防护。最常用的防护措施有草皮护砌、块石铺砌、混凝土护面,其相应的最大流速见表 4-31。

表 4-31 不同护砌的最大允许流速

护砌性质与条件	最大允许流速/(m·s⁻¹)
块石浆砌圬工(极限强度不小于 100 kg/㎡,按不同水深选取)	2.0~4.5
坚硬块石浆砌圬工(极限强度不小于 300 kg/㎡,按不同水深选取)	6.5~12.0
混凝土护面(按标号与不同水深选取)	5.0~10.0
混凝土水槽(按标号与不同水深选取)	10.0~20.0
铺草皮(按不同水深选取)	0.9~2.2

防洪沟的断面和加固形式参见图 4-26。

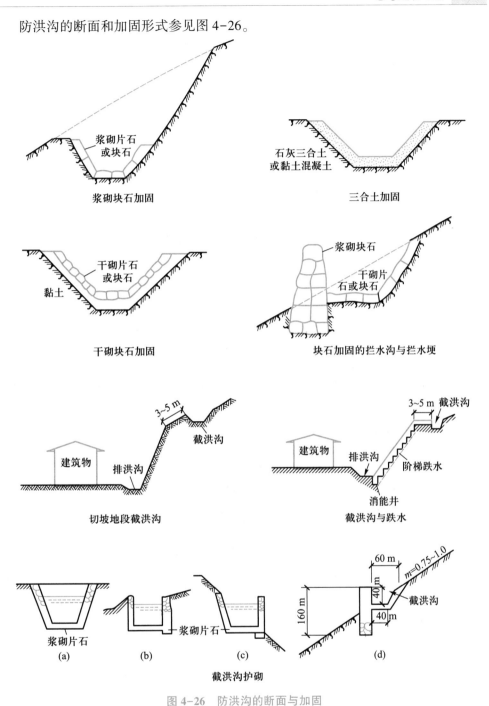

图 4-26　防洪沟的断面与加固

（a）梯形单层浆砌片石；（b）山坡坡度不大；（c）坡度较大；（d）护砌实例

思考题和习题 <<<

1. 理解下列名词概念：

① 最大平均降雨强度；　　　　　　　② 集流时间；

③ 等流时线；　　　　　　　　　　④ 频率与重现期；

⑤ 径流系数；　　　　　　　　　　⑥ 延缓系数；

⑦ 径流调蓄；　　　　　　　　　　⑧ 最大径流量计算法；

⑨ 容积利用系数；　　　　　　　　⑩ 流量折减系数。

2. 推理公式的理论基础与推导，在应用上有何局限性？

3. 暴雨公式中 t 与推理公式中的 t 如何联系？

4. 降雨分析中各历时强度的选择与推理公式有何关系？

5. 极限强度法的基本假定是什么？与实际情况不符时如何解决？

6. 为什么街坊内部的雨水出流一般应视作均布流入街道雨水管中？它与集中出流在理论上与实际计算上有何不同？

7. 简述径流系数的分类与概念。影响径流系数的因子主要有哪些？

8. 试述调蓄池的作用和工作原理。调蓄池的容积与下游管道管径之间有何相互影响？

9. 在哪些情况下设置调蓄池是有利的？理论上，调蓄池的最佳位置如何确定？

10. 详细了解雨水管渠的规划设计原则与水力计算步骤。

11. 应该用哪个历时(t)相应的降雨强度(i)来计算设计流量？为什么？

12. 选定了设计降雨历时(t)，设计降雨强度(i)是否也就定了？为什么？

13. 计算图 4-4 中的管段 2-3 时，地面集水时间 t_1 是采用由 B 至 2 的时间还是采用由 A 至 1 的时间？为什么？

14. 试述雨水管道的功用、设置位置及其构造。

15. 试述雨水管道的设计原则与步骤。

16. 管段排水面积的划分方法有几种？哪种比较合理，为什么？

17. 雨水管道设计与污水管道相比，有哪些不同的规定？

18. 雨水管道系统的规划和污水管道相比较，有哪些不同的特点？

19. 计算某地雨水管道(图4-27)，暴雨公式 $i=\dfrac{48}{t+20}$ (P =2 年)，街坊集水时间 t_1 =10 min，ψ =0.70，节点地面标高：#1 为 3.700；#2 为 3.550；#3 为 3.350；#4 为3.300；#5 为 3.350；#6 为 3.200。考虑街坊内部管道接出要求，管底埋深为 1.5 m，设计各管段。

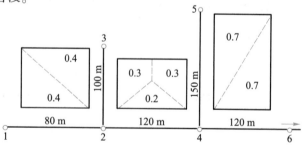

图 4-27　习题 19 图

注：面积单位为 hm²。

20. 合流系统有何优缺点？适用场合和布置特点如何？

21. 合流系统溢流井上、下游的设计流量计算有何不同？

22. 什么叫截流倍数？如何选定？截流倍数与工程投资和卫生要求有何联系？

23. 试述溢流井的功用、适用场合及构造。

24. 请对照合流管道系统截流干管水力计算表 4-17，思考下列问题：

① 为什么在溢流井下游雨水量计算时，t_2 仅计两座溢流井之间最远一点的集流时间？

② 为什么污水量计算以溢流井上游全面积计，而雨水量计算只计邻近溢流井间的面积？

③ 为什么计算截流干管时污水量为平均流量，校核晴天水力情况时污水量为最大流量？

④ 合流管道的支管设计方法同雨水管道，其假定 v 应基本与设计 v 相等。截流干管的 v 如何处理？

25. 图 4-28 为合流管道系统示意图，3-2-1-0 为截流干管。

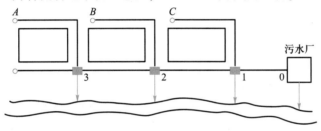

图 4-28　习题 25 图

试问：计算 2-1 管段设计流量时，雨水量计算所需要的集流时间？选用 A 至 2 的流行时间还是选用 B 至 2 的时间？

26. 评述径流量推理公式的近似性。

27. 城镇防洪中设计洪水量和潮位的估算方法是什么？

28. 城镇防洪是指防什么洪，如何防洪？

29. 河堤和海堤的堤线布置原则是什么？两者有何区别？

30. 防洪沟规划时注意哪些基本原则和要点？

第五章

排水泵站的设计

将各种废水由低处提升到高处所用的抽水机械称为排水泵。安置排水泵及有关附属设备的建筑物或构筑物称为水泵间、集水池、辅助间(有时还有变电所)等,由这些设备、建筑物和构筑物组成了排水泵站。

排水泵站是城市和工业企业排水系统的重要组成部分。排水泵站按其提升废(污)水的性质,一般可分为污水(生活污水、生产废水)泵站、雨水泵站、雨水污水合流泵站和污泥泵站;按其在排水系统中所处的位置,又可分为局部泵站、中途泵站和终点泵站。

第一节 排水泵站的功用和设置地点

管渠中的水流是重力流。所以管渠需要沿水流方向按一定的坡度倾斜敷设,在地势平坦的地区,管道将越埋越深,到一定深度时,施工费用将剧烈增加,施工技术也随之变得复杂,甚至引起很大的困难。这时需要设置泵站,以便把离地面较深的污水提升到离地面较浅的位置上。这种设在管渠中途的泵站称为中途泵站,而设在管渠系统末端的泵站称为终点泵站。

当污水和雨水需要直接排入水体时,假如管道中的水位低于河流中的水位,就需要设置终点泵站。例如,在上海,由于地势平坦的缘故,雨水管道的出口渠渠头常淹没在河道的低水位之下。有时,出口渠渠头即使高出常水位,但为了宣泄高潮时的雨水,在出口处也需建造终点雨水泵站。当设有污水处理厂时,在处理构筑物前面常需设置泵站,因为管道埋在地下,而处理构筑物大多是建造在地面之上。为了满足污水能自流流过各处理构筑物,并排至水体,必须在管道系统的终点设置泵站。

在污水处理厂内,污泥的处理和利用一般都需设置泵站,这种唧送污泥的泵站称为污泥泵站。

在某些地形复杂的城市低洼地区的污水往往需要用水泵唧送至高位地区的干管中,另外,一些低于街管的高楼地下室、地下铁道和其他地下建筑物的污水,也需要用泵提升送入街管中,这种泵站常称为局部泵站。

中途泵站、终点泵站和局部泵站,在排水系统总平面上的位置,需要从技术上和经济上进行周密的研究之后才能决定。

选择排水泵站的位置时,应考虑当地的卫生要求、地质条件、电力供应,以及设置应急出口渠的可能性。

排水泵站应与居住房屋和公共建筑保持适当距离,以防止泵站的臭味和机器的噪声对居住环境的影响。在泵站周围应尽可能设置宽度不小于 10 m 的绿化隔离带。

中途泵站的设置受整个管渠系统的规划和街道干管与主干管之间高程上的衔接等因素的影响。有污水厂的管道系统的终点泵站，一般应设在污水厂内，以便于管理。

在排水系统中适当地设置中途泵站和局部泵站，不仅可以减少管道埋深，降低造价，而且可降低泵站的电能消耗。但是，一般来讲，中途泵站的数目又不宜过多，只有当管道埋深达到"极限深度"时，才考虑采用。

第二节　常用排水泵

泵站中的主要设备是排水泵，常用的有离心泵、混流泵、轴流泵、螺旋泵、螺杆泵，以及潜水（离心、轴流、混流、螺旋）泵和气提泵等。前四者的主部件都是叶轮，由于叶轮的设计不同，水在泵壳内的流向不同，故名称不同，它们的工作特性也不同。

由于排水泵唧送的污水和雨水中常挟带碎布、木片、沙子和石屑等固体物，在唧送过程中，必须让这些固体物顺利地通过水泵，否则水泵将发生阻塞而停止工作，所以这类水泵的过水道应宽畅而光滑。即使如此，水泵还有阻塞的可能，所以排水泵在构造上应当便于拆装，以备万一阻塞时可以迅速清通。

一、几种常用排水泵

相关内容可查阅《给水排水设计手册》第十一册。

常用排水泵
类型

（一）离心泵

通常使用的排水泵是离心式的，叶轮的叶片装在轮盘的盘面上，转动时泵内主流方向呈现辐射状，故得此名。为了防止阻塞，叶片往往只有 2 片。水泵叶轮的形式有很多种，图 5-1 所示是常见的几种叶轮。

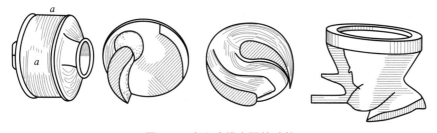

图 5-1　离心式排水泵的叶轮

离心式排水泵有轮轴平放的卧式泵[图 5-2(a)]和轮轴竖放的立式泵[图5-2(b)]两大类。在早期的城市排水系统中常采用立式泵，因为：① 它占地面积较小，能节省造价；② 水泵和电动机可以分别安放在适宜的地方。通常泵放在地下室，而电动机可以放在干燥的地面建筑物中。但这种泵的轴向推力很大，泵轴又很长，各零件易遭磨损，故对安装技术和机件精度要求都较高，其检修也不如卧式泵方便。

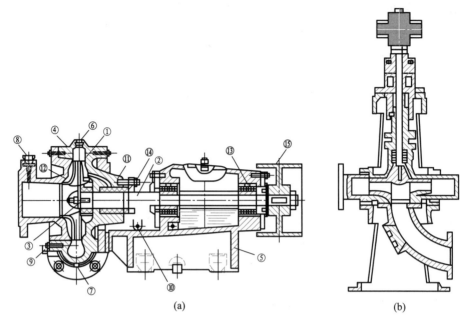

① 叶轮；② 泵轴；③ 键；④ 泵壳；⑤ 泵座；⑥ 灌水孔；⑦ 放水孔；
⑧ 真空表接口；⑨ 压力表接口；⑩ 泄水孔；⑪ 填料盒；
⑫ 减漏环；⑬ 轴承座；⑭ 压盖调节螺栓；⑮ 传动轮

图 5-2 离心式污水泵

(a) 卧式泵；(b) 立式泵

(二) 混流泵

混流泵构造基本上与离心泵相同，只是叶轮的设计不同，泵内主流方向介乎辐射与轴向之间。

(三) 轴流泵

轴流泵的主流方向和泵轴平行，故得此名。其叶片装在短柱状叶轮外缘的柱面上，呈现辐射状。参见图 5-3。轴流泵也有卧式的。

(四) 螺旋泵

图 5-4 为螺旋泵示意图。螺旋泵泵壳为一圆筒，亦可以圆底形斜槽代替泵壳；叶片缠绕在泵轴上，呈现螺旋状，叶片断面一般呈现矩形；泵轴主体为一圆管，下端有轴承，上端连接减速器；减速器用传动轮连接电动机，构成泵组；泵组用倾斜的构件承托，如图 5-4。泵的下端浸没在水中。

目前，世界各国将螺旋泵广泛应用于灌溉、排涝、提升污水和污泥等方面，尤其是污水处理厂的污泥提升方面。

与其他类型的水泵相比，螺旋泵具有下列特点：① 没有阻塞问题；② 结构简单，可自行制造；③ 无须辅助设备；④ 无须正规泵站；⑤ 基建投资省；⑥ 低速运行，机械磨损小，维修方便；⑦ 电能消耗少，提升高度和提升流量相同时，螺旋泵的电能消耗小于其他类型的泵；⑧ 运行费用低；⑨ 占地较大。螺旋泵最适用于扬程较低(一般为 3~6 m)，进水水位变化较小的场合。

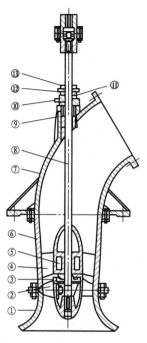

① 吸入口；② 叶片；③ 轮毂体；④ 导叶；⑤ 下轴承；⑥ 泵壳；⑦ 泵壳弯管；
⑧ 泵轴；⑨ 上轴承；⑩ 引水管；⑪ 填料盒；⑫ 压盖；⑬ 传动轮

图 5-3　立式轴流泵

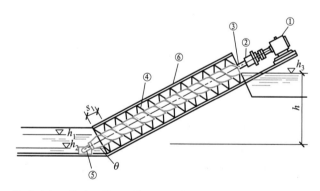

① 电动机；② 变速装置；③ 泵轴；④ 叶片；⑤ 轴承座；⑥ 泵壳

h_1—最佳进水位；h_2—最低进水位；h_3—出水位；h—扬程；θ—倾角；s_1—螺距

图 5-4　螺旋泵

(五) 潜水泵

　　随着防腐措施和防水绝缘性能的不断改善，电动泵组可以制成能放在水中的泵组，称潜水泵。潜水泵根据泵内主流方向的不同，也有潜水离心泵、潜水轴流泵、潜水混流泵和潜水螺旋泵等。其主要特点是：无须正规泵站，占地面积小；管路简单、配套设备少等。一般大型潜水泵，可根据需要调节叶片角度改变输出流量。图5-5为潜水泵，近年来它在排水工程中的应用日趋广泛。

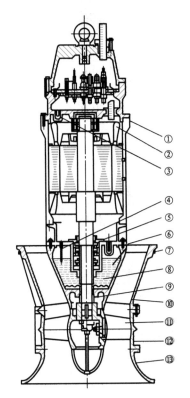

① 潜水电机；② 定子线圈测温元件；③ 接线盒内浮子开关；④ 油室渗漏传感器；
⑤ 轴承测温元件；⑥ 电机内部浮子开关；⑦ "○" 型密封圈；⑧ 油室中机械密封；
⑨ 水中机械密封；⑩ 导叶体；⑪ 叶轮部件；⑫ 叶轮外壳；⑬ 进水喇叭口

图 5-5 潜水泵

（六）螺杆泵

螺杆泵应用范围很广，可输送一切流动介质甚至非流动物料，流量、压力稳定，无脉动，改变转速即可改变输出流量，可作计量投加。吸入能力强，工作噪声小，无泄漏、无温升。排水工程中常用于污泥的输送。螺杆泵的外形和内部结构如图 5-6所示。

（七）空气提升泵(器)

在污水处理厂中，空气提升泵可用于提升回流活性污泥。图 5-7 为空气提升泵的示意图。其工作原理是利用回流活性污泥与泵内混有气泡的活性污泥之间的相对密度差$(\gamma_1-\gamma_2)$造成的浮力。空气提升泵效率较低，但因其结构简单，管理方便，当压缩空气有现成来源时，可以采用。

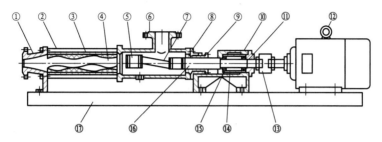

① 出料口；② 拉杆；③ 定子；④ 螺杆轴；⑤ 万向节总成；⑥ 吸入口；⑦ 连接轴；
⑧ 填料座；⑨ 填料压盖；⑩ 轴承座；⑪ 轴承盖；⑫ 电动机；⑬ 联轴器；
⑭ 轴套；⑮ 轴承；⑯ 传动轴；⑰ 底座

图 5-6　螺杆泵

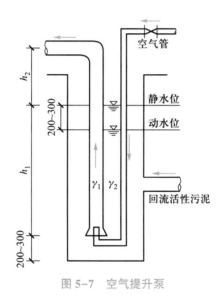

图 5-7　空气提升泵

二、排水泵的工作特性

(一) 离心泵

离心泵的特点是流量较小，扬程较高，所以常用来提升污水。离心泵的特性曲线如图5-8所示。从离心泵的效率曲线可知，其最高效率点两侧下降较缓，比较容易控制在高效率状况下运行；离心泵的轴功率曲线表明，$Q_p = 0$ 时，轴功率最小，所以应闭闸启动，以减少电动机的启动电流。

为使离心泵适应排水量的变化，合理运行，常将数台离心泵并联运行，以不同的组合来满足流量的变化。并联运行的离心泵，其特性曲线会发生变化，有别于单独运行时的特性曲线。

（二）轴流泵

轴流泵的比转数 n_s 较高，一般为 500~1 000，它的特点是流量大、扬程低、额定点效率较高，吸水高度很低，仅有 1~2 m。轴流泵常用于输送雨水，广泛应用于城市雨水防洪泵站、大型污水泵站和农业排灌泵站，以及大型工矿企业的冷却水泵站中。

轴流泵的特性曲线如图 5-9 所示。Q_p-N 曲线表明，轴流泵随着流量的减小，泵轴功率反而增大，当 $Q_p=0$ 时，轴功率达到最大值。因此，轴流泵与离心泵相反，应在出水闸门开启时启动，以减小电动机的启动电流。

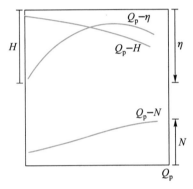

图 5-8　离心泵特性曲线

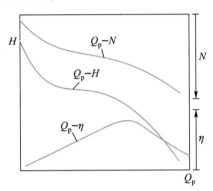

图 5-9　轴流泵特性曲线

（三）螺旋泵

螺旋泵的特点是扬程低、转速低、流量范围较大、效率稳定，适用于农业排水、城市排涝，尤其适用于污水厂提升回流活性污泥。

螺旋泵特性曲线如图 5-10 所示。当进水水位达到泵轴心管边缘螺旋叶片处时，提升水量 Q_p 达到最大值。若进水水位继续上升，螺旋泵的提升水量不再增大，而泵的轴功率上升，导致效率下降。故称水位 h_1 为最佳进水位。因此在实际使用中，进水水位的合理选择十分重要。当进水水位变化很大（进水量变化很大而引起的）时，可采用多台不同提升水量和不同提升水头的螺旋泵并列布置的方式以满足实际需要。例如，在合流雨水泵站中，晴天和暴雨时可分别运行不同流量和不同提升水头的螺旋泵。一般在低进水位时，采用小流量高扬程的螺旋泵；在高进水位时，采用大流量低扬程的螺旋泵。

从图 5-10 的特性曲线中还可看出，当提升水量减少到 30% 时，效率仅降低10% 左右。因此，在螺旋泵提升能力范围内，当进水量变化较大时，螺旋泵仍能高效率运行。

三、排水泵引水设备

在排水泵站中，当水泵高程在进水池启动水位以下时，则水泵及其吸水管内时

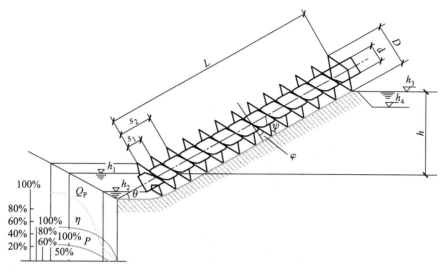

L—螺旋叶片长；h—提升水头；Q_P—提升流量；η—效率；P—电动机功率；h_1—最佳进水位；

h_2—最低进水位；h_3—出水位；h_4—出水槽底高程；s_2—螺旋叶片导程；s_1—螺旋叶片螺距；

θ—安装角；ψ—导程角；φ—螺旋角；D—螺旋叶片外径；d—轴心管外径

图 5-10 螺旋泵的设计参数和特性曲线

刻充满着水，水泵可直接启动，这种泵站称自灌式泵站。反之，则必须人工引水入泵，水泵才能启动。常用的引水设备为真空泵系统和水射器(泵)。

（一）真空泵系统

采用真空泵引水方式较为普遍。真空泵启动迅速、效率高，尤其适用于大、中型水泵和吸水管较长的水泵系统；但其操作较繁，自控复杂。目前使用的真空泵大多是水环式，其型号有 SZB 型、SZ 型和 S 型三种，图 5-11 为泵站内真空泵引水系统示意图。

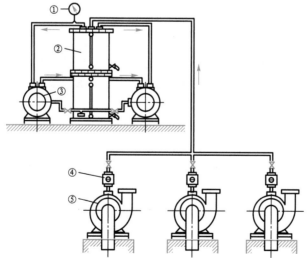

① 真空度表；② 气水分离箱；③ 真空泵；④ 真空引水止水阀；⑤ 水泵

图 5-11 泵站内真空泵引水系统

（二）水射器（泵）

水射器利用高速射流形成真空，抽吸流体（图5-12）；用于排水泵引水时，安装在泵壳顶部；适用于小型泵站。水射器具有结构简单、占地少、安装容易及工作可靠等特点。

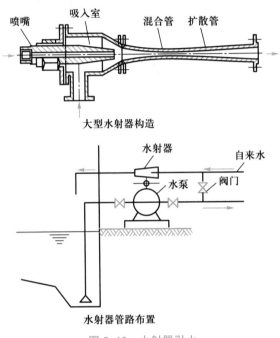

图5-12　水射器引水

第三节　污水泵站设计

排水泵站设计中要解决的问题有：① 泵组的选择；② 进水池容积的确定；③ 泵站的建筑形式及泵组与管道的布置；④ 起重设备的选择和布置；⑤ 电器设备和自动化设备的选择；⑥ 施工方法的确定；⑦ 泵站的建筑与结构设计。污水泵站是排水系统中的重要构筑物，污水泵站的设计是排水系统设计的重要组成部分。本节将讨论一些主要的问题。

一、污水泵的选择

水泵选择是否恰当，是泵站设计中最为重要的问题。应根据最大时、平均时和最小时入流量及相应的全扬程（净扬程、总水头损失和自由水头三者之和），按照水泵的特性曲线进行选择，要求选用的水泵在以上各种情况下均高效运转。每个泵站的水泵宜选用同一型号，且不宜少于2台，一般多采用3~4台，不宜大于8台。可配置不同规格的水泵，但不宜超过2种，可采用变频调速装置或采用叶片可调式水泵，并且应按表5-1的规定配备用泵。

表 5-1 污水泵的工作泵与备用泵数量表

泵型	工作泵数量/台	备用泵数量/台
同一型号	1~4	1
	5~6	1~2
	>6	2
两种型号	1~4	1
	5~6	2(各1)
	>6	2(各1)

二、进水池的设计

进水池(图5-13)既要满足水泵吸水管和其他设备(格栅、碎渣机等)安装上的要求,又要满足水泵能正常工作的容积要求。进水池最高水位和最低水位之间的容积称为进水池的有效容积。在工程设计中,《标准》要求,进水池的有效容积应不小于最大一台泵的5 min出水量;其有效高度一般为1.5~2.0 m;底部设有集水坑,其深度一般不小于0.5 m;池底向坑口倾斜,坡度不宜小于10%,随池的大小而定。进水池容积还与水泵的操作方式有关,人工操作每小时开动水泵不宜多于4次,自动操作每小时开动水泵不宜多于6次。

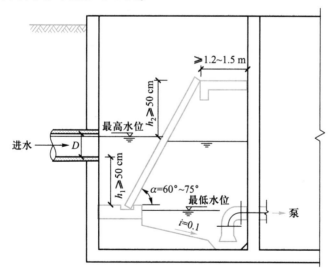

图 5-13 进水池

进水池中应设置水位指示器。

在污水泵站进水池设置格栅以阻挡粗大的物质,保护水泵。格栅由一排扁钢、方钢或圆钢组成,栅间空隙随着水泵类型和大小而定,一般为20~90 mm。栅间空隙越小,栅渣越多,清渣越困难。目前,污水泵站一般采用自动清渣的机械格栅和

格栅除污原理

碎渣机。图 5-14 为履带式机械格栅，图 5-15 为抓斗式机械格栅。

常用的格栅
类型

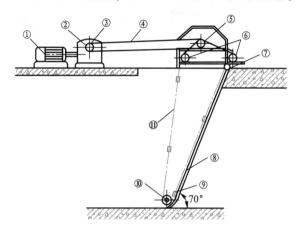

① 电动机；② 减速箱；③ 链轮；④、⑪ 链条；
⑤、⑥、⑦、⑩ 滚轮；⑧ 格栅；⑨ 耙

图 5-14　履带式机械格栅

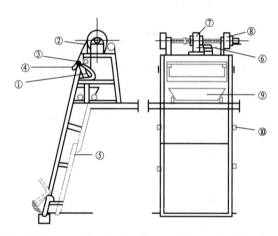

① 齿耙；② 钢丝绳；③ 刮污器；④ 刮污器触杆；⑤ 格栅；⑥ 电机；
⑦ 减速箱；⑧ 卷扬机构行车传动；⑨ 垃圾车；⑩ 支座

图 5-15　抓斗式机械格栅

格栅设置在池的污水入口处，栅面与水面成 60°～70° 角，过栅流速为 0.6～1.0 m/s。采用机械清渣时，格栅空隙的有效面积不应小于进水管渠有效断面面积的 1.2 倍。

三、吸水管及出水管的要求

在一般情况下，每台水泵都应布置单独的吸水管，并应力求短而直，以减少阻力损失。按自灌式布置的水泵，其吸水管上应安装闸阀。吸水管入口处装有喇叭口，为便于吸水管中贮积空气的排除。吸水管的水平部分应顺着水流方向略微抬高，管坡可采用 0.005。吸水管与水泵连接处需要渐缩时，应采用偏心大小头。吸水管中的流速常采用 0.7~1.5 m/s。

当泵站的进水池或上游检查井中设有应急出水口时,泵站常采用一条总出水管。当没有应急出水口或泵站很大时,则采用两条总出水管。出水管中水流流速一般控制在 0.8~2.5 m/s,但在任何情况下应不小于 0.7 m/s。出水管也应有倾向进水池的坡度,以便检修时放空管中存水。离心式污水泵出水管靠近泵的出口处应设逆止阀和闸阀。管道上的所有阀门(特别是逆止阀)应尽可能装在水平管段上,以免污物沉淀在阀盘上。

泵站中所有管道的位置应不妨碍站内交通和检修工作。为便于安装、拆卸,泵站内的管道一般采用法兰接口,并应采取相应的防腐措施。

四、泵组间的布置

泵组间的布置受水泵型号、外形尺寸、水泵数量及泵站建筑形式等因素影响。

水泵机组的平面布置一般按单排布置。这种布置可使吸水管直而短,不仅水力学条件好,而且泵组间的跨度最小,便于起重设备的布置和操作,也简化了泵房屋架结构。泵组多时,可以采用两排或交叉排列布置。

泵组之间、泵组与墙壁之间应留有一定的距离,以利于操作和维修。

五、变电室与配电盘的设置

排水泵的电动机电压一般是根据电动机功率的大小来确定的。电动机功率在 100 kW 以下者,用 380 V 三相交流电;电动机功率在 200 kW 以上者,则用 6.3 kV 三相交流电;电动机功率在 100~200 kW 之间者,则视电源情况而定。必要时,设置变压器。《标准》规定:排水泵站供电应按二级负荷设计,特别重要地区的泵站,应按一级负荷设计。当不能满足上述要求时,应设置备用设备。

六、污水泵站的建筑要求

泵组间的高度应便于设备的吊装。无吊车起重设备的泵组间,室内净高不得小于 3.0 m;有吊车起重设备的,应保证吊起物件与地面物件间有不小于 0.5 m 的净空。有高压配电设备的泵组间高度,应根据电器设备要求确定。

泵组间至少应有一个能允许最大设备或部件出入口的门或窗。

受洪水淹没地区的泵站,其入口处设计地面高程应比设计洪水位高 0.5 m 以上。必要时可以在入口处设置闸槽等临时防洪措施。

泵组间的地面应向进水池方向倾斜,坡度在 0.01 以上,地板上设尺寸不小于 400 mm×400 mm×500 mm 的集水坑,以排除地板上的水。

泵站的地上部分一般采用自然通风,在地下间应设置机械通风设备。

对于潜水泵泵站有时可以不设地上建筑部分。

《标准》规定:抽送产生易燃易爆和有毒有害气体的污水泵站必须设计为单独的建筑物,并应采取相应的防护措施。

七、污水泵站的控制

污水泵站宜按集水池的液位变化自动控制运行，建立遥测、遥讯和遥控系统，便于生产调度管理。

八、事故排出口的设置

当污水泵站不可能具有两个独立电源，也没有备用内燃机时，应设置泵站事故排出口，见图5-16。在泵站前第一个检查井处设置自流出口，在排水干管和事故排出管上分别设置闸阀。

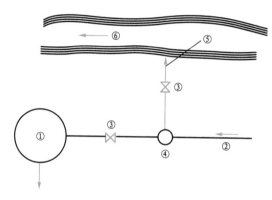

① 泵站；② 排水干管；③ 闸阀；④ 事故检查井；⑤ 事故排出口；⑥ 河流

图5-16 泵站事故排出口

事故排出口的设置，应取得当地环境保护和卫生部门的同意。

九、污水泵站的形式

图5-17、图5-18、图5-19、图5-20所示为四种类型的污水泵站建筑。

前三种泵站的进水间与泵组间合建在一个建筑中，用隔墙完全分隔，互不通气；泵组间分上下两层，上层为工作室。进水间与泵组间下层在同一高程上，水泵轴线低于进水间中水位。

图5-17所示泵站平面呈现矩形，便于安排设备，但需用开挖法施工。图5-18所示泵站平面呈现圆形，常用沉井法施工，对土质要求低。图5-19所示泵站，地下部分呈现圆形，地上部分呈矩形，适用于小型泵站。

图5-20所示泵站，进水间与泵组间分建，较少采用。可用于土质很差，施工困难，进水间深度又大的场合，其缺点是水泵启动需用引水设备，水泵轴线高程的确定需要计算。

图5-21为某地治污外排潜水污水泵站。采用QW型潜水排污泵，其泵站建筑结构简单，在国内外市政工程中的应用日益广泛。

污水泵站建筑形式

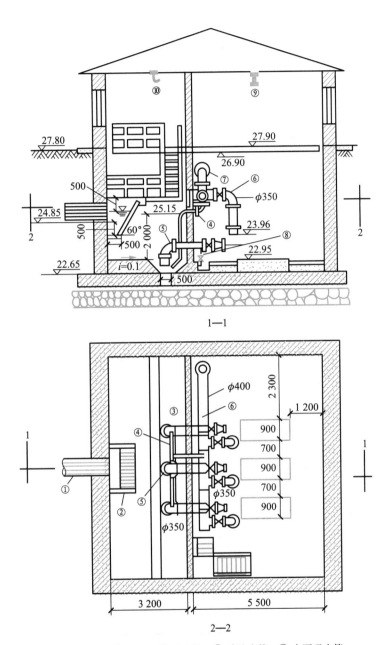

1—1

2—2

① 进水干管；② 格栅；③ 吸水坑；④ 冲洗水管；⑤ 水泵吸水管；
⑥ 出水管；⑦ 弯头；⑧ φ25 mm 水坑排水管(接水泵吸水管)；⑨ 单梁吊车；⑩ 吊钩

图 5-17　污水泵站(一)

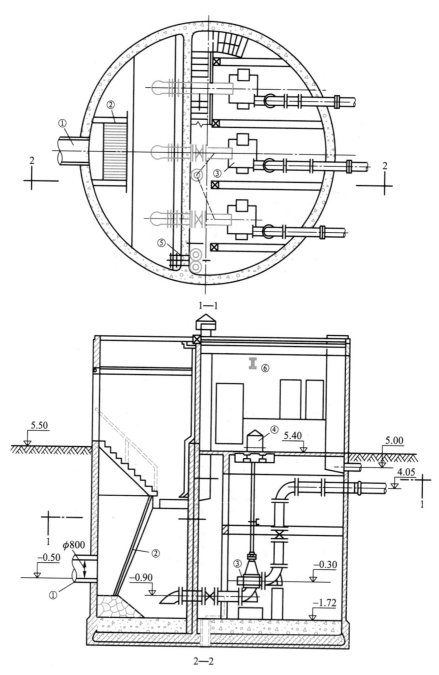

① 进水管；② 格栅；③ 水泵；④ 电动机；⑤ 浮筒开关装置；⑥ 单梁吊车

图 5-18　污水泵站(二)

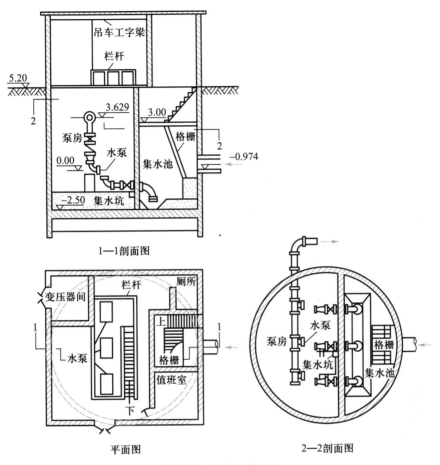

1—1剖面图

平面图

2—2剖面图

图 5-19 污水泵站(三)

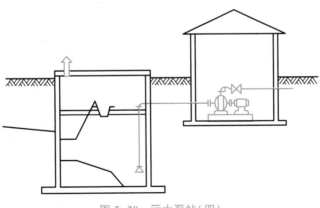

图 5-20 污水泵站(四)

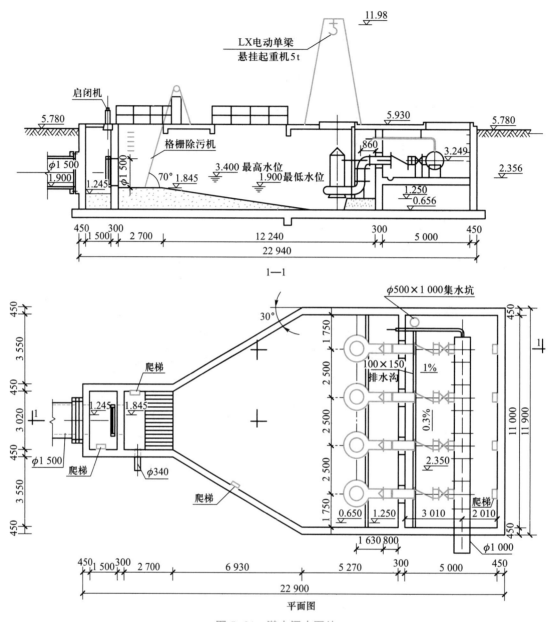

图 5-21 潜水污水泵站

第四节 雨水泵站设计

由于雨水的地面径流量很大，所以雨水泵站的基建费用很高，而其使用率又往往很低。因此，在雨水管道的设计中，应避免建造雨水泵站。只有当地势平坦，管路较长，或出水河道水位很高(如受潮汐影响)时，才考虑设置雨水泵站。

雨水泵站与污水泵站相仿。本节仅对它的特点加以讨论。

一、雨水泵的选择

雨水泵的特点是出水量大而扬程小。适合这一要求的水泵为轴流泵和混流泵。泵站的设计流量为入流管道流量的 120%。水泵的选型首先应满足最大设计流量的要求，同时还必须考虑雨水径流量的变化，因为大雨时的径流量与小雨时的径流量的差别很大。所以，雨水泵的台数，一般不宜少于 2~3 台，且最好选用同一型号。如必须采用不同型号时，也不宜超过两种。由于雨水泵可以旱季检修，可不设备用泵。

对于合流泵站，因其晴天时要为城市污水工作，故泵站中还要装设小流量的离心式污水泵或小型的轴流泵，以节约电能。

二、进水池的设计

与污水泵站相比，雨水泵站都是大型泵站。在暴雨时，泵站在短时内要排出大量雨水，如果完全用集水池来调节，往往需要很大的容积。由于雨水管道的断面一般都很大，其敷设的坡度较小，故可以将管道本身作为备用调节池来利用。

从上海的经验来看，进水池的容积 $V(\mathrm{m}^3)$ 与水泵流量 $Q_\mathrm{p}(\mathrm{m}^3/\mathrm{s})$ 之间的比例 $k=\dfrac{V}{Q_\mathrm{p}}$ 应大于 15 s。运行中发现，当 $k=30\sim35$ s 时，水泵工作状况良好。《标准》规定，进水池有效容积应以不小于最大一台泵 30 s 的出水量计算，其含义即 $k=30$ s。

由于进水池中的水流情况极易影响轴流泵叶轮进口的水流条件，从而影响水泵的工作性能。所以，正确地设计进水池和布置水泵就显得格外重要。否则，在进水池或水泵吸水室中将可能产生涡流而使水泵的工作状态不平稳、效率下降、轴承磨损和叶轮腐蚀。此外，设计时应使进水均等地流向每台水泵，必要时可以设置导流壁或导流锥，以防止涡流的形成。参见图 5-22。

为便于检修，进水池最好分隔为几个进水间。分隔可采用水工上常用的闸板装置：墙设砖墩，墩上有槽，以便插入闸板；闸板设两道，中间可用黏土填实。

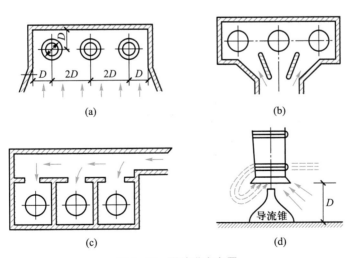

图 5-22　泵站进水布置

三、雨水泵站的形式

雨水泵站按水泵轮轴安装的位置，有卧式(图5-23)、竖式(图5-24)和斜式(图5-25)之分。根据泵组间是否浸水，可分为干室与湿室两类。图5-26为干室雨水泵站，图5-27为湿室雨水泵站。采用潜水泵排除雨水的泵站为潜水泵雨水泵站。

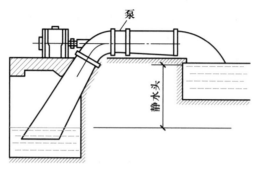

图 5-23　卧式轴流雨水泵站

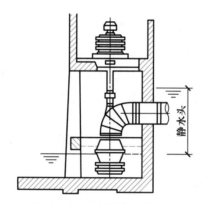

图 5-24　竖式轴流雨水泵站

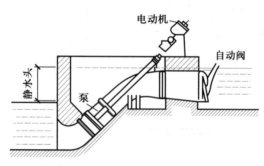

图 5-25　斜式轴流雨水泵站

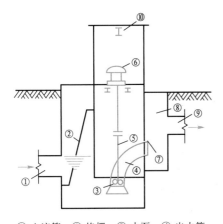

① 入流管；② 格栅；③ 水泵；④ 出水管；
⑤ 传动轴；⑥ 立式电机；⑦ 单向流活门；
⑧ 出水井；⑨ 出水管；⑩ 单梁吊车

图 5-26　干室雨水泵站

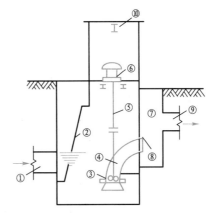

① 入流管；② 格栅；③ 水泵；④ 压水管；
⑤ 传动轴；⑥ 立式电机；⑦ 出水井；
⑧ 单向流活门；⑨ 出水管；⑩ 单梁吊车

图 5-27　湿室雨水泵站

干室泵站常分三层：下层为吸水室，连进水池；中层为水泵间；上层为电机间。干室泵站检修方便，卫生条件好，运行条件好，但造价较贵。

湿室泵站仅分两层：下层连进水池（水泵浸于水中），上层为电机间。这种形式的泵站，结构简单，造价较省，但吸水口处易发生漩涡，设备的拆装、检修和维护较为不便，室内的电器设备容易受潮，卫生条件也较差。

雨水泵站中的水泵一般都是单行排列，每台水泵自成体系。出流井一般放在室外，为防溢流，可予密封，并在顶盖上设透气管；也可在出流井内设置溢流管，将溢流水引回进水池。

因为轴流泵的扬程很低，所以出水管要尽量短，以减少水头损失；出水管直径应足够大，管中流速水头小于水泵扬程的 4%～5%；水泵出水管口上应设置单向活门；吸水口和集水池池底之间的净距离一般等于吸水口的半径。如果距离增加到等于吸水口的直径时，水泵效率下降。此时，为改善水力条件，可在吸水口下设一导流锥，如图 5-22 所示。

进水池中面对入流管设格栅以阻拦粗大漂浮物，栅条间距一般采用 50～100 mm。雨水泵站，尤其是终点雨水泵站，宜设泄水岔道，以便在河水位不高的情况下，雨水可自流排入水体。

图 5-28 所示是干室雨水泵站示例。图 5-29 所示是潜水泵雨水泵站示例。

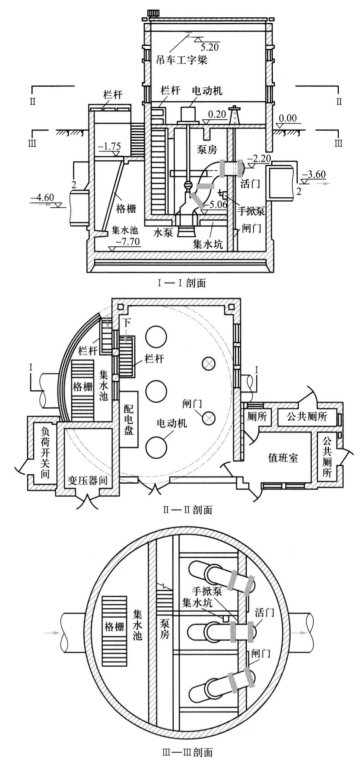

图 5-28 干室雨水泵站示例

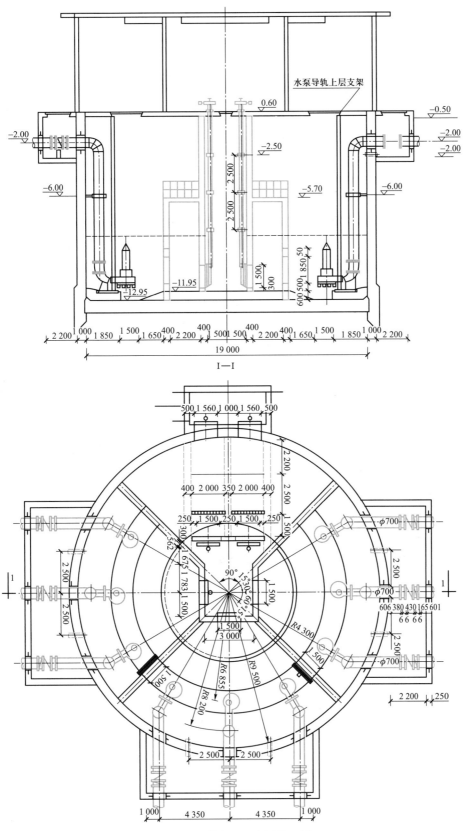

图 5-29　潜水泵雨水泵站示例

四、雨水泵站的混接污水截流设施

我国许多城市的分流制排水系统中雨污混接现象普遍，为解决城市污水污染水体的问题，《标准》规定：雨污分流不彻底、短时间难以改建或考虑径流污染控制的地区，雨水泵站中宜设置污水截流设施，输送至污水处理系统进行处理达标后排放。目前上海市中心城区已有多座设有旱流污水截流设施的雨水泵站投入使用。

第五节　排水泵站水力计算

排水泵站设计中的选泵和水管设计都以水力学原理为基础。设计需要扬水量和扬程。为了确定所需水泵的数量和型号，不但需要知道最大设计流量，还要知道最小设计流量。选泵之后，要布置泵的位置和出水管的线路，并确定水管的口径。泵的进出水管的口径常等于泵的进出口口径，或放大一级。出水管的连接管口径一般比单泵出水管大一级。最后核算所选水泵是否合用，是否要修正。

下面举例说明核算方法。在示例之前，先介绍管线水头计算的方法。出水管为压力流，泵站中出水管线大多以短管连接而成，管件较多。水流通过管件时有局部水头损失，局部水头损失的计算公式如下：

$$H_f = \xi \frac{v^2}{2g} \tag{5-1}$$

式中：H_f——局部水头损失，m；

$\quad\quad \xi$——阻力系数；

$\quad\quad v$——管中水流流速，m/s；

$\quad\quad g$——重力加速度，m/s^2。

为简化计算，常化管件为直管，与直管一起计算水头损失(用算图或算表)。管件与替代它的直管应有相等的水头损失，据此可推算直管长度。

直管水头损失的公式为

$$H_f = iL \tag{5-2}$$

$$v = \frac{1}{n} R^{\frac{2}{3}} i^{\frac{1}{2}}$$

式中：n——管道粗糙系数；

$\quad\quad R$——水力半径；

$\quad\quad i$——水力坡度；

$\quad\quad L$——替代管件的直管长度，即相当长度。

管件的相当长度公式如下：

$$L = \xi \frac{\dfrac{v^2}{2g}}{\dfrac{v^2 n^2}{R^{\frac{4}{3}}}} = \xi \frac{1}{n^2 2g} R^{\frac{4}{3}} = \alpha \xi \tag{5-3}$$

$$\alpha = \frac{1}{n^2 2g}\left(\frac{D}{4}\right)^{\frac{4}{3}}$$

当粗糙系数 $n = 0.013$ 时，得 　　　　$\alpha = 47.5 D^{\frac{4}{3}}$ 　　　　　　　(5-4)

为便于计算，把系数 α 的值列于表 5-2，阻力系数 ξ 值列于表 5-3。

表 5-2　系数 α 的值

D	α	D	α	D	α
150	3.8	400	14.0	800	35.3
200	5.6	450	16.4	900	41.2
250	7.5	500	18.8	1 000	47.5
300	9.5	600	24.0	1 200	60.6
350	11.7	700	29.5	1 500	81.5

表 5-3　局部阻力系数 ξ 的值

类别	说明	ξ 值	公式	备注
弯头		$\alpha \cdot \xi_1$	$\xi \dfrac{v^2}{2g}$	见下表
单向阀		1.7	$\xi \dfrac{v^2}{2g}$	
闸阀全开		0.1	$\xi \dfrac{v^2}{2g}$	
大小头		$K\left(1-\dfrac{A_1}{A_2}\right)^2$	$\xi \dfrac{v_2^2}{2g}$	
大小头		$(\theta = 10° \sim 30°)$ 0.05～0.15	$\xi \dfrac{v_1^2}{2g}$	
丁字管		0.1	$\xi \dfrac{v^2}{2g}$	直线流动
丁字管		1.5	$\xi \dfrac{v^2}{2g}$	转弯流动
丁字管		1.5	$\xi \dfrac{v^2}{2g}$	干管到支管
丁字管		1.5	$\xi \dfrac{v^2}{2g}$	支管到干管
丁字管		1.5	$\xi \dfrac{v_3^2}{2g}$	转弯流动($v_2 \rightarrow v_3$)

备注栏内各表：

$\dfrac{R}{d}$	0.5	1.0	1.5	2.0	3.0	4.0	5.0
ξ_1	1.2	0.8	0.6	0.48	0.36	0.30	0.29

θ	90°	45°	30°	10°
α	1.0	0.7	0.55	0.2

式中：$g = 9.81 \ \text{m/s}^2$
v 以 m/s 计
H_1 以 m 计

θ	5°	10°	15°	20°	30°	40°
K	0.13	0.17	0.26	0.41	0.71	0.9

类别	说明	ξ 值	公式	备注
丁字管	同上	0.1	$\xi\dfrac{v_3^2}{2g}$	直线流动 $(v_1 \to v_3)$
丁字管	$v_1 \to \quad \to v_2$ $\quad v_3$	1.5	$\xi\dfrac{v_3^2}{2g}$	转弯流动 $(v_1 \to v_3)$
丁字管	同上	0.1	$\xi\dfrac{v_1^2}{2g}$	直线流动 $(v_1 \to v_2)$
出口	$v_1 \quad v_2$ $A_1 \quad A_2$	$\left(1-\dfrac{A_1}{A_2}\right)^2$	$\xi\dfrac{v_1^2}{2g}$	流入明渠
出口	v	1.0	$\xi\dfrac{v^2}{2g}$	流入蓄水池
进口	v	0.1	$\xi\dfrac{v^2}{2g}$	

例 5-1 某一工业城镇拥有 6 000 人,生活污水平均流量为 8.5 L/s,总变化系数为 2.6,则设计流量约为 22 L/s;工厂甲三班制工作,设计流量为 22 L/s;工厂乙一班制工作,生活污水和工业废水在 8 h 当中均匀排出,设计流量为 6 L/s。在终点泵站处的地面高程为 41.50 m。泵站入流管道的管径为 350 mm,水面高程为 36.45 m,管底高程为 36.24 m。试根据上述条件,作泵站的水力设计。

解: ① 泵站的最大入流量为 $(22+22+6)$ L/s $=50$ L/s。生活污水的最小时流量估计为平均日流量的 1.0%,则最小入流量等于 $8.5 \times 86\ 400 \times 0.01 \div 3\ 600$ L/s ≈ 2 L/s。故泵站的最小入流量为 $(2+22)$ L/s $=24$ L/s。泵站的汲水能力应满足 $24 \sim 50$ L/s($86 \sim 180$ m³/h)之间的任何入流量。

② 污水处理厂第一个水池(沉沙池)水面高程假定为 43.20 m。泵站进水池中的最低水位在入流管道底下 1.50 m 左右,假定为 34.85 m,泵站进水池中的最高水位比入流管道中的水位低 $0.08 \sim 0.15$ m(水流过栅时的水头损失),定为 36.35 m,故净扬程为 $6.85 \sim 8.35$ m。

③ 根据入流量和净扬程数据,以及估计的管线水头损失 2.0 m 和安全水头 0.3 m,选用 4PW 型水泵三台,转速 $n=960$ r/min,其中一台备用(水泵外形见图 5-30)。其高效工作段的流量为 $16 \sim 25$ L/s,总扬程为 $12.0 \sim 9.5$ m(读自图 5-31 的水泵特性曲线)。

④ 进水池容积采用相当于一台泵 5 min 的扬水量

$$v=\frac{33 \times 60 \times 5}{1\ 000}\text{m}^3=10\ \text{m}^3$$

有效水深为 1.5 m,则进水池面积为 6.7 m²。

⑤ 泵站建筑、水泵及管线布置采用类似图 5-17 所示的形式。管线布置情况如图 5-32 所示。管径是根据流速范围确定的,必要时可以修改。

图 5-30 4PW 型污水泵外形图

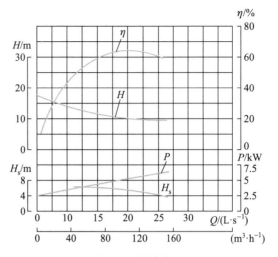

图 5-31 4PW 型污水泵特性曲线（$n = 960$ r/min）

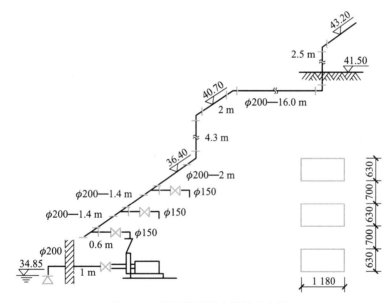

图 5-32 泵站管线及水泵基础布置

⑥ 管道水头损失计算，见表 5-4 和表 5-5。

⑦ 绘制水泵及管线的特性曲线。水泵的 Q_p-h 曲线和管线的 Q_p-Σh 曲线绘在图 5-33 中。图中 a 线为一台泵的 Q_p-h 曲线，b 线为两台泵并联的 Q_p-h 曲线；c、d 线分别为集水池在单泵最低水位和单泵高水位时工作的管道曲线 Q_p-Σh；e、f 线分别为集水池在双泵低水位和双泵最高水位时并联工作的管道曲线 Q_p-Σh。

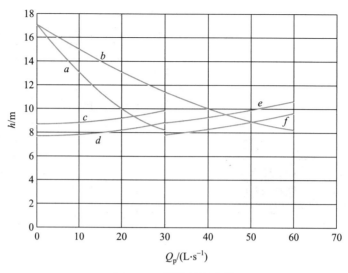

图 5-33 泵站特性曲线

表 5-4 管道水头损失的计算

部件	件数	ξ	α	相当长度/m		
				管线并联前		管线并联后
				$\phi150$ mm	$\phi200$ mm	$\phi200$ mm
直管	1	—	—	0.6	2.4	28.2
弯头 $\phi150$ mm	1	0.8	3.8	3.0	—	—
$\phi200$ mm	1+5	0.8	5.6	—	4.5	22.4
闸阀 $\phi150$ mm	1	0.1	3.8	0.4	—	—
$\phi200$ mm	1	0.1	5.6	—	0.6	—
单向阀	1	1.7	3.8	6.5	—	—
喇叭口	1	0.1	5.6	—	0.6	—
异径三通(转弯流动)	1	1.5+0.24[①]	3.8	6.6	—	—
(直线流动)	2	0.1	5.6	—	—	1.2
总计				17.1	8.1	52.1

注：① 转弯流动的三通 $\xi=1.5$，加上变径 $\phi150$ mm 进入 $\phi200$ mm 的突然扩大的 $\xi=0.24$。

⑧ 从图 5-33 中可以看出，不论是两台泵并联工作，还是一台泵单独工作，都能满足所需提升的最大流量、最小流量和扬程，而且其运行的工作点又都处在水泵特性曲线的高效段，这种结果是令人满意的。假如遇到图中 c 线和 d 线不与 a 线相交，e 线和 f 线不与 b 线相交，或相交于水泵特性曲线高效段的右外侧时，则可视具体情况宜优化水泵选型，或采用变频调速或切削水泵叶轮等方法来调节；特殊情况

时可以采用关小闸阀或缩小管道管径来改变管道的工作曲线，但会增加动力能耗，使泵站运行效率降低。

表 5-5 管道水头损失的计算

$Q_p/$ (L·s^{-1})	一台工作					两台工作						
						管线并联前				管线并联后		
	ϕ150 mm		ϕ200 mm		ΣH_f	ϕ150 mm		ϕ200 mm		ϕ200 mm		ΣH_f
	I	H_f	I	H_f		I	H_f	I	H_f	I	H_f	
10	0.004 3	0.073	0.000 9	0.054	0.13							
20	0.017 3	0.296	0.003 7	0.223	0.52							
30	0.038 9	0.665	0.008 4	0.506	1.17	0.009 7	0.166	0.002 1	0.017	0.008 4	0.438	0.62
40						0.017 3	0.296	0.003 7	0.030	0.014 9	0.776	1.10
50						0.027 0	0.461	0.005 8	0.047	0.023 3	1.214	1.72

思考题和习题 <<<

1. 试述排水泵站的功能及其设置场合。

2. 排水泵站一般由哪几部分组成？每个组成部分的作用是什么？

3. 排水泵站中使用的泵一般有哪几种？每种泵的适用特点怎样？

4. 为什么离心泵要闭闸启动，而轴流泵要开闸启动？

5. 离心式污水泵启动前有几种引水方式？试分别说明其特点。

6. 排水泵站设计中要解决哪些问题？

7. 在污水泵站设计中怎样选择污水泵，使其在各种情况下均高效运行？

8. 污水泵站中除了水泵以外，其他还有哪些主要设备？这些设备的用途何在？

9. 污水泵站有哪几种建筑形式？应该如何合理地选择污水泵站的建筑形式？试论述，如某一污水泵站需要设置污水泵机组 6 台，泵站埋深较大，施工场地狭小，土质较差，地下水位较高时，应该采用何种建筑形式为宜？

10. 在什么情况下，泵站的集水池和机器间可分开建筑？

11. 污水泵站的进水池容积如何确定，为什么？

12. 为什么污水泵常设在集水池水面之下？

13. 试述污水泵站的设计步骤。

14. 在某一污水干管上，可以建造一座泵站，也可建造三座泵站(图 5-34)，试问哪种方案的电能消耗大？在实际工程中，能否认为，电能消耗大的方案最劣？电能消耗小的方案最佳？为什么？

15. 上海某工厂每天均匀排出 28 880 m^3 高浓度有机废水，因水温高达60 ℃，故采用厌氧消化处理。选 PW 型污水泵两台(一台备用)，将废水抽入消化池，当流量为 40 L/s，该泵的允许吸上真空高度为 5.5 m，吸水管直径为200 mm，吸水管喇叭口至泵进口的水头损失为 1.0 m，采用真空泵引水，该泵的安装高度(泵轴与集水池最低水位的高程差)为 3.0 m，该泵能正常运行吗？为什么？

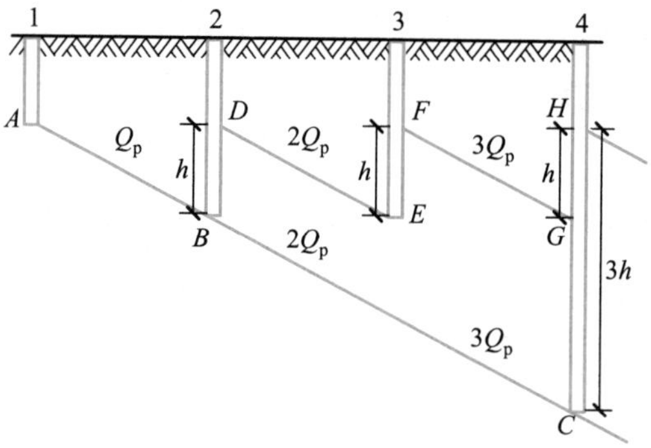

图 5-34 习题 14 图

16. 雨水泵如何选择？一般有哪几种泵适于排除雨水？

17. 雨水泵站的进水池容积是如何确定的？

18. 雨水泵站的进水池布置要注意哪些问题？有何对策？

19. 雨水泵站有哪几种构造形式，试比较其优劣。

20. 雨水泵站与污水泵站的主要区别是什么？

21. 潜水泵及潜水泵站有何特点？

第六章

排水管渠施工

排水管渠是地下工程，排水管渠的施工要特别注意不损坏其他地下管线（自来水管、煤气管、通讯电缆和电力电缆等）和建筑物。

排水管渠施工会影响交通，工程的进程要精心安排，工期要抓紧。排水管渠施工费用较高，应尽力降低造价，最好采用招标施工。

第一节　排水管渠施工方法的分类

排水管渠的施工方法可归纳为两大类：一类为开挖施工法，另一类为非开挖施工法。

开挖施工法就是在开挖的沟槽内敷设管道；非开挖施工法就是在地层内开挖成型的洞内敷设或浇筑管道，有顶管法、盾构法、浅埋暗挖、定向钻和夯管等施工方法。

开挖施工法、顶管施工法和盾构施工法的选择与管形和管径有密切关系。非圆形大型管渠常用开挖施工法。圆形管道、小口径管道一般埋设不深，常用开挖施工法。排水管道在穿越河道时，有时也可采用开挖施工法。如果不采取封河围堰或截流措施进行排水管道的开挖敷设时，也可采用沉管方式进行管道敷设（在河床上开挖一条水下梯形沟槽，即在水中进行开挖，将管道漂浮到指定的位置，沉入河床底的沟槽内再覆土埋管。这种在河中敷设管道的施工方法，称为过河沉管，它也属于开挖施工法的一种）。大口径圆管道的埋设，特别在建成的城市中穿越河道、铁路、城市主干道及地面上有重要建筑物时，宜采用顶管施工法，一般适用直径 800 ~ 3 000 mm 的管道施工；通常 2 000 mm 以上特大型圆形管道可采用盾构施工法，常由隧道专业公司承造；当地质为黏土、粉质黏土、粉砂、中砂等土层时，有时采用定向钻铺管技术，该法使用水平定向钻机、控向仪器等设备，实施按预先设计的轨迹进行导向孔钻进、扩孔和回拖等工序，完成地下管道铺设的施工方法，一般适用于直径 100 ~ 1 000 mm 管道施工。盾构法、定向钻法等非开挖施工技术可查看相关专著。施工方法的选择，除技术上的考虑外，主要取决于地质状况和工程费用。

排水管渠的施工与地下水位有密切关系。在管渠的基础低于地下水位的场合，施工排水往往成为重要的技术问题。常采用井点排水法降低地下水位，特别是土质条件差、有流沙的情况。

图 6-1 为排水管道采用掘进顶管法施工穿越地面上重要建筑物的状况。图 6-2 为排水管道采用盾构法施工穿越河道的状况。

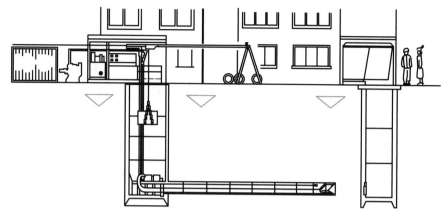

图 6-1　排水管道采用掘进顶管法施工穿越地面上重要建筑物

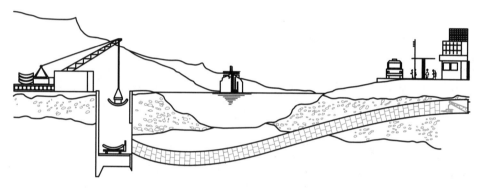

图 6-2　排水管道采用盾构法施工穿越河道

第二节　开槽敷设管道

在排水管渠施工中，用得最多的施工方法是开槽敷设管道（俗称开槽埋管）。其施工技术要求不高，施工流程比较直观和简单，施工质量和进度容易控制。施工中的临时措施简单且容易实施，施工中所需的人工数量较多，而所需机械化程度不高，工程造价也比较经济。

开槽埋管一般有以下工序：① 测量放样；② 沟槽开挖与支护；③ 沟槽排水；④ 管道基础制作；⑤ 管道敷设；⑥ 管道接口处理；⑦ 闭水试验；⑧ 沟槽回填等。

一、测量放样

开槽埋管施工首先从测量放样开始。将城市导线的坐标和水准点的标高，用经纬仪和水准仪引测到设置在管道敷设现场的基准桩上，这一工作过程称为"测量"；而将排水管道的施工图上所标注的坐标和标高，利用设置在管道敷设现场的基准桩，采用测量手段引放到地面上，并确定沟槽开挖的位置和深度，确定管道基础制作的宽度和厚度，确定管道敷设的轴线和坡度等，这一工作过程称为"放样"。

1. 设置基准桩

设置在管道敷设现场的基准桩一般有两种，一种用于控制平面坐标的基准桩叫"导线桩"。由于此桩常设置在管道的轴线上，所以有时也称为"轴线桩"；另一种用于控制标高(或称高程)的基准桩叫"临时水准点"。临时水准点应设置在不受施工影响的固定构筑物或建筑物上，临时水准点和导线桩在布设中要注意其桩基的牢固性和观测需要的通视条件。在工程范围内布点密度为每200 m设置一组，并经常进行相邻两组基准桩的校核测量，以便于及时发现测量差错和桩基移动的问题。

在水准测量中，所布设的水准路线必须闭合，其水准测量闭合差不得大于 $\pm 12\sqrt{k}$ mm，k 为水准路线测量距离，以 km 为单位。

在导线测量中，所布设的导线也必须闭合，其导线方位角的闭合差不得大于 $\pm 90''\sqrt{n}$，n 为导线测量的测站数，一般导线相对闭合差不应大于 1/1 000，特别困难的地区可放宽至 1/500。

在顶管和盾构等非开挖施工中，其导线和水准测量的精度要求比开槽埋管施工要高得多。这是由管道的贯通长度而确定的，一般贯通长度越长，其测量的精度要求就越高。

2. 放样检查井中心桩和设置辅助桩

根据施工图的要求，其排水管道的定位要求不高(也就是说,施工图中未给出检查井中心桩的平面坐标时)，可按图上的定位用的现有固定地物(如房屋、电杆、树木、道路边线等)，依据图上所标明的攀线长度，用交汇的方法放出检查井中心，在地面上用木桩、铁桩或用油漆标出其位置。

在施工图中给出了检查井中心桩的平面坐标时，应该利用相关点位的数据，计算出仪器测量的站点到检查井中心桩的距离和偏角，选用现场已有的距离放样检查井中心桩最近的导线桩，安放经纬仪进行测角和量距，采用极坐标法放出检查井中心位置。

检查井中心位置的标志，在沟槽开挖后就不再存在。但是，检查井中心位置在排管时仍需要使用，这就需要配置两个辅助桩，依据这两个辅助桩仍可恢复检查井的中心位置。辅助桩的位置应选定在沟槽之外，两个辅助桩与检查井中心应在一条直线上，只要分别记住两个辅助桩到检查井中心距离，便可恢复检查井的中心位置。在排管前，只需要用一条细绳连接两个辅助桩，便可定出检查井的中心位置，并用锤球将此位置移到沟槽的底面上。

3. 划出沟槽的边线和检查井的开挖边线

根据相邻两个检查井中心位置的标志所确定的连线为管道的中心线，在此中心线的两侧，可用石灰粉标示出沟槽开挖的两条边线，两条边线距中心线的距离为规定沟槽宽度的一半。用同样的方法也能标示出检查井开挖的两侧边线。用石灰粉标示出开挖边线的工作，称为"打灰线"。

二、沟槽开挖与支护

在开挖沟槽前，首先要确定沟槽开挖的断面形式和沟槽开挖的宽度，确定沟槽是否要采取支撑措施。当有地下水时，还应确定沟槽的排水方法和降低地下水位的相应措施。

(一) 沟槽的断面形式

正确选择沟槽开挖的断面形式，是减少挖土量、简化施工工序、方便施工和保证安全生产的需要，在开槽埋管施工中有着十分重要的意义。

沟槽开挖的断面形式，基本上可分直槽和梯形槽两种。应从土质状况、地下水情况、施工场地的大小、施工工期的要求、沟槽开挖深度和挖土方法等方面来考虑、选择和确定沟槽开挖的断面形式。

在街道和道路上埋设管道时，一般都采用直壁式矩形槽(直槽)，它的特点是占地面积小，但土壁需要支撑。在广场或郊野埋设管道时，如果管径和埋深都比较大，可考虑选择梯形槽，它的特点是可以不用支撑，但施工占地面积较大。有时，施工单位选择沟槽开挖的断面形式(槽形)，主要取决于实际发生的施工成本，一般会尽可能地利用现有的施工设备来安排工程的施工。因为添置新的施工设备会增加较多的施工成本，这样也不利于现有施工设备利用率的提高。

沟槽开挖宽度对槽形的选择也起到一定的影响。直槽宽度主要取决于所敷设管道的管径，但沟槽的支撑方法也有一定的影响，表6-1所列出的直槽宽度为上海地区的经验数据。支撑方法一般采用钢板桩(竖列)或列板式(横列)。

梯形槽宽度取决于管道的埋深和边坡的倾斜度。边坡的倾斜度取决于土质状况，不易坍塌的土壤边坡可以陡些，表6-2表示不同土质状况所采用的边坡倾斜度。上海地区一般采用 1:1.5~1:1(横:竖)。边坡也可以做成台阶式，参看图6-3。

表6-1 直 槽 宽 度

深度/m	管径/mm											
	300	450	600	800	1 000	1 200	1 400	1 600	1 800	2 000	2 200	2 400
<2.00	1 200	1 400	1 600	1 800								
2.00~2.49	1 200	1 400	1 600	1 800	2 100	2 300						
2.50~2.99	1 200	1 400	1 600	1 900	2 100	2 300	2 700	2 900				
3.00~3.49	1 400	1 500	1 700	1 900	2 100	2 300	2 700	2 900	3 200	3 500	3 700	3 900
3.50~3.99	1 400	1 500	1 700	1 900	2 100	2 300	2 700	2 900	3 200	3 500	3 700	3 900
4.00~4.49			1 700	1 900	2 100	2 300	2 700	2 900	3 200	3 500	3 700	3 900
4.50~4.99				1 900	2 200	2 400	2 800	3 000	3 400	3 700	3 900	4 100
5.00~5.49					2 200	2 400	2 800	3 000	3 400	3 700	3 900	4 100
5.50~5.99						2 400	2 800	3 000	3 400	3 700	3 900	4 100
6.00~6.50						2 400	2 800	3 000	3 400	3 700	3 900	4 100

注：表中深度为地面至管槽底的距离，管槽宽度指开挖后的槽底宽度。

表 6-2　梯形槽边坡

土的种类	挖深<3 m	挖深 3~5 m
黏土	1 : 0.5	1 : 0.5
亚黏土	1 : 0.57	1 : 0.57
亚砂土	1 : 0.67	1 : 1
沙、卵石	1 : 1.25	1 : 1.5

土质状况，主要指土的黏着力和自然倾斜角，它们是影响土坡稳定的主要因素。土坡和大地水平面之间的夹角叫倾斜角，如果土坡的倾斜角超过土壤的自然倾斜角时，坡面就不稳定，会出现坍塌。黏土的黏着力较大，自然倾斜角也较大；砂土的黏着力较小，自然倾斜角也较小。黏土开挖直槽的可能性比砂土大；砂土在无支撑条件下只能开挖梯形槽。

地下水的多少影响到土壤的含水率，土壤含水率的大小会影响土的稳定性。当土壤饱含水分时，土的稳定性就大大降低，极易造成土方坍塌。所以，当地下水位较高时，黏土开挖直槽也要进行支撑；砂土开挖梯形槽放坡的倾斜角就应更平坦。

当沟槽深度不大时，在黏土地区可采用直槽。如果土质只允许开梯形槽，而现场的施工场地狭窄，那只能考虑用直槽加支撑办法来解决。

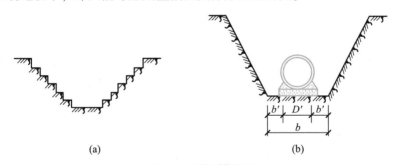

图 6-3　梯形槽断面
（a）台阶式；（b）斜坡式

施工方法对于沟槽断面的选择也有影响。梯形槽土方量大，工期长，并要求起重设备的起重杆有足够的长度，但工序较为简单。而直槽可避免上述缺点，但对于较深的沟槽则需要进行支撑，施工设备也较为复杂。

梯形槽的边坡可参考表 6-2。当有地下水而未采取降低地下水位措施时，表中的数值应适当减小。

梯形槽的边坡也可以采用放踏步的方式，如图 6-3(a) 所示。

沟槽底宽 b [见图 6-3(b)] 按下式计算：

$$b = D' + 2b'$$

式中：b——沟槽底宽，m；

D'——管子外径，m；

b'——余宽，m。

余宽取决于管径和施工方法，应保证工人进行操作和机械活动的需要。如管径较大，则余宽也应较大。当管径大到工人无法跨越管子进行工作（如管径大于700 mm）时，余宽应该保证工人能够在沟槽内通行和操作。设置支撑的沟槽，余宽还应增加撑板和立木的厚度。当管道接口需要模壳定形或用机械工具接口时，余宽应满足模壳和接口机械顺利安装和拆卸的要求。采用滚动方式进行沟内运管时，沟槽底宽应大于单节管子的长度。总之，底宽要结合操作的需要考虑，一般应是管壁外侧各留操作面（取50~100 cm,视沟槽深浅、接口连接方式、土质好坏和地下水位等情况而定）。

对沟槽支撑采用列板式或钢板桩的矩形沟槽宽度，一般可参见表6-1。

（二）沟槽支撑

直槽的土壁常用木板或钢板组成的挡土结构支撑。当沟槽底低于地下水位时，直槽必须加支撑。支撑有横列和竖列两种形式。列板有疏、密之分（图6-4）。土质优良时可用疏列支撑。横列支撑总是边挖边撑，每挖一定深度（视土质情况、列板宽度而定）做支撑，然后继续挖深，再撑。因撑板是横向排列的，故称横列支撑。横列支撑的沟槽一般不宜很深。当土质较差而沟槽较深时，常用钢板桩替代木板。在挖土前先打下钢板桩，挖至一定深度时再予支撑。图6-4中（a）、（b）所示的支撑形式仅适用于土质较好而不易塌方的情况，横列支撑也有上疏下密的撑法［图6-4（a）］。

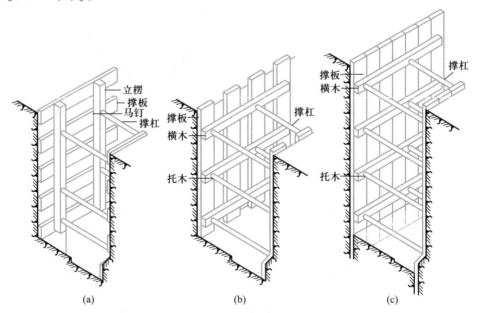

图 6-4　矩形沟槽（直槽）的支撑形式示意图

（a）横列疏撑形式；（b）钢板桩疏撑形式；（c）钢板桩密撑形式

（三）沟槽开挖

沟槽开挖有人工开挖和机械开挖两种。开挖方法视土质、现场条件、技术条件（劳动力和机具设备）和工期要求等具体情况而定。

开挖土方应当严格按照沟槽断面尺寸的放样要求进行。槽壁应尽可能整齐，槽底坡度要符合设计坡度。当挖土到接近设计高程时，应在槽内打高程控制桩，以控制挖土深度。在开挖过程中，要随时检查挖深情况，切勿超挖。如果发生了超挖，必须要用干土、道砟或砾石沙分层夯实，填至设计标高。使用机械挖土时，用机械挖至设计标高以上 20 cm 时，应停止机械挖土，用人工进行沟槽的修整。

为了便于管道敷设完毕后回填沟槽，适合回填的土应堆放在沟槽两侧。一般来说，对每段沟槽只能在一侧堆土，另一侧作下管和运输材料用。堆土一般不高于 1.5 m，离槽边一般不小于 1.2 m。

三、沟槽排水

沟槽出现积水时可在沟槽内挖明沟来排水，明沟底坡度为 1%～5%，水流向集水坑。集水坑间距一般为 40～180 m，视水量而定。常用膜式往复泵或泥浆泵将水排出沟槽，参见图 6-5。

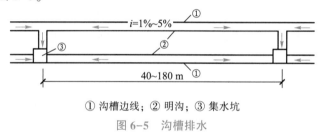

① 沟槽边线；② 明沟；③ 集水坑

图 6-5　沟槽排水

沟槽内的排水沟挖掘一般随沟槽挖掘同时进行。当出现地下水时，应在沟槽内沿沟槽两侧挖明沟排水，然后挖明沟之间的泥土。明沟的断面一般为 30 cm×30 cm，明沟的底一般低于沟槽底 30～40 cm。

在地下水位较高的地区开挖深沟槽时，一般采用井点排水法来降低沟槽沿线的地下水位。

四、管道基础制作

对于传统的混凝土排水管道，其基础可分为三个部分，即地基、基础和管座（或管枕），见图 6-6。

地基指沟槽底的原土。如果发生了超挖，必须要用干土、道砟或砾石沙分层夯实填至设计标高，以避免建成管道后产生沉降。

基础指把管道的荷载传递给地基的结构。从材料上分，有土基、砂基、煤屑基础、混凝

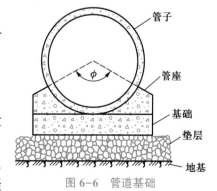

图 6-6　管道基础

管道基础演示

土基础和钢筋混凝土基础等。具体采用何种材料应根据设计要求而定。

管座起固定管道和分布管道荷载于基础的作用。对于柔性接口管道则不采用管座，一般采用预制管枕来固定管道。

混凝土排水管道的基础，一般先做一层砾石沙垫层，然后再做一层混凝土。管座的施工，宜在管道接口渗漏试验合格后再做，以确保管道接口的施工质量。

五、管道敷设

管道敷设是把预制的管节，按设计的位置排放在已经做好的基础上。

先把预制管节运到沟槽边上，然后从下游检查井处向上游方向将管节逐一从地面下到沟槽内的基础上，边下边排。把管节从地面下到沟槽内的过程叫"下管"。

排管是指校正管节位置，使它的中心线与上下游检查井的中心桩连线在同一个垂直平面内，这叫"对中"，使它的管内底高程与设计高程(标示在施工图纸上的高程，又称"标高")相一致，这叫"高程控制"。

排管过程中的"对中"和"高程控制"一般借助龙门架和对高尺(俗称"小脚")来进行。龙门架是跨在沟槽上(图6-7)，由两根龙门桩和一块钉在龙门桩上的水平板构成，参见图6-8。在水平板顶面与(穿过沟槽中心线的)垂直平面相交处钉个小钉(称中心钉)。在同一管段(两相邻检查井中心桩间的管段)上设有的两个龙门架，称为一组。一般同一管段的龙门架中心钉连线和中心线为两条相互平行直线。所以当龙门架设置好后，每一组龙门架水平板中心钉的连线高程与管道的管底高程之差为一定值。

在使用龙门架进行管道敷设的"对中"和"高程控制"前，一般均要对龙门架上的水平板高程和中心钉位置进行测量复核，以确保其正确无误。

图6-7 龙门架平面布置

排管时的"对中"作业是用一细绳连接两个相邻龙门架的中心钉，再用一垂球从连线上下垂，对照垂球位置来移动管节，使放在管节内底部的水平尺的气泡居中，且其中心正好对准垂球。这时，管节中心线已处在沟槽中分垂直平面上(见图6-8)。

考虑到管径和管壁厚度是一定值，所以上述的"对中"操作还可以简化为如图6-9所示。

在"对中"之后，就进行管节的高程校正。由于龙门架上中心钉连线的坡度与管底设计坡度相同，因此，只要管节底线和中心钉的连线垂直间距相同，管道坡度即符合设计要求(见图6-10)。对中和高程控制要反复进行，允许有些小误差。一般是通过移动衬垫在管节下的三角垫块位置来实现管节位置的调整。

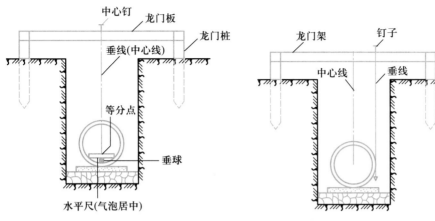

图 6-8 排管时的"对中"示意图　　　　图 6-9 排管时"对中"的实际操作示意图

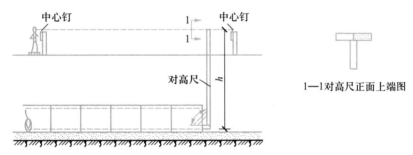

图 6-10 排管时高程校正的实际操作示意图

下面举例说明龙门架水平板中心钉顶端高程放样的计算。

例 6-1 根据施工图纸，将管道口径、坡度、地面和管底高程（指管道内底高程）及各检查井间距离等列于图 6-11，并算出各检查井处管道的埋深，加注在图中地面线上井口处。要在 *A* 处和检查井 6、7 处设立三个龙门架，试求各龙门架的水平板中心钉顶端的高程。

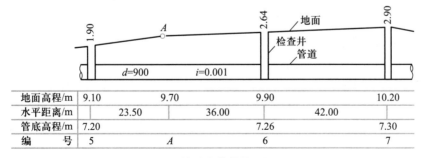

地面高程/m	9.10		9.70		9.90			10.20
水平距离/m		23.50		36.00			42.00	
管底高程/m	7.20				7.26			7.30
编　　号	5		*A*		6			7

图 6-11 某排水管道的纵剖面图

解： ① 求 A 处管底高程和埋深

A 处管底高程=检查井 5 处管底高程+管道坡度×检查井 5 到 A 处的水平距离

$$7.20\ m+0.001×23.50\ m=7.224\ m$$

A 处管底埋深=A 处地面高程-A 处管底高程

$$9.70\ m-7.224\ m=2.48\ m$$

② 确定对高尺的长度

从图 6-11 得知，检查井 6、7 处管底深分别为 2.64 m、2.90 m，而 A 处管底埋深已算得为 2.48 m。可见龙门架的水平板高程至少要比管底高程高 2.90 m，否则检查井 7 处的龙门架将无法设在地面上，故确定对高尺长度采用 3.40 m。

③ 计算龙门架的水平板中心钉顶端高程

A 处龙门架的水平板中心钉顶端高程=7.224 m+3.40 m=10.624 m

检查井 6 处龙门架的水平板中心钉顶端高程=7.26 m+3.40 m=10.66 m

检查井 7 处龙门架的水平板中心钉顶端高程=7.30 m+3.40 m=10.70 m

根据上述所求得各龙门架的水平板中心钉顶端高程，通过水准测量将龙门架的水平板钉好。在排管的高程校正时，只要做一把 3.4 m 长的对高尺（参见图 6-10），竖放在管内底线上，用肉眼视察对高尺的顶端，使它落在两中心钉的连线上，管子高程就正确了；否则，应垫高或降低管子。

当沟槽很深时，有时可将龙门板固定在沟槽内，这样可以减少对高尺的长度，以免对高尺过于笨重，不易操作。当地面起伏不平、管道坡度不变时，采用同一个对高尺长度可能使设在地面上的龙门架过高或过矮，不便于高程校正时的观察，这时应当根据地形分段采用不同长度的对高尺。总之，龙门架的高度与对高尺的长度有关，因此，在决定对高尺长度时应考虑设置龙门架的简便、可靠，同时便于管道铺设时的高程控制观察。

对于 $\phi2\ 000\ mm$ 以上的大型管道可采用经纬仪直接控制管道中心位置，用水准仪直接控制管道的标高。

六、管道接口处理

管道接口处理，就是用接口材料封填管节间的空隙，使管道渗漏处于允许范围之内，并能耐受振动和管道的不均匀沉降。

管道接口有柔性接口和刚性接口两种。刚性接口强度大，但不能承受形变和振动；柔性接口则不仅有一定的强度，还能承受一定的变形和振动。

开槽埋管的预制混凝土管节有承插式、企口式和"F"型钢套环承口式等。

混凝土承插式管节，在黏性土质中的雨水管道采用 1∶2 水泥砂浆刚性接口；污水管道以及黏性土质和砂性土质中的雨水管道采用柔性接口，设（遇水膨胀）橡胶密封圈。

采用刚性接口施工时，管节端部必须清洗干净，必要时要凿毛，涂抹砂浆必须达到外光内实，与管节黏结良好。

管道接口是管施工中的关键性工序，如果接口质量不好造成渗水，日久会使管道损坏、路面沉陷，排水管道的污水还会污染地下水。

七、闭水试验

检查管道接口的渗漏情况，通常采用闭水试验(图6-12)。进行闭水试验前，管道内应先灌水 24 h，使管壁充分浸透。若检查井中水面下降则应继续加水，待水位稳定 20 min 后，再进行正式试验。根据 30 分钟时间段的水位下降值，来计算管道的渗漏量。若管道的渗漏量超限，则应逐节检查管道接口，修补后重新进行闭水试验，使渗漏量不超限为止。这一过程又称为"磅水试验"。

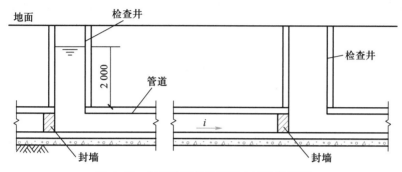

图 6-12　利用检查井进行闭水试验示意图

闭水试验所得出的管道渗漏量与闭水试验时的水压有关。水压与管道的渗漏量成正比，水压大时管道的渗漏量也大。现行《给水排水管道工程及验收规范》明确了重力流排水管道的闭水试验水头为 2 m，即检查井中水面要高于管顶 2 m。管道下游的管端和管道上游的管端在试验时都应封堵好。并规定，口径小于 φ800 mm 的排水管道，应用水筒(磅筒)进行闭水试验(图6-13)，以便于准确计算管道的渗漏量。

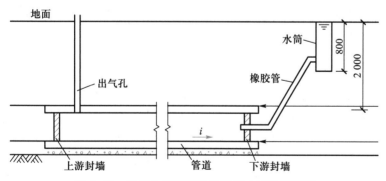

图 6-13　利用水筒(磅筒)进行闭水试验示意图

闭水试验按规范要求，需要具备水源，并在沟槽回填前进行。由于轻型塑料管材的大量应用和建成区的快速施工需求，管道闭水试验将被闭气试验和管道内渗法(地下水渗入管道内的程度)检验所替代。

八、沟槽回填

经闭水试验的检验，确认施工质量符合要求，通过工程验收后，沟槽应进行覆土回填。

覆土前必须清除沟槽内杂物，排除沟槽内积水，不得回填淤泥和腐殖土，最好是回填已去除了硬块后的原挖土。若路面需立即修复，则应在管道的两侧及管顶以上 50 cm 范围内，均匀回填粗砂，洒水振实拍平；在回填砂上面，用砾石沙和原挖土间隔回填，即土层厚 20 cm、砾石沙层厚 10 cm，分层平整，分层夯实。

若沟槽采用横列支撑时，则拆板和覆土应交替进行，每次拆板一般不超过三块，随即填土夯实。

若沟槽采用钢板桩支护时，应在填土完成的一段时间后拔桩。通常采用间隔拔桩，拔桩时应尽量减少桩身带土量。并立即回灌砂土，以填充桩身留下的空隙。为保证施工质量，有时还用注浆代替灌砂。

第三节　非开挖敷设管道

顶管施工演示Ⅰ

排水管道在穿越河流、铁路和重要建筑物或在城市交通干道上施工，可选用非开挖施工法敷设管道。

非开挖敷设管道施工的优点有：不需要拆除地面建筑物、不影响地面交通、减少土方的开挖量、管道不必设置基础和管座、施工不受季节影响，也有利于文明施工。

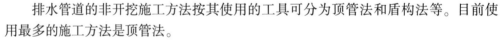

排水管道的非开挖施工方法按其使用的工具可分为顶管法和盾构法等。目前使用最多的施工方法是顶管法。

下面就顶管的施工，介绍顶管机头的工作原理、顶管的工作坑和接收井设置、管道推进和接口处理。

一、顶管机头的工作原理

定向钻铺管施工演示

顶管（又称掘进顶管）的主要工作原理为：由设置在工作坑的千斤顶把推力传递给机头后将顶管机头向前推进。管道是在工作坑里逐节安装成形，机头向前推进时，管道不断向前移动。顶管机头也叫"导头"（又称工作管），主要作用是挖掘管节前的土壤，掘进时把管道导入设计位置，起到定向纠偏的作用。它应具有校正挖土方向、挖土、防止管节前土壤坍塌等功能。工作坑一般设置在管道的检查井位置，顶管所用的管节和其他物料都从工作坑进出。管道的接口在顶进操作中完成，其水密性较好。因此，当管道处于地下水位较高（高于管顶以上）的地区时，管道贯通后可采取内渗法（地下水渗入管道内的程度）检验，而无须作闭水试验。

盾构施工演示

人工挖土顶管法又称土法顶管。掘进顶管的工作原理见图6-14。

采用掘进顶管来敷设排水管道，要求管道埋深应大于 3 m。大口径管道要满足覆土厚度大于管径的 1.5 倍。这样可减少掘进顶管向前推进时，顶管机头对正面土

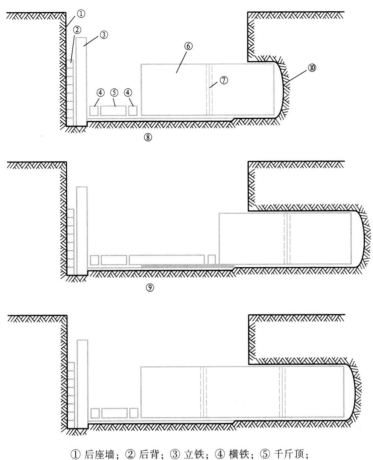

① 后座墙；② 后背；③ 立铁；④ 横铁；⑤ 千斤顶；
⑥ 管子；⑦ 管子接口；⑧ 基础；⑨ 导轨；⑩ 掘进工作面
图 6-14　掘进顶管的工作原理

体所产生的变形量，避免对地面上的建筑物和公用管线的影响；且一定的覆土深度
也可减少顶管机头向上偏移的趋势。

　　为了便于管内作业和安装施工机械，人工挖土的顶管，管道的管径不应小
于 1 000 mm。

　　按顶管机头的正面临土形式可分为：敞开式、网格式和闭胸式。按顶管机头
的松土运送方式可分为：机械法（带式输送机、螺旋输送机）和水力法（水力泥浆
管）。顶管机头的挖土方法有：人工挖土、机械切土、水力冲土三种。在机械切
土法中又有：网格挤压、斗铲挖掘、刀盘切削三种。机械挖土的刀盘又分为大刀
盘和小刀盘。

　　随着施工技术的发展，现有多种机头可供在不同的土质情况下选用，参见
表 6-3。

　　顶管机头按其正面临土形式、松土运送方式和挖土方法的不同，所形成的构造

是多种多样的。但基本构造由挖掘机械、松土运送机械、机头外壳和纠偏装置四部分组成。图 6-15 为挤压式机头的基本构造。

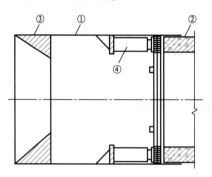

① 机头；② 待顶管节；③ 切口刀刃；④ 纠偏千斤顶

图 6-15　挤压式机头的基本构造

挤压式机头的挖土作业由切口刀刃来承担，为提高挖土的工效和稳定机头正面土体可在切口刀刃部位加设网格式刀刃（由横向、竖向刀条交叉组成）。在机头前进时，刀刃切入土中，泥土被切割成小块而落入运土设备。挤压式机头和水冲抽吸法的机头均适用于低于地下水位的软塑或流塑型土壤。

水力冲土法的机头被分隔成前、后两舱。前舱密闭，可以承压，防止松土过快流失，造成塌陷。密闭舱一般压入空气，起到稳定机头正面土体的作用（气压平衡）。

为防止松土过快流失而造成机头切口面的土体塌陷，可采用封闭机头的切口，在封闭钢板上开设多个直径较小的刀盘（图 6-16），用控制出土量来形成土压的平衡；或不封闭机头的切口，而在密闭舱内灌入泥浆，形成泥土平衡，从而达到稳定土体的作用。

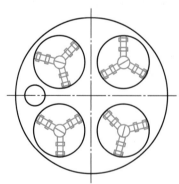

图 6-16　多刀盘土压平衡顶管机头示意图

在实际的顶管施工中，机头的选择还受到施工单位现有设备和经济条件的制约。

表 6-3　顶管施工机头一览表

编号	机关类型	适用 D/mm 和 H/m	挖土方式	运土方式	地层稳定措施	适用地理条件	土壤变形量	说明
1	手掘式	D:1 000~1 600 mm H:≥3 m,≥1.5 D	手工	小车	遇沙性土用降水法流干地下水; 管道外周压浆,形成泥浆套	黏性或性沙土;在极软弱的流塑型黏土中慎用	正常施工条件下, 10~20 cm	1.本表为上海市顶管施工经验资料; 2.当采用简易的手掘式或网格形工具管时,如需要将地面沉降控制到小于 5 cm 时,可采用精心施工的气压法和压浆法;
2	挤压式	D:1 000~1 600 mm H:≥3 m,≥1.5 D	挤压	小车	适当调整推进速度和运土量; 管道外周压浆,形成泥浆套	软塑、流塑型黏性土,软塑、流塑型的黏性土夹薄层粉沙	正常施工条件下, 10~20 cm	
3	网格式	D:1 000~2 400 mm H:≥3 m,≥1.5 D	挤压	小车	适当调整开孔面积,调整推进速度和运土量; 管道外周压浆,形成泥浆套	软塑、流塑型黏性土,软塑、流塑型的黏性土夹薄层粉沙	精心施工条件下, 可小于 15 cm	
4	局部气压水力开挖式	D:1 800~2 400 mm H:≥3 m,≥1.5 D	水冲	管道	气压平衡正面土压; 管道外周压浆,形成泥浆套	地下水位以下的黏性土、沙性土,但沙性土的渗透系数 ≤10⁻⁴ cm/s	精心施工条件下, 可小于 10 cm	
5	闭胸螺旋出土土压平衡式	D:1 800~2 400 mm H:≥3 m,≥1.5 D	切削	小车	胸板前密封舱内土压平衡正面土压; 管道外周压浆,形成泥浆套	软塑、流塑型黏性土,软塑、流塑型的黏性土夹沙;在黏质粉土中慎用	精心施工条件下, 可小于 10 cm	

续表

编号	机关类型	适用 D/mm 和 H/m	挖土方式	运土方式	地层稳定措施	适用地理条件	土壤变形量	说明
6	刀盘削土土压平衡式	D:1 800~2 400 mm H:≥3 m, ≥1.3 D	切削	小车	胸板前密封舱内土压平衡正面土压,以土压平衡装置自动控制;管道外周压浆,形成泥浆套	软塑、流塑型黏性土,软塑、流塑型的黏性土夹薄层粉沙;在黏质粉土中慎用	精心施工条件下,可小于 5 cm	3. 表中土壤变形值系指 D=2 400 mm,埋深 1.5 D,其他 D,H 值时,乘以系数: $\left(\dfrac{D}{2.4}\right)^{1.6} \times \left[\dfrac{4.8}{H+\dfrac{D}{2}}\right]^{0.8}$; D,H 的单位均为 m; 4. 适用 D 和 H 栏中的 D 为管节内径,H 为覆土厚度
7	加泥式机械土压平衡式	D:1 800~2 400 mm H:≥3 m, ≥1.3 D	水冲	管道	胸板前密封舱内混有黏土浆的塑性土土压平衡正面土压,以土压平衡装置控制;管道外周压浆,形成泥浆套	地下水位以下的黏性土、沙质黏土、粉沙;地下水压力 ≥200 kPa,渗透系数 ≥10⁻³ cm/s 时慎用	精心施工条件下,可小于 5 cm	
8	泥水平衡式	D:1 800~2 400 mm H:≥3 m, ≥1.3 D	水冲	管道	胸壁前密封舱内护壁泥浆平衡正面土压,以泥水平衡装置,D ≤ 1 800 mm 时可用遥控装置;管道外周压浆,形成泥浆套	地下水位以下的黏性土、沙性土;渗透系数>10⁻¹ cm/s,地下水流速较大时严防护壁泥浆被冲走	精心施工条件下,可小于 3 cm	

二、顶管的工作坑和接收井设置

工作坑平面一般呈矩形，沿管道方向较长；由于受管道覆土厚度的限制，其深度一般都比较深，所以坑壁支撑一般采用钢板桩；若竣工后坑位无须覆土时，可采用钢筋混凝土沉箱(沉井)，井壁应预留好顶管出洞的管孔，其位置应正确、大小应合适，竣工后沉井可改建成检查井。坑的前壁在管道出洞时易发生水土流失而使地层沉降过大，应采取改良、加固措施。坑的后壁为千斤顶后座，承受全部推力的反作用，应按土力学核算后的要求进行加固。

在顶管掘进的过程中，为减少掘进阻力，可用膨润土制作的泥浆压在管道外壁的周围，形成泥浆套。泥浆套不但能润滑管道，还能填充管道外壁与土体之间的间隙，有助于管道周围的土壤稳定。在顶管掘进结束后，泥浆套里的泥浆应被置换处理。

图 6-17 为工作坑的构造及顶管设施布置。千斤顶紧靠后座墙。基板上设有导轨，承托了管节沿正确方向推进。管节与千斤顶之间设有环顶铁、顺顶铁和横顶铁，使推力均匀分布于管壁；顺顶铁起到了调节距离的作用。前壁撑板用撑杠支撑。

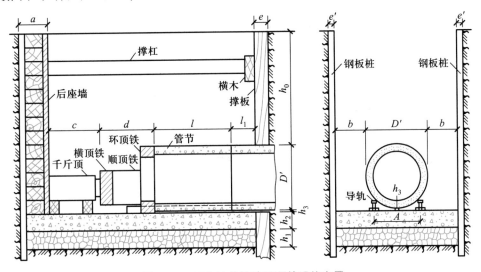

图 6-17　工作坑的构造及顶管设施布置

接收井平面一般也呈矩形，沿管道方向较长，其长度应满足顶管机头可被取出条件。在管道转折处设置的接收井，其平面也可布置为圆形，内径应满足顶管机头可被取出条件。接收井的深度比较深，一般采用钢板桩支撑井壁。与工作坑一样，若竣工后井位无须覆土时，可采用钢筋混凝土沉箱(沉井)，井壁应预留好顶管进洞的管孔，其位置应正确、大小应留有余地(应考虑到贯通测量和顶管纠偏的允许误差)，竣工后沉井可改建成检查井。预留管孔处的外侧土体需进行加固处理，以防止机头进洞时，周围的土体涌进接收井。

三、管道推进和接口处理

（一）挖土

顶管机头前的土方挖掘方法有人工挖土、水力冲土和机械切土等几种。

人工挖土的顶管，一般用小车运土。前端挖掉一段后，方可顶进。这一方法要求土质好，管道的管径不应小于 1 000 mm。

水力冲土的顶管，机头常设有切土网格，网格切入土体后，再用高压水枪冲散挤入网格的泥土，冲落的泥浆由吸泥设备，直接压送至地面的储泥池里。经沉淀后泥水分离，泥被运出，而水通过水泵再回到顶管机头。图 6-18 为水力冲土顶管的泥水循环过程。

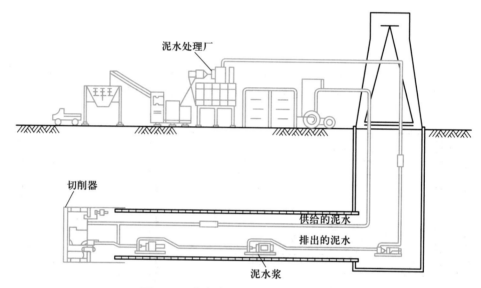

图 6-18　水力冲土顶管的泥水循环过程

挤压切土的顶管，是利用土壤的塑性，凭借机头挤压口将机头顶入土中，一段土体被挤进顶管机头，然后用钢丝绳沿挤压口内缘切断土体，使土体翻落到出土机械或运土车上，再由出土机械或运土车将土运至工作坑。

（二）顶管掘进的方向与高程控制

在顶管掘进的过程中，需要经常检测掘进的管道位置是否符合设计要求。通常在机头内放置一个带有中线和高程标记的丁字尺，而在工作坑内安置一架水准仪，每次掘进前都要进行观测，如图 6-19 所示。在地面上先拉出龙门架中心钉连线，然后将线上 a_1、b_1 两点用垂球引到工作坑 a_2、b_2 两点。观测时，将水准仪准确地放在 a_2 点上瞄准通过 b_1 到 b_2 的垂球线观察丁字尺的中线是否与水准仪里的十字线的垂直线重叠；同时读出丁字尺高程标记的数字，计算出管道内底的高程。

为了便于随时观测，又不妨碍工作坑里其他工作的进行，水准仪可用专用的架子固定在工作坑的支撑上，而不用三脚架。

确定第一节管子的方向与高程，对于整段顶管掘进有着决定性意义，因为以后

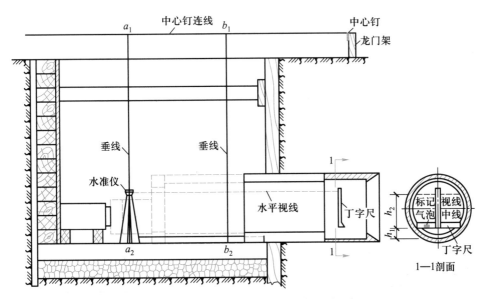

图 6-19　顶管掘进方向与高程控制的观测示意图

的管子都将沿着第一节管子入土后的土孔方向前进。所以，对于最初的顶管掘进方向与高程控制的观测，要给予足够的重视，应通过加强观测和及时纠偏来提高其精度。确定第一节管子的方向与高程，主要是通过精确设置顶管的导轨来实现的。

顶管掘进方向与高程的偏差主要产生于操作不当或土质不均匀。例如，千斤顶着力点位置安放不够精确、千斤顶的动作不够一致、未掌握正确的挖土要领和出土的速度等。如果发现方向与高程的偏差，可通过设置在机头内的纠偏千斤顶来进行纠正。纠偏操作要准确控制幅度，避免出现忽左忽右、忽上忽下的大幅度纠偏操作。

近几年来，敷设排水管道施工有的已经采用曲线顶管工艺来避让所遇到的障碍，曲线顶管的掘进方向与高程控制的方法比较复杂，需要用管道贯通测量的手段来控制。这里所介绍的顶管掘进方向与高程控制的方法仅适应于直线段管道的顶管掘进。

（三）接口处理

顶管所用的钢筋混凝土管节的管口接口形式一般有"F"型钢套环接口、钢筋混凝土企口型接口，其接口的处理分两阶段进行：在一节管子顶进以后，另一节管子下到工作坑里时，先将已顶进管节的雄口上套上止水橡胶圈（根据不同接口形式，止水橡胶圈分为"O""q""Y"或楔型），再将另一管节的雌口端面安装好实木接口衬垫，如图 6-20 所示进行连接。

在雄口上套止水橡胶圈时，应将管端清理干净后拉套。进行管道连接时，应将两节管子的管口对齐，并在止水橡胶圈上涂抹硅油以利于润滑对接。木质接口衬垫一般由若干块实木弧形板连接成圆环，安装就是将圆环用胶水黏结在管端面处，如图 6-21 所示。

管节全部顶进后，在管道内用聚硫密封膏嵌补实木接口衬垫内侧管道接口的空缺，并与管内壁抹平，此时管道接口处理就算完成了。

止水橡胶圈的作用是为了提高管道防渗漏效果。实木接口衬垫的作用是为了减少管子在顶进过程中管端面受轴向挤压造成的损坏。

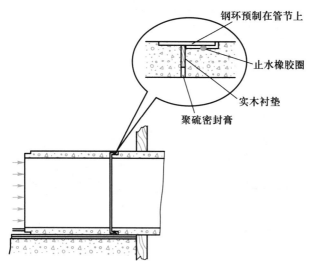

图 6-20 顶管的管口连接方式

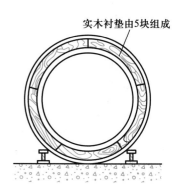

图 6-21 实木接口衬垫的安装

第四节 井点降水

轻型井点降
水演示

在地下水位接近于地面的城镇，需要通过降低地下水位的办法，来进行排水管道的敷设施工。人工降低地下水位的办法有很多，主要有：轻型井点、喷射井点、电渗井点、管井井点和深井井点等。在敷设排水管道施工中常用的方法为轻型井点和喷射井点两种。

在敷设排水管道时，当遇到地下水位较高，水量又比较大，土质较差(如粉性和沙性土,特别容易出现流沙)时，就需要用井点降水技术来排水。一组井点降水设备一般由若干根井点管、集水总管和一台抽水设备(真空泵)组成。轻型井点管实际上就是一些口径为 50 mm 左右，总长约 8 m 的无缝钢管，每根钢管上面都连接了长1.0~1.2 m 的过滤管。

一、真空泵抽水系统

机械真空泵抽水系统如图 6-22 所示，通过一台机械真空泵运转，使连接集水总管的集水箱内产生真空，将水通过过滤管→井管→集水总管吸入集水箱。由于集水箱内一直处于低压状态，又使得低压状态通过集水箱→集水总管→井管→过滤管→井管周围的土体，使得周围土体含水层中的水不断地流向过滤管。经过一段时间后，井点周围一定范围内的地下水水面就会形成漏斗状的弯曲水面，降水漏斗范围内的地下水位就得到下降。

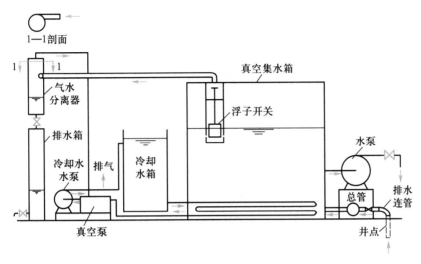

图 6-22　机械真空泵抽水系统

二、水射泵抽水系统

水射泵是 20 世纪 70 年代后发展起来的井点设备，其工作原理如图 6-23 所示。它是通过离心泵的运转，使水流产生喷射。当水流通过喷嘴时，由于喷嘴的过水截面一下变小，使得过水流速突然增大在周围产生真空，而这里的真空状态通过喷嘴→集水总管→井管→过滤管→井管周围的土体，使得周围土体含水层中的水不断地流向过滤管。经过一段时间后，井点周围一定范围内的地下水水面就会形成漏斗状的弯曲水面，降水漏斗范围内的地下水位就得到下降。

由于水箱内仍为一个大气压的自然状态，故其耗电量较小，降水深度大于机械真空泵，降水漏斗线比真空泵要陡些，对环境的影响范围也相应小些。

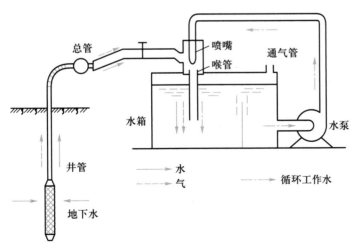

图 6-23　水射泵的工作原理

三、井点的布置形式及要求

在敷设排水管道的施工中，井点降水常用于开槽埋管。井点的布置一般都沿着沟槽排列成行，用总管连接，总管又连通井点的抽水设备(真空系统)。

轻型井点布置分为单排线状、双排线状和环状三种，如图 6-24、图 6-25 和图 6-26 所示。

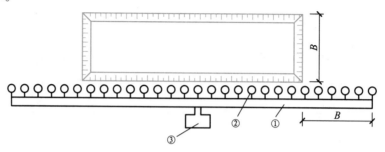

① 总管；② 井点管；③ 抽水设备

图 6-24　单排线状井点平面布置示意图

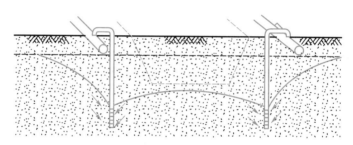

图 6-25　双排线状井点剖面布置图

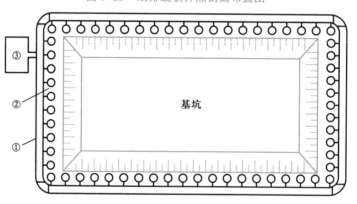

① 总管；② 井点管；③ 抽水设备

图 6-26　环状井点平面布置图

井点管距离槽壁一般应大于 1 m，相邻井点管的间距一般选用 0.8 m、1.2 m、1.6 m三种。一台干式真空泵可接总管长度为 60~80 m、井点管约 50 根；一台射流泵可接总管长度为 30~40 m、井点管约 30 根。

根据降低地下水位的需要，井点管埋设深度要满足下式要求：

$$h \geqslant h_1 + h_2 + IL + 0.2$$

式中：h_1——井点管地面至槽底的距离，m；

　　　h_2——降低后的地下水位至槽底的最小距离，一般应≥50 cm；

　　　L——井点管至需要降低地下水位的水平距离（环状或双排井点时为井点管至沟槽中心底的距离，单排井点时为井点管至沟槽对侧底的距离），m；

　　　I——地下水降落坡度（环状井点为1/10,线状井点为 1/3～1/4）；

　　　h——井点管埋设深度，h 小于 6 m 时可用单层井点，单层井点达不到降水深度要求时，可用双层井点，如图 6-27 所示。

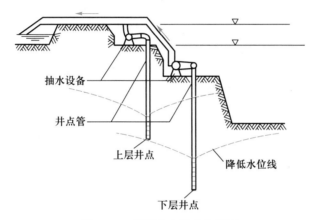

图 6-27　双层井点降水布置图

水射泵所形成的真空度要比真空泵高。真空泵系统的降水水位深度一般不超过 6 m，而水射泵可达到 8 m。各种井点的适用范围见表 6-4。

表 6-4　各种井点的适用范围

井点类型	渗透系数/$(m \cdot d^{-1})$	降水水位深度/m	井点类型	渗透系数/$(m \cdot d^{-1})$	降水水位深度/m
单层轻型井点	0.1～50	3～6	电渗井点	<0.1	根据选用的井点确定
多层轻型井点	0.1～50	6～12	管井井点	20～200	根据选用的水泵确定
喷射井点	0.1～20	8～20	深井井点	10～250	>15

四、井点的施工

井点的施工程序为：① 开挖井点沟槽与敷设集水总管；② 水压冲孔、埋设井点管、填灌黄沙滤料与黏土封孔，将井点管同集水总管连接；③ 安装机械真空泵或水射泵，并与集水总管连接。

井点降水对环境的影响比较大，应引起施工人员的重视。井点降水系统开始抽水以后，井点内的水位会逐步下降，周围土体含水层中的水会不断地流向过滤管，经过一段时间后，井点周围形成漏斗状的弯曲水面，降水漏斗范围内的地下水位下降以后，会造成地面沉降。同时，还有可能把土层中的黏粒、粉粒甚至细砂带出地面，从而使周围的地面产生不均匀沉降。过量的水土流失和地面沉降，会造成地面构筑物和地下管线不同程度的沉降和位移，甚至损坏。为此，在使用井点降水时，要注意把其对环境的负面影响降到最低限度。

为了将井点降水对环境的负面影响降到最低限度，在使用井点降水前必须对周围环境作较详细的调查，调查工作包括对工程地质及水文地质情况的调查，了解附近是否有地下贮水体、是否有古河道、是否有古水池；了解附近地下管线分布和地面及地下构筑物情况等。在井点进行抽水时，要注意井点的过滤管和井孔的填灌滤料的过滤效果，以防止抽水过程中带走泥土中的细颗粒。井点要连续运转，尽量避免间歇和反复。必要时，在降水影响范围的保护区边缘，设置回灌水系统。使保护区下的土层地下水得以补充，以此来控制保护区的地面沉降。还可在开挖边线外设置隔水帷幕，以减少对环境的负面影响。例如，在钢板桩或地下连续墙支护的沟槽内设置井点降水系统，或设置相互搭接的深层搅拌桩隔水墙，设置设有注浆管的企口矩形钢板桩隔水墙等。

第五节 排水管渠工程的施工准备和验收

排水管道工程同其他土建工程施工一样，有施工准备、工程施工和竣工验收三个阶段。

排水管道的工程施工可分两部分，管道的敷设和检查井的砌筑。这部分内容已在前面作了介绍。

本节将重点介绍施工准备和竣工验收的工作内容。

一、施工准备工作

施工准备工作非常重要，稍有不慎，将会影响施工的进展和工程的安全。施工准备工作包括：工程的技术交底，现场的施工条件核查，施工方法的比选，编制施工组织设计书，施工人员、材料、机具设备进场的准备，编制有关管线、交通配合和临时排水的方案及计划并征得权属单位的许可。其工作涉及面广，各方面的制约较多，需要熟悉各方面的业务知识，并要具备较强的公关能力才能将此项工作做好。

（一）工程的技术交底

工程的建设单位在工程正式开工前，要组织有设计单位、施工单位参加的技术交底会。设计单位在会上要对所设计的图纸进行技术交底，介绍工程项目的设计意图、设计内容和相应的施工技术要求；提出在施工过程中可能对周围环境产生负面影响的问题，介绍应对事故的防范措施。施工单位要详细研究施工图纸和有关设计文件，不清楚的地方应及时向建设单位和设计单位提出，以求得全面了解工程；落实项目建设施工期间双方人员的联系方式。

（二）现场的施工条件核查

调查现场地质状况，认真分析已掌握的工程现场水文地质资料，包括土壤的类别和性质、土壤的分层厚度和高程，地下水的水位高程、地下含水层的厚度、含水层土壤渗透系数及含水层与附近水体的联系等有关资料，特别要注意有无流沙。必要时，对施工地段的地质情况作进一步的勘探。

核查现场地下管线的分布情况。对施工地段现有的自来水管、排水管道、燃气管、通讯电缆、电力电缆等的具体位置、大小和各种架空线的杆位、高度等进行核查。核查可分两方面进行，一方面通过有关产权单位了解实情，另一方面可到施工现场对图核实。按设计确定的迁移或保护方案，结合现场的实际情况，进行方案优化，落实具体的实施计划，以避免管线事故的发生。

还要对施工地段的各种地下建筑物或构筑物进行核实，对有碍施工的建（构）筑物，要事先联系权属单位予以处理。同时，对施工地段的房屋建筑、树木绿化等情况也要给予注意，必要时也应采取相应的措施，为工程的施工做好准备。

对施工现场的交通安排，需要事先征询交通主管部门的意见。

此外，对施工地段可利用的水源、电源、道路、堆场、临时设施搭建场地及施工通道等也要调查清楚。以便于在项目施工中合理的利用。这些信息都应在施工组织设计书中给予说明。

（三）编制施工组织设计书

根据工程项目文件、工程的技术交底和现场的施工条件核查情况，编制施工组织设计书，其主要内容有：

1. 施工说明

说明工程性质、范围、地点、工期，施工方法和进度，施工材料和机具设备，确保工程质量和安全施工的技术措施，劳动力安排，施工用地安排，雨季、冬季、汛期的施工措施，以及缩短工期、降低成本、文明施工等措施。

2. 施工设计图

根据管道的技术设计图纸和需要，设计和绘制施工图纸，包括施工总平面图，施工分段图和施工工艺图。在施工总平面图上，应标明工程分段、施工程序及流水作业运行方向；施工机械、材料、成品、土方堆放及临时设施、便道等分布情况；以及生活区设施、施工用水用地布置等。在施工分段图上，应标明沟坑、起重机械、便道、交通隔离、施工排水、支护及支撑、地基加固等布置。在施工工艺图上，应包括各种必要的说明和施工细节的图纸，如现场交通及运输路线的安排，根据施工作业需要的井点布置形式和周转程序，施工沉降影响的范围，地面构筑物和地下管线的拆迁范围或加固措施，绿化迁移范围等。

3. 施工计划表

包括工程总进度计划表，材料、成品供应计划表，机具设备供应计划表，劳动力安排计划表，各种建筑物、障碍物、公用事业管线拆迁数量和要求配合的时间表。

4. 工程预算

包括预算编制说明、分类工程量计算清单、工程预算及费率计算等。

此外，对一些需重点控制的部位或较特殊的施工方法，还应编制相应的专题施工方案。

二、竣工验收工作

排水管渠施工，要力求做到完成一段、清一段。要及时清理所余土方和材料等，机具设备要及时归库；施工用水、用电设施要及时拆除；对现有的管道，因施工需要而封堵的，须安全拆除，要做到排水畅通。

工程完工后要进行竣工验收。竣工验收可分初验和终验。

初验由施工单位组织，应邀请有关工程的建设单位、设计单位、监理单位、质量管理部门和工程接管单位参加。在初验时，对整个工程应逐项进行检查，明确整改意见。施工单位要根据初验时提出的整改意见，逐项进行整改。在整改完成并取得工程监理确认的整改消项后，即可进行终验。终验由工程的建设单位组织，参加单位与初验时相同，终验通过后，施工单位、监理单位、设计单位应对工程出具工程质量合格证明，建设单位应出具质量竣工验收报告。

在进行竣工验收时，必须对工程的竣工资料进行验收。竣工资料应包括：竣工资料的编制说明及总目录，并进行分册整理；一般排水管渠施工的竣工资料按前期阶段文件、施工阶段文件和竣工阶段文件三部分来整理成册。

前期阶段文件部分包括：工程项目的有关请示、批复、批准文件，立项报告、工程可行性研究和初步设计报告及批复，工程概况、招投标文件、施工合同、施工协议、建设工程规划许可证，工程地质勘察报告；设计文件部分包括：地下管线监护交底卡，设计计算书和代保管证明等。

施工阶段文件部分包括：工程开工及施工单位申请竣工报告，施工组织设计或施工大纲及审批表，工程预算及开办费清单，交领桩记录，工程控制点(含永久水准点、坐标、位置)及施工基准线放样，复核记录，工程质量检查文件(含工程外观、各工序、隐蔽工程自检报告及闭水试验)，施工记录；施工材料质量保证文件包括：材料明细表及所用材料、构件合格证、试验报告；设计变更依据性文件包括：工程技术交底，会议纪要、配合会议纪要，设计变更通知单，施工业务联系单，监理业务联系单，工程质量整改通知单，代用材料审批单；监理工作文件部分包括：监理合同，监理实施细则，监理大纲及监理评估报告，质量处理意见等。

竣工阶段文件部分包括：工程竣工报告，各专业竣工验收鉴定证书，工程质量保修书，测绘部门的管线跟踪测量成果报告(含电子文档)，工程决算，监理小结，施工小结，全套竣工图。

竣工验收对竣工技术资料有严格的要求，在工程施工过程中必须注意积累，并随时将有关资料整理成册，以满足工程竣工验收的需要。

思考题和习题<<<
1. 排水管渠施工要注意些什么？
2. 简述排水管渠的埋设方法、种类和适用场合。
3. 开槽施工、顶管施工有哪些工序？
4. 试述排水管渠工程施工的三个阶段及其主要内容。

第七章

排水管渠系统的管理和养护

排水管渠系统的管理、养护和维修的目的是保持排水管渠的设计排水能力，延长排水设施的使用寿命，为此应设专责单位以确保整个系统始终处于良好的运行状态。

第一节　排水管渠系统的管理

排水管渠系统(包括关键节点的流量的监控)管理，在不同的城市有不同的管理模式。有的城市实行统一管理，即将排水管渠、排水泵站和污水处理厂，统一交给一个机构进行管理；有的城市实行分散管理，即由一个机构负责排水管渠的管理，由另一个机构负责排水泵站和污水处理厂的管理；还有的城市实行分级管理，即连接支管由所在地区的机构管理，而排水总管则由一个机构来统一管理。采用何种管理模式，主要取决于工程规模和如何达到管理的效率最高、管理的力度最大，能确保排水管渠系统发挥最好的效益。

目前，国外许多城市对排水管渠系统(包括关键节点的流量的监控)管理已实现计算机化：有的城市已建立城市排水管理信息系统，将排水管渠系统的用户资料、现有排水设施的图纸档案、排水管渠系统运行数据、养护维修的记录都储存在计算机内，随时可以调用；有的城市对排水管渠系统状况的评估，采用管渠内部摄像设备作闭合环形电视检查，将检查获得的数据储存在计算机数据库内，作为管渠养护维修的依据；还有的城市对整个城市的排水管渠系统实行统一的自动控制，由控制中心通过计算机进行管理调度，从而大大提高了城市排水管渠系统的管理水平和管理效率。我国有的城市已经在着手建立城市排水的地理信息系统和城市排水数据库，以逐步实现管理计算机化。

第二节　排水管渠系统的维护

管渠在使用过程中，随着使用年数的增加，各种管渠病害也会随之出现。管渠病害(也称缺陷)可分为两类：影响管渠排水能力的(如堵塞、淤积等)称为功能性病害；影响设施强度、导致管渠破损的(如裂缝、腐蚀、渗漏等)称为结构性病害。

排水管渠系统维护的目的是使排水管渠系统始终保护良好和安全的运行状态，发挥排水管渠的功能。

排水管渠系统的维护，包括对管道的定期检查和定期进行污泥清除和管道疏通等。图7-1为管道维护前后的状况变化图。

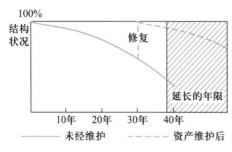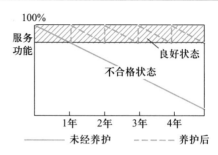

图 7-1 管道维护前后的状况变化图

一、排水管渠的维护

(一) 排水管渠疏通

管渠疏通方法

《城镇排水管渠与泵站运行、维护及安全技术规程》要求：各种管道的积泥深度不能超过管径(或高度)的 1/5。一旦接近或超过这个要求就应及时进行疏通。采用合理的养护周期 (二次养护间隔时间)可以做到在任何时候管渠积泥都不超过允许积泥深度。养护周期与管渠积泥的速度有关：地面污染严重、管渠坡度小、流速慢的管渠养护周期短；地面清洁，坡度流速大的管渠养护周期长。管渠流速是影响养护周期的重要因素，有些流速慢的小管渠一年要疏通多次，有些靠近泵站的大管渠运行几十年都不需要疏通。

管渠常用的疏通方法主要有推杆疏通、转杆疏通、射水疏通、绞车疏通和水力疏通等几种。

1. 推杆疏通

推杆疏通是指用人力将竹片、钢条等工具推入管内清除堵塞的方法，主要用于疏通被堵塞的小型管道。按所用工具不同，推杆疏通又可分为竹片疏通和钢条疏通等几种。在竹片疏通前，需将长 5~6 m 的竹片用铁丝绑扎连接成长条。我国多采用竹片，国外则多采用钢条，使用钢条比竹片更方便，效果也更好。

竹片疏通适用于疏通直径 300 mm 左右的小型管道。这种方法是把 3 cm 左右宽的富有弹性的竹片，用铁丝绑扎连接成长条，然后从检查井口将竹片插入到管道内，再将竹片从另一端检查井口取出。这样，管道内的沉积污泥随竹片进入检查井，再从检查井掏出污泥，达到疏通管道的目的。目前，已有用软轴通沟机代替竹片疏通的实例。

2. 转杆疏通

转杆疏通是指采用旋转疏通杆清除管道堵塞的方法，又称为弹簧疏通或软轴疏通，在室内排水管或室外小型排水管中应用较多。软轴通沟机是用内燃机或电动机带动的软轴，以旋转方式进入管道。软轴前端装有钻头或螺旋状割刀，能有力地铲除沉积于管内的污泥。软轴通沟机见图 7-2。

3. 射水疏通

射水疏通是指采用高压射水清通管道的方法(图 7-3)。用于排水管道疏通的射水装置称为射水车，其主要装备有储水罐、水泵和射水管。射水管长度一般都在 100 m 以上，射水压力一般能达到 10~15 MPa。一般射水疏通的同时也会伴随吸泥工作。

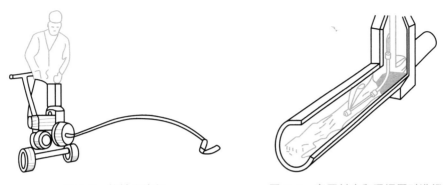

图 7-2　软轴通沟机　　　　　　图 7-3　高压射水和吸泥同时进行

4. 绞车疏通

绞车疏通是指采用绞车牵引通沟牛来铲除管道积泥的一种疏通方法，主要用于直径 1 m 以下的中小型管道。最常用的通沟牛是一个中间装有挡板的铁桶，其直径比管道直径小一级。此外，还有橡皮牛、链条牛、钢丝刷牛等（图 7-4）。绞车一次疏通的长度不宜超过 50 m。两台绞车通常同时安放在上下游两座检查井口，一台收钢索，另一台放钢索，在管内往返拖动，借此将污泥集中到两端检查井内（图 7-5），然后用铁勺、抓斗或真空吸泥等方法取出。

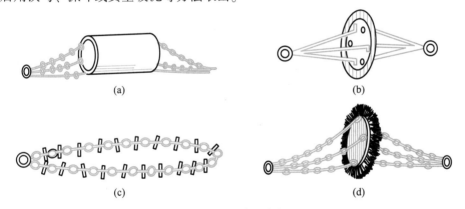

(a)　　　　　　　　　　　　　(b)

(c)　　　　　　　　　　　　　(d)

图 7-4　几种通沟牛

(a) 铁牛；(b) 橡皮牛；(c) 链条牛；(d) 钢丝刷牛

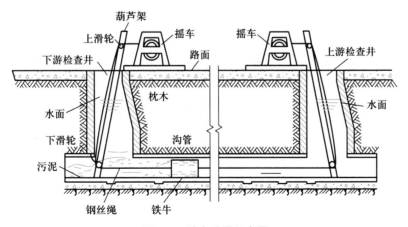

图 7-5　绞车疏通示意图

5. 水力疏通

水力疏通是指采用提高管道上下游水位差、加大流速来疏通管道的方法。

制造管道上下游水位差可以采用安装闸门蓄水、施放水力疏通浮球、安置橡皮管塞、调整泵站抽水方式等方法。

在装有蓄水闸门(图7-6)的管段，可以采用蓄水后突然开启闸门的方法获得大流速。在国外，有些自动闸门在达到设定水位后会自动开启。

施放水力疏通浮球的原理则是，浮球减少了管道过水断面，迫使水流从浮球下面的狭缝中流出，根据水力学中在相同流量下，断面缩小、流速加大的原理，狭缝中的大流速可以冲走管道沉积物(图7-7)。

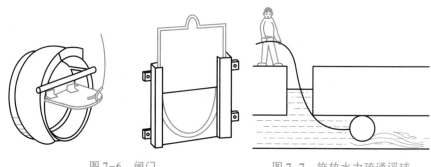

图 7-6   闸门   图 7-7   施放水力疏通浮球

(二) 管渠清掏

管渠清掏方法

将污泥等沉积物从检查井或雨水口中取出的作业称为清掏。铁铲、铁勺和手推车是我国最常用的清掏工具，现已逐渐被手动污泥夹和小型污泥装载车(图7-8)所替代，欧美及日本等国家则大多采用真空吸泥车或冲吸两用车(图7-9)。虽然吸泥车的工作效率很高，但是在上海等管道水位很高的城市其使用效果并不好，所吸污泥的含水率常常高达95%以上，虽然有些冲吸两用车具有泥水分离和水循环利用功能，但这都会大大提高设备的购置及运行费用。

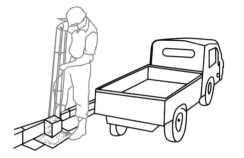 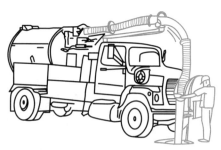

图 7-8   手动污泥夹和小型污泥装载车   图 7-9   冲吸两用车

目前，我国开始采用液压抓泥车(图7-10)。液压抓泥车污泥含水率较低，其缺点是井底少量污泥残渣难以清掏干净，工作效率也没有吸泥车高。

还有一种特殊的清掏方式是在雨水口中设置网篮。德国有大量雨水口都安放了这种用镀锌铁板做的垃圾拦截网篮，雨水通过孔眼流出，垃圾杂物则被拦截(图7-

11)，清掏工人只需将网篮提出倒入卡车即可。上海排水管理部门也曾采用聚丙烯材料做过垃圾拦截网篮的试验。

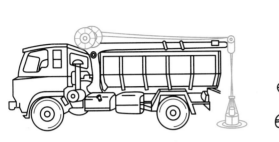

图 7-10　液压抓泥车　　　　　　图 7-11　雨水口网篮

（三）通沟污泥的运输与处置

1. 污泥运输

排水管渠清掏作业产生的污泥又称通沟污泥。其含水率各地差异很大，上海管道的水位高，雨水口设有沉泥槽，因而污泥含水率经常高达 85%～90%；而北京等城市则相反，污泥含水率较低。

在大城市，污泥运输大致可分为由作业点运至中转站的市区短途运输，以及由中转站运至郊区填埋场的长途运输两个阶段。短途运输一般采用污泥罐车或拖斗等专用设备；长途运输则采用吨位较大的自卸卡车。含水量过高的污泥，在运输前宜进行脱水减量处理。计算显示，如果污泥含水率从 90% 降至 80%，其体积就会减少 50%；如含水率从 90% 降至 70%，其体积就会减少 66.6%。

欧美国家通沟污泥大多送污水处理厂处理；日本横滨则建有通沟污泥的集中处理站，其采用筛分、磁选、絮凝、沉淀及脱水等方法最终将处理后的污泥分成可用作筑路材料的沙砾、可用于绿化的污泥和可以填埋或焚烧的垃圾，污水则被送处理厂处理。

2. 污泥的最终处置

20 世纪 80 年代以前，我国各城市的通沟污泥大多和粪便一样作为肥料被用于农田，近年来则基本采用填埋处理。其中有些城市将污泥和垃圾混合填埋，有些则单独填埋，如填入废矿坑、废弃河道或砖厂的取土坑。目前，大部分城市通沟污泥的填埋都没有达到环境保护的要求。

《城镇排水管渠与泵站运行、维护及安全技术规程》要求污泥在填埋前应进行脱水处理，污泥处置不得对环境造成污染。

二、排水管渠的检查

（一）管渠检查的意义

管渠检查的意义在于及早发现管渠存在的问题，及时制定维修计划，以达到充分发挥管渠服务功能、延长管渠使用寿命的目的。

在发达国家，管渠检查的费用几乎占到管渠维护费用的一半。大部分管渠问题在发生的初期就能被发现,避免了事态的发展。而在我国,目前排水管渠的检查工作尚未得到应有的重视,许多管渠直到坍塌后才知道出了问题,结果是排水主管部门不得不付出比预防性修理多出几倍的费用来进行抢修。表7-1 为 排水管道检查类型、内容和方法。

表 7-1　排水管道检查类型、内容和方法

检查类型	检查内容	检查方法
日常巡视	污水冒溢、擅自接管、井盖缺损、晃动、违章排放、路面塌陷、堆物占压、水位异常、挖掘打桩	乘车巡视、徒步巡视、开井检查
功能状况检查	管道堵塞、管道淤积、管壁泥垢、树根侵入	竹片检查、潜水检查、量泥深斗检查、电视检查、反光镜检查、QV 检查、管内目视检查、声呐检查
结构状况检查	裂缝与破损、错口与脱节、变形、腐蚀与磨损、渗漏、井盖缺损	管内目视检查、电视检查、潜水检查、声呐检查
特殊检查	流速、流量	轮桨型、电磁型、超声型
	渗漏量	浓度比较、水桶法、闭水闭气试验
	雨污水混接	染色试验、烟雾试验、QV 检查等
	水力坡降	水力坡降试验
	水质	水质分析法
	恶臭与有毒气体	恶臭感受、气体检测仪等
	沉降与位移观察	水准仪等

（二）地面巡视等传统检查方法

有些管渠问题是可以通过地面巡视和传统的方法发现的。例如,路面污水冒溢意味着管渠堵塞,地面塌陷意味着管渠已经损坏。如果打开井盖,则可以发现井壁裂缝、倾斜、水位异常等;如果用竹竿插入井底或用一种称为量泥深斗的专用检查工具,可以测量出管渠积泥深度,见图7-12。如果用反光镜(图7-13)可以发现管渠内部的变形、坍塌、渗漏、树根侵入和淤积等情况。

清掏和绞车疏通作业时的异常情况也能反映出某些管渠问题,如管渠淤泥中有新鲜的粉沙、黄泥则显示该管渠可能有渗漏;如果在绞车疏通中铁牛总是在同一个地方受阻,则表明该处管渠接口很可能错位。

地面巡视等传统检查方法至今还是我国大部分城市最常用的管渠检查方法。

（三）进入管渠检查

在确保安全的情况下,大型管渠可以在降低水位后采用人员进入管渠的方法进行检查。进入管内检查具有最高的可信度,然而其成本和危险性也是最高的,对管渠系统正常运行的负面影响也是最大的。《城镇排水管渠与泵站运行、维护及安全技术规程》要求人员进入管内检查应采用电视录像或摄影的方式进行记录,其目的是为了避免凭记忆可能造成的信息遗漏,同时也便于资料的分析和保存。

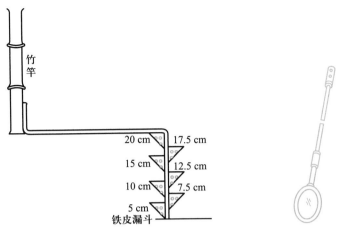

图 7-12　量泥深斗

图 7-13　反光镜

对水位很高、断水和封堵有困难的大型管渠，包括倒虹管和排放口，也可以采用潜水员进入管内的特殊检查方法。潜水检查的缺点是只能在污水中通过触摸的方式感觉管渠中存在的问题，其准确性和可靠性都是无法和通过视觉所获得的信息相比的。

（四）电视和声呐检查

采用闭路电视进行管渠检查的方法称为电视检查。电视检查设备由摄像、照明、爬行器、线缆、显示器和控制系统等部件组成（图 7-14）。采用该方法可以清楚地发现管渠中的各种问题并将其储存在电脑中。电视检查现在已成为公认的最权威、最有效的检查方法，并被广泛用于管渠普查。

近年来有一种名为"窥无忧"（quick view）（图 7-15）（类似潜望镜）的简易电视检测设备问世。这是一种固定在可伸缩竖杆上的电视摄像机，在井内即可通过照明和变焦获得清晰的管内影像。窥无忧价格便宜，使用方便，数据便于储存。

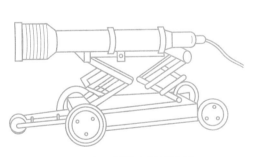

图 7-14　管道电视摄像机

图 7-15　窥无忧

电视摄像只能在水面以上进行。为了能检查水面以下的管渠状况，近年来声呐探测技术也开始进入我国。声呐探测可以发现管渠的变形、积泥和异物，但是难以发现裂缝或腐蚀等状况，声呐目前只能作为电视检查的一种补充。与电视检查相反，声呐检查只能在满水的管渠中进行。

（五）染色和烟雾试验

该试验是通过颜色或烟雾在管渠中的行踪来显示管渠走向的一种检测方法，常用来查找雨污水管渠混接等情况。例如，在污水管中投入红色染色剂，然后在水位较低的雨水管中也发现了红色，就说明这两种管渠存在混接。在进行烟雾试验时如果地面冒烟，则还可反映出该管渠有破损。做染色试验只需准备合适的染色剂；做烟雾试验除了要准备烟雾发生器之外，还要准备用于送气的鼓风机。

（六）水力坡降试验

水力坡降试验是通过对实际水面坡降的测量和分析来检查管渠运行状况的一种非常有用的方法，也称抽水试验。试验前需先通过查阅或实测的方法获得每座井的地面高程；水面高程则在现场由地面高程减去水面离地面的深度得出，各测点每次必须在同一时间读数。在现场试验结束后绘制的成果图上应该画有地面坡降线、管底坡降线及数条不同时间的水面坡降线。在正常情况下，管渠的水面坡降和管底坡降应基本保持一致，如在某一管段出现突然抬高，则显示该处水头损失异常，可能存在瓶颈、倒坡、堵塞或未拆除干净的堵头等现象。

第三节 排水管渠系统的修理

一、两种主要损坏原因

（一）腐蚀

在多数情况下，腐蚀是排水管渠损坏的主要原因。管渠中沉积的污泥在缺氧的环境下会形成甲烷和硫化氢，硫化氢气体遇水且被氧化后产生硫酸。经验显示，几乎所有出现在管渠顶部的腐蚀都是由硫化氢腐蚀造成的。从这一点出发，保持管渠畅通，减少污泥沉积是预防管渠腐蚀的一种有效途径。另一类腐蚀出现在管渠底部，这类腐蚀则是由流入管渠的工业废水造成的。化工废水、电镀和酸洗废水可导致许多排水管渠腐蚀和损坏。

早期的陶土管、砖砌管渠及近年来日益增多的塑料管通常具有较好的耐腐蚀性，而当今使用最多的混凝土管则很不耐腐蚀。

（二）渗漏

绝大多数的渗漏都出现在管渠接口。解决接口渗漏的最好办法是在设计阶段选用性能可靠的柔性接口，在施工阶段严格控制施工质量。

在地下水位低于管渠的情况下，污水管渠渗漏的主要危害是污染地下水；在地下水位高于管渠的情况下，则会造成地下水渗入管渠内，使排水管渠系统和污水处理厂的流水量增加，最终导致建设和运行成本提高。

在流沙易发地区（主要是轻质亚黏土或粉沙土层区），渗漏的危害更大，粉沙颗粒随地下水渗入管内造成的水土流失，最终会导致管渠和路面一起坍塌。在上海地区，每年用于修理这类管渠渗漏和坍塌的费用高达上千万元。

二、开挖修理和管渠封堵

(一) 开挖修理

早期的管渠修理，特别是小型管渠，只有开挖修理一种方法。现在虽然有了各种非开挖修理技术，但如果遇到管渠下沉或严重错口仍只能采用开挖修理。开挖修理又分为拆管埋管和接口修理两种情况，前者详见第六章排水管渠施工；后者主要有接口凿补和外包钢筋混凝土接口(俗称外腰箍)两种方法。

(二) 管渠封堵

管渠在施工、检查或修理前需要对相关的排水管进行有效封堵，否则工作就无法进行。管渠封堵和完工后拆除封堵的工作既费钱、费时，又很危险。选择安全、可靠、适用的封堵方法十分重要，通常有以下几种封堵方式。

1. 木塞封堵

直径 300 mm 以下的管渠可采用木塞封堵。

2. 黏土麻袋封堵

封堵时间短、水头不高的管渠，在一时缺乏封堵设备的情况下，可采用黏土装入麻袋作临时封堵。装入麻袋的土必须是黏土，用黏土麻袋堆砌的土坝要有足够的厚度，上下层麻袋的接缝必须交叉搭接不许同缝。麻袋封堵的价格低，但密封性、可靠性都比较差，拆除也很费工。

3. 墙体封堵

墙体封堵在大中型管渠中被广泛采用。按所用材料不同可分为砖墙封堵和砌块封堵。在口径大、流速快的管渠中采用砌块的效果比用砖墙更有效。

拆除墙体封堵比拆除麻袋封堵更加困难，实际工作中经常出现未能拆除干净的残墙坝头影响管渠排水的情况。

此外，还可采用止水板、充气管塞和机械管塞等封堵方式(图 7-16)。

 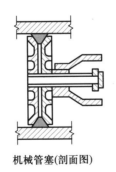 

充气管塞　　　　机械管塞(剖面图)　　　　机械管塞(透视图)

图 7-16　多种管塞

三、非开挖修理

当敷设于交通繁忙、新建道路、环境敏感等地区的排水管道的修复应优先选用非开挖修复技术，即采用少开挖或不开挖地表的方法进行排水管道的修复，排水管渠的非开挖修理方法总体上可分为整体修理和局部修理两大类。

原位固化技术和裂管技术

非开挖修复工程实施前应详细调查原有管道的基本概况、工程地质和水文地质条件、现场施工环境，并对原有管道的缺陷进行检测与评估，再确定非开挖修复具体方法。

(一) 整体修理

整体修理通常指对两座检查井之间的管道进行整体加固、修复的方法。应用最多的整体修理方法是在旧管道内加装一道内衬管。当管段结构性缺陷类型为整体缺陷时应采取整体修理。

为减少地面的开挖，从 20 世纪 70 年代末、80 年代初开始，国外采用了原位固化法(即袜统法)、裂管法(即胀破法)和短管内衬法等技术。近年来，上海地区还试验成功一种新的"贴壁内衬"技术。

1."原位固化"技术

"原位固化"技术是采用翻转或牵拉方式将浸渍树脂的软管置入原有管道内，固化后形成管道内衬的修复方法。翻转式原位固化的主要设备是一辆带吊车的大卡车、一辆加热锅炉挂车、一辆运输车和一只大水箱。其操作步骤是：在起点检查井处搭脚手架，将已灌注树脂的聚酯纤维软管管口翻转后固定于导管管口上，将导管放入检查井，固定在管道口，通过导管将水灌入软管的翻转部分，在水的重力作用下，软管向旧管内不断翻转、滑入、前进，软管全部放完后，加 65 ℃热水 1 h，然后加 80 ℃热水 2 h，再注入冷水固化 4 h，最后割开导管与固化管的连接，修补管渠的工作全部完成。图 7-17 为翻转式"原位固化"技术示意图。根据软管置入原有管道方式的不同，拉入式"原位固化"技术是把浸渍好树脂的玻璃纤维软管牵拉进

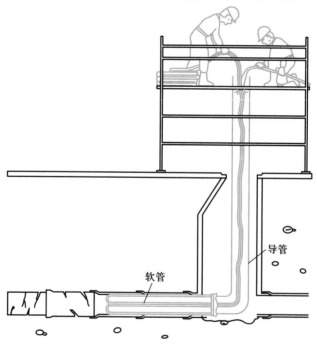

图 7-17　翻转式"原位固化"技术示意图

入待修的旧管道中，先采用压缩空气进行软管的扩展，再采用蒸汽固化或紫外线固化，省去了传统翻转式热水固化施工工艺。

"原位固化"技术中，热水固化法、蒸汽固化法历史悠久，应用较为广泛，而紫外线固化技术(也称光固化)(见图7-18及图7-19)由于相同条件下内衬管壁厚较薄、固化时间短等优点，逐渐被广泛应用。据统计，在欧洲紫外线固化法占了50%市场。目前国内该技术正在蓬勃发展中，将会取代传统的热水和蒸汽固化技术。

图7-18 用于紫外线固化的紫外线灯

图7-19 管内紫外线固化

2. "短管内衬"技术

"短管内衬"技术是指采用牵拉或顶推的方式将特制的内衬短管直接置入原有管道的非开挖排水管修复技术。特制的内衬短管(材质可为PE、玻璃钢或不锈钢管等)由检查井或工作坑进入管内(图7-20)，短管接口宜采用不锈钢套环等平口形式，以减少断面损失(图7-21)。小管道接口在井内连接后向旧管道内推进，直到下一座检查井，这种推进方法可叫作列车推进法，其缺点是随着管道加长，阻力会越来越大；大型管道可采用单管推进的方法。接口施工在管内进行，最后在塑料短管和母管之间注入水泥浆(图7-22)。短管内衬的优点是适用于各种大小管道、施工速度快、设备简单、质量稳定、价格低；缺点是管道的断面存在损失。实际中其减少量既不宜大于原有管道内径的10%，也不应大于50 mm。

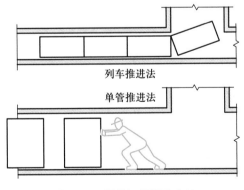

图7-20 两种短管推进方法

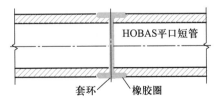

图7-21 短管内衬的平口
不锈钢套环接口

图 7-22　在内衬管和母管之间注浆

3. "贴壁内衬"技术

"贴壁内衬"技术，不仅克服了短管内衬断面损失大的缺点，还可免除水泥注浆工序。其做法是将略小于母管的 HDPE 螺旋缠绕管用单管推进法送入母管内，在时钟 9 点左右位置割出一条纵缝，再用扩张器将割缝扩张使内衬管紧贴母管；然后用同样材质的楔块嵌入，最后再用热熔焊枪对纵向和环向接缝进行焊接，见图 7-23、图 7-24。贴壁短管内衬已在上海获得广泛应用。

图 7-23　贴壁短管内衬、扩张与焊接

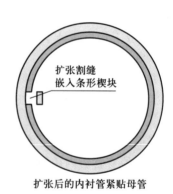

图 7-24　贴壁短管内衬断面

4. "裂管"技术

"裂管"技术是采用裂管设备从内部破碎或割裂原有管道，将原有管道碎片挤入周围土体形成管孔，并同步拉入新管道的管道修复方法，如图 7-25 所示。其操作步骤是：挖掉一段损坏的管道，放入一节前端套接钢锥的硬质聚乙烯塑料管，在前方检查井设置一强力牵引车，将钢锥拉入旧管道，使旧管胀破，并以塑料管替代；一根接一根直达前方检查井。两节塑料管的连接用加热加压法。为保护塑料管免受损伤，塑料管外围用薄钢带缠绕。

"原位固化"技术适用于各种管径的管道，且可以不开挖地面，但费用较高。"裂管"技术需开挖少量地面，且只可用于容易破裂的 300 mm 以下的小管道。在国内外应用较少，我国北京有少量应用。

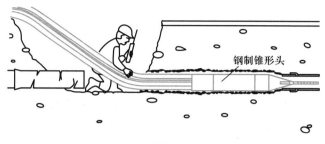

图 7-25 "裂管"技术示意图

（二）局部修理

局部修理通常指只对管渠损坏点进行修理的一种做法。局部修理的优点是针对性强，哪里坏就修补哪里；缺点是无法提高管渠的整体结构强度，有些方法（如嵌补法和注浆法）的质量稳定性较差，施工操作费工费时；有些方法（指套环法）则对水流和绞车疏通有一定影响。局部修理的适用范围也有限制，目前在我国只适用于800 mm以上、人员可以进入的大型管道。

局部修理可分为套环法、嵌补法、注浆法和局部树脂固化法等。以下介绍套环法和局部树脂固化法。

1. 套环法

采用套环修复管道局部损坏的方法称为套环法。套环法主要用于接口渗漏修理，具有安装方便、质量可靠、价格便宜的优点；缺点是套环对水流有一定影响，管道安装套环后不能再采用绞车疏通。

（1）旧式钢套环：钢套环适用于800 mm以上的管道，在上海地区已使用多年。套环被分成两到三瓣，各瓣之间用法兰连接，旧式钢套环与混凝土母管之间采用平板橡胶圈止水（图7-26）。由于管道接口常有错位或高低不平，橡胶圈的各个部位就很难保证都能压得很紧，经常出现渗漏和屡修屡坏的情况。

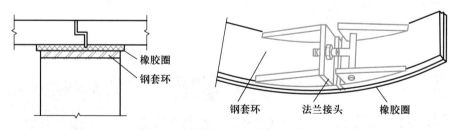

图 7-26 橡胶圈密封的旧式钢套环

（2）发泡胶钢套环：发泡胶钢套环将橡胶圈改为发泡胶止水。做法是在套环两端用水泥麻丝封口（图7-27）。然后向套环与母管之间的空隙内灌注聚氨酯发泡胶，最后再在套环两端做水泥砂浆倒角。与旧式钢管相比，采用发泡胶密封的钢套环止水效果明显改善。

（3）不锈钢双胀环：欧美国家大多采用两道更薄更窄的不锈钢胀环（图7-28），且橡胶止水带外侧做成波纹状。由于两道胀环相互独立，即使接口两端出现错位，橡胶圈也能紧贴母管。不锈钢双胀环在苏州工业园区等地被大量采用，这类胀环也曾广泛用于给水管接口修复。

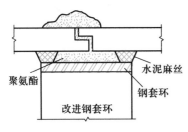

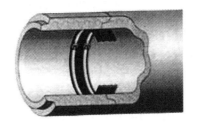

图7-27　发泡胶密封的钢套环　　　　　　　图7-28　不锈钢双胀环

2. 局部树脂固化法

局部树脂固化法近年来在国内外小型排水管道修复中进展很快。做法是将多层涂满树脂的无纺布包裹在有塑料隔离膜的安装气囊外（图7-29），装有轮子的气囊在电视摄像机的引导下从井口进入管道，在待修的接口处就位；气囊充气后树脂无纺布紧贴母管（图7-30），树脂固化后气囊放气退出（图7-31），修复完成。该法的固化时间可通过改变固化剂来调节，厚度可用改变无纺布层数调节。局部树脂固化可用于已变形和接口有少量错位的管道，具有施工操作简单、止水有效、对水流影响小的优点。

图7-29　涂满树脂的无纺布包裹在有轮子的安装气囊上

图7-30　气囊充气后，树脂紧贴在损坏部位　　　　　图7-31　气囊退出

第四节　排水管渠系统维护的安全作业

排水管渠中普遍存在由污泥分解产生的硫化氢和甲烷等气体，管渠维修作业中的硫化氢中毒死亡的事故，与由甲烷等易燃、易爆气体引起的管渠爆炸事故每年都有发生。

国家住房和城乡建设部颁布的《城镇排水管道维护安全技术规程》（CJJ 6—2009）对管道维护地面作业、井下作业、防毒用具、井下常见有害气体的允许浓度等都作了具体规定，并要求在作业现场必须立即加设安全网或设置护栏，夜间应加点红灯，严禁明火。

管渠检查、疏通作业宜采用反光镜、电视摄像、绞车、高压射水等不下井的方法以改善劳动条件、降低事故发生的概率。对下井作业规定：下井前必须填报"下井安全作业表"，做好管渠降水、通风、照明和气体检测等工作。井上应有两人监护，井下连续工作不得超过 1 h，小于 800 mm 的管渠严禁进入管内，有严重生理缺陷者或有深度近视、癫痫、高血压、心脏病、哮喘等严重慢性病患者不得从事井下作业。

下井前必须降低管渠水位，提前开启上下游井盖进行自然或人工通风，使含氧量达到规定值、有害气体浓度降至允许值以下，下井前必须进行含氧量和有害气体浓度的检测。

严禁使用过滤式防毒面具，必须使用供压缩空气的隔离式防毒面具，下井作业必须佩戴悬托式安全带，戴安全帽、手套、口罩，穿防护服和防护鞋。

管渠污泥中的很多有机物在缺氧的环境下会产生硫化氢和甲烷等气体。硫化氢气体在含量为 $0.012 \sim 0.03$ mg/m³ 时有臭鸡蛋气味，含量超过 11 mg/m³ 后会使嗅觉麻痹，浓度到达 900 mg/m³ 时会使人立即窒息致死。

管渠中的甲烷和泄漏进入管渠的汽油等易燃易爆溶剂是造成管渠爆炸的主要原因。《城镇排水管渠与泵站运行、维护及安全技术规程》对井下常见有毒有害、易燃易爆气体允许浓度作了具体规定（表 7-2）。

表 7-2　常见有毒有害、易燃易爆气体的浓度和爆炸范围

气体名称	相对密度（取空气密度为1）	最高允许浓度/（mg·m⁻³）	时间加权平均允许浓度/（mg·m⁻³）	短时间接触允许浓度/（mg·m⁻³）	爆炸范围（容积百分比/%）	说明
硫化氢	1.19	10	—	—	4.3~45.5	—
一氧化碳	0.97	—	20	30	12.5~74.2	非高原
		20	—	—		海拔 2 000~3 000 m
		15	—	—		海拔高于 3 000 m
氰化氢	0.94	1	—	—	5.6~12.8	—
溶剂汽油	3.00~4.00	—	300	—	1.4~7.6	—

气体名称	相对密度（取空气密度为1）	最高允许浓度/（mg·m⁻³）	时间加权平均允许浓度/（mg·m⁻³）	短时间接触允许浓度/（mg·m⁻³）	爆炸范围（容积百分比/%）	说明
一氧化氮	1.03	—	15	—	不燃	—
甲烷	0.55	—	—	—	5.0~15.0	—
苯	2.71	—	6	10	1.45~8.0	—

注：最高允许浓度指工作地点、在一个工作日内、任何时间有毒化学物质均不应超过的浓度。时间加权平均允许浓度指以时间为权数规定的 8 h 工作日、40 h 工作周的平均允许检查浓度。短时间接触允许浓度指在遵守时间加权平均允许浓度前提下允许短时间(15 min)接触的浓度。

思考题和习题 ≪≪≪

1. 排水管渠系统的管理模式有哪几种？哪种最好？

2. 排水管渠的维护主要有哪些内容？试述疏通管渠常用方法。

3. 排水管渠检查主要有哪几种方法？

4. 排水管渠的整体修理有哪几种方法？什么叫"原位固化"技术、"短管内衬"技术、"贴壁内衬"技术和"裂管"技术？

5. 排水管渠的局部修理有哪几种方法？什么叫套环法和局部树脂固化法？

6. 在排水管渠的维护作业前和过程中要注意哪些可能发生的安全问题？如何防止事故的发生？

第八章

城镇排水工程的规划

城镇排水设施是城镇基础设施的重要组成部分，是维护城镇正常活动和改善生态环境、促进社会经济可持续发展的必备条件。为使我国城镇排水工程规划贯彻科学发展观，符合国家的法律法规，达到防治水污染、改善和保护环境、提高人民健康水平和保障安全的要求，国家住房和城乡建设部制定了《城市排水工程规划规范》，以提高城市排水工程规划编制水平，同时显现出做好城镇排水工程规划的重要性。

《城市排水工程规划规范》(GB 50318—2017)特别强调"排水工程设计应与城市防洪、道路交通、园林绿地、环境保护和环境卫生等专项规划和设计相协调，包括内涝防治设施、雨水调蓄和利用设施，应根据城镇规划蓝线和水面率的要求，充分利用自然蓄排水设施，还应根据用地性质规定不同地区的高程布置，满足不同地区的排水要求"。

第一节 城镇排水工程规划原则

一、城镇排水工程主要规划原则

① 城镇排水工程规划应以批准的城镇总体规划为主要依据，从全局出发，根据规划年限、工程规模、经济效益、社会效益和环境效益，正确处理城镇中工业与农业、城镇化与非城镇化地区、近期与远期、集中与分散、排放与利用的关系。

② 城镇排水工程规划的规划期限应与城镇总体规划相一致，建制市一般为20年，建制镇一般为15~20年；城镇排水工程规划要近远期相结合，不仅要重视近期建设规划，而且还应考虑城镇远景发展的需要。

③ 城镇排水工程规划中应贯彻"全面规划，合理布局，综合利用，化害为利，保护环境，造福人民"的方针，还应执行"预防为主，综合治理"，以及环境保护方面的有关法规标准和技术政策。

④ 城镇排水工程设施用地应按规划期规模控制。应根据规划期规模一次规划，确定用地位置、用地面积，根据城镇发展的需要分期建设。基于我国人口多，可耕地面积少的国情，排水设施用地从选址定点到确定用地面积都应节约用地、保护耕地。

⑤ 城镇排水工程规划应与城镇总体规划和其他各项专业规划协调一致。应与城镇给水工程规划、城镇环境保护规划、城镇道路交通规划、城镇水系规划、城镇防洪规划及城镇竖向规划等相协调。

⑥ 城镇排水工程规划的主要任务和规划内容是根据《城市规划编制办法实施细则》的有关要求确定。

⑦ 城镇排水工程规划要执行《城市规划法》《环境保护法》《水污染防治法》《城市排水工程规划规范》和相关标准、规范的规定。

二、城镇总体规划中不能忽视的重要规划项目

(一) 城镇雨水的排除

城镇总体规划应当十分重视城镇雨水的排除，尽力增加公园绿地和透水路面，以减少雨水径流系数，增加雨水渗透量，减少雨水径流量，保持和新建池塘、洼地(下凹式绿地)和河流，以延缓雨水径流时间，缩短雨水管道长度和减少管径。

雨水管道设计，按一定的重现期计算，因此雨水的溢流在所难免。根据我国旧城经验，有学者建议：可借助高程布置来防止雨水入屋和使人行道畅通；将"天井"阻滞雨水和渗水入土的经验用于城镇街区的雨水排除。具体做法是：

① 建筑物内底层地面应高出室外地面(至少 0.3 m)；

② 建筑物室外地面应与街区周边人行道高程相等；

③ 街区内外绿地高程应低于人行道路地面高程，并在绿地低处设雨水口。绿地下沉量可根据绿地面积、降雨强度、降雨历时等计算得到。

以上雨水排除措施应在建设过程中综合地运用，以最大限度地降低排水工程的费用和最大限度地防止洪涝和积水危害。

在城镇总体规划中还应当考虑雨水利用的可能性。

(二) 工业废水的排除

工业企业管理部门应当坚持循环经济和可持续发展的理念，使企业成为资源节约型企业。

① 提倡革新生产工艺，提高产品得率，降低单位产品的资源消耗量；以无毒工艺代替有毒工艺，少污染和无污染工艺代替多污染工艺。

② 提倡合理用水、循环用水、循序用水，提高工业循环用水率，降低单位产品耗水量，以减少废水排放量。

③ 提高资源综合利用率，回收利用废水中污染物质(有用物质)和水资源。

对于含重金属废水、有毒有害废水，原则上应做好清浊分流工作，并在工业企业车间内回收、处理，不得稀释排放或未经处理就排入城镇下水道。

《城市排水工程规划规范》(GB 50318—2017)规定：工业废水排入城镇排水系统的水质应按有关标准执行，不应影响城镇排水管渠和污水处理厂等的正常运行；不应对养护管理人员造成危害；不应影响处理后出水的再生利用和安全排放；不应影响污泥的处理和处置。

总之，工业废水是不可忽视的污染源，在城镇总体规划中必须重视。

第二节　城镇排水工程规划的主要任务与内容

一、基本规定

城镇排水工程规划的主要内容应包括：确定规划目标与原则，划定城镇排水规划范围，确定排水体制、排水分区和排水系统布局，预测城镇排水量，确定排水设施的规模与用地、雨水滞蓄空间用地、初期雨水与污水处理程度、污水再生利用和污水处理厂污泥的处理处置要求。文本编制完成后，还应绘出排水工程规划图和进行工程概算等。

（一）一般规定

① 城镇排水工程规划期限宜与城镇总体规划期限一致。城镇排水工程规划应近、远期结合，并兼顾城市远景发展的需要。

② 城镇排水工程规划应与城市道路、竖向、防洪、河湖水系、给水、绿地系统、环境保护、管线综合、综合管廊、地下空间等规划相协调。

③ 城镇建设应根据气候条件、降雨特点、下垫面情况等，因地制宜地推行低影响开发建设模式，削减雨水径流、控制径流污染、调节径流峰值、提高雨水利用率、降低内涝风险。

（二）排水范围

① 城市排水工程规划范围，应与相应层次的城市规划范围一致。

② 城市雨水系统的服务范围，除规划范围外，还应包括其上游汇流区域。

③ 城镇污水系统的服务范围，除规划范围外，还应兼顾距离污水处理厂较近、地形地势允许的相邻地区，包括乡村或独立居民点。

（三）排水体制

① 城市排水体制应根据城市环境保护要求、当地自然条件（地理位置、地形及气候）、受纳水体条件和原有排水设施情况，经综合分析比较后确定。同一城市的不同地区可采用不同的排水体制。

② 除干旱地区外，城市新建地区和旧城改造地区的排水系统应采用分流制；不具备改造条件的合流制地区可采用截流式合流制排水体制。

（四）排水受纳水体的选择

① 城市排水受纳水体应有足够的容量和排泄能力，其环境容量应能保证水体的环境保护要求。

② 城市排水受纳水体应根据城市的自然条件、环境保护要求、用地布局，统筹兼顾上下游城市需求，经综合分析比较后确定。

（五）排水管渠

① 排水管渠应以重力流为主，宜顺坡敷设。当受条件限制无法采用重力流或重力流不经济时，排水管道可采用压力流。

② 城镇污水收集、输送应采用管道或暗渠，严禁采用明渠。

③ 排水管渠应布置在便于雨污水汇集的慢车道或人行道下，不宜穿越河道、铁路、高速公路等。截流干管宜沿河流岸线走向布置。道路红线宽度大于 40 m 时，排水管渠宜沿道路双侧布置。

④ 规划有综合管廊的路段，排水管渠宜结合综合管廊统一布置。

⑤ 排水管渠断面尺寸应按设计流量确定。

⑥ 排水管渠出水口内顶高程宜高于受纳水体的多年平均水位。有条件时宜高于设计防洪（潮）水位。

（六）排水系统的安全性

① 排水工程中的厂站不应设置在不良地质地段和洪水淹没区。确需在不良地质地段和洪水淹没区设置时，应进行风险评估并采取必要的安全防护措施。

② 排水工程中厂站的抗震和防洪设防标准不应低于所在城市相应的设防标准。

③ 排水管渠出水口应根据受纳水体顶托发生的概率、地区重要性和积水所造成的后果等因素，设置防止倒灌设施或排水泵站。

④ 雨水管道系统之间或合流管道系统之间可根据需要设置连通管，合流制管道不得直接接入雨水管道系统，雨水管道接入合流制管道时，应设置防止倒灌设施。

⑤ 排水管渠系统中，在排水泵站和倒虹管前，应设置事故排出口。

二、污水系统

（一）排水分区与系统布局

① 城镇污水的排水分区与系统布局应根据城市的规模、用地规划布局，结合地形地势、风向、受纳水体位置与环境容量、再生利用需求、污泥处理处置出路及经济因素等综合确定。

② 城镇污水处理厂可按集中、分散或集中与分散相结合的方式布置，新建污水处理厂应含污水再生系统。独立建设的再生水利用设施布局应充分考虑再生水用户及生态用水的需要。

③ 再生水利用于景观环境、河道、湿地等生态补水时，污水处理厂宜就近布置。

④ 污水收集系统应根据地形地势进行布置，降低管道埋深。

（二）污水量

① 城镇污水量应包括城市综合生活污水量和工业废水量。地下水位较高的地区，污水量还应计入地下水渗入量。

② 城镇污水量可根据城市用水量和城镇污水排放系数确定。

③ 各类污水排放系数应根据城市历年供水量和污水量资料确定。当资料缺乏时，城市分类污水排放系数可根据城市居住和公共设施水平及工业类型等，按《城市排水工程规划规范》（GB 50318—2017）的规定取值（表 8-1）。

表 8-1　城市污水分类和排放系数

城市污水分类	污水排放系数
城市污水	0.70~0.85
城市综合生活污水	0.80~0.90
城市工业废水	0.60~0.80

注：城市工业废水排放系数不含石油和天然气开采业、煤炭开采和洗选业、其他采矿业，以及电力、热力生产和供应业废水排放系数，其数据应按厂、矿区的气候、水文地质条件和废水利用、排放方式等因素确定。

城镇污水量主要用于确定城镇污水总规模。城镇综合（平均日）用水量即城镇供水总量，包括市政、公用设施和其他用水量及管网漏失水量。可参考采用《城市给水工程规划规范》（GB 50282—2016）中的"城市综合用水量指标"或"不同类别用地用水量指标"（表 8-2 和表 8-3），估算城镇污水量时，应注意按规划城镇的用水特点将"最高日"用水量换算成"平均日"用水量，可采用日变化系数（表 8-4）换算。

表 8-2　城市综合用水量指标　　　单位：万 m³/（万人·d）

区域	城市规模						
	超大城市 ($P \geqslant 1000$)	特大城市 ($500 \leqslant P$ <1000)	大城市		中等城市 ($50 \leqslant P$ <100)	小城市	
			Ⅰ型 ($300 \leqslant P$ <500)	Ⅱ型 ($100 \leqslant P$ <300)		Ⅰ型 ($20 \leqslant P$ <50)	Ⅱ型 ($P<20$)
一区	0.50~0.80	0.50~0.75	0.45~0.75	0.40~0.70	0.35~0.65	0.30~0.60	0.25~0.55
二区	0.40~0.60	0.40~0.60	0.35~0.55	0.30~0.55	0.25~0.50	0.20~0.45	0.15~0.40
三区	—	—	—	0.30~0.50	0.25~0.45	0.20~0.40	0.15~0.35

注：1. 一区包括：湖北、湖南、江西、浙江、福建、广东、广西、海南、上海、江苏、安徽；二区包括：重庆、四川、贵州、云南、黑龙江、吉林、辽宁、北京、天津、河北、山西、河南、山东、宁夏、陕西、内蒙古河套以东和甘肃黄河以东地区；三区包括：新疆、青海、西藏、内蒙古河套以西和甘肃黄河以西地区。

2. 本指标已包括管网漏失水量。

3. P 为城区常住人口，单位：万人。

表 8-3　不同类别用地用水量指标　　　单位：m³/（hm²·d）

类别代码	类别名称		用水量指标
R	居住用地		50~130
A	公共管理与公共服务设施用地	行政办公用地	50~100
		文化设施用地	50~100
		教育科研用地	40~100
		体育用地	30~50
		医疗卫生用地	70~130
B	商业服务业设施用地	商业用地	50~200
		商务用地	50~120

续表

类别代码	类别名称		用水量指标
M	工业用地		30~150
W	物流仓储用地		20~50
S	道路与交通设施用地	道路用地	20~30
		交通设施用地	50~80
U	公用设施用地		25~50
G	绿地与广场用地		10~30

注：1. 类别代码引自现行国家标准《城市用地分类与规划建设用地标准》。

　　2. 本指标已包括管网漏失水量。

　　3. 超出本表的其他各类建设用地的用水量指标可根据所在城市具体情况确定。

表 8-4　日变化系数

特大城市	大城市	中等城市	小城市
1.1~1.3	1.2~1.4	1.3~1.5	1.4~1.8

④ 地下水渗入量宜根据实测资料确定，当资料缺乏时，可按不低于污水量的 10% 计入。

⑤ 城镇污水量的总变化系数，应按下列原则确定：城市综合生活污水量总变化系数，应按现行国家标准《室外排水设计标准》确定。工业废水总变化系数，应根据规划城镇的具体情况，按行业工业废水排放规律分析确定，或根据条件相似城市的分析结果确定。

（三）污水泵站

① 污水泵站规模应根据服务范围内远期最高日最高时污水量确定。

② 污水泵站应与周边居住区、公共建筑保持必要的卫生防护距离。防护距离应根据卫生、环保、消防和安全等因素综合确定。

③ 污水泵站规划用地面积应根据泵站的建设规模确定，规划用地指标宜按表 8-5 的规定取值。

表 8-5　污水泵站规划用地指标

建设规模/(10^4 m^3·d^{-1})	>20	10~20	1~10
用地指标/m^2	3 500~7 500	2 500~3 500	800~2 500

注：1. 用地指标是指生产必需的土地面积，不包括有污水调蓄池及特殊用地要求的面积。

　　2. 本指标未包括站区周围防护绿地。

（四）污水处理厂

① 城镇污水处理厂的规模应按规划远期污水量和需接纳的初期雨水量确定。

② 城镇污水处理厂选址，宜根据下列因素综合确定：便于污水再生利用，并符合供水水源防护要求。城市夏季最小频率风向的上风侧。与城市居住及公共服务设

施用地保持必要的卫生防护距离。工程地质及防洪排涝条件良好的地区。有扩建的可能。

③ 城镇污水处理厂规划用地指标应根据建设规模、污水水质、处理深度等因素确定，可按表 8-6 的规定取值。设有污泥处理、初期雨水处理设施的污水处理厂，应另行增加相应的用地面积。

表 8-6 城镇污水处理厂规划用地指标

建设规模/(10^4 m³·d⁻¹)	规划用地指标/(m²·d·m⁻³)	
	二级处理	深度处理
>50	0.30~0.65	0.10~0.20
20~50	0.60~0.80	0.16~0.30
10~20	0.80~1.00	0.25~0.30
5~10	1.00~1.20	0.30~0.50
1~5	1.20~1.50	0.50~0.65

注：1. 表中规划用地面积为污水处理厂围墙内所有处理设施、附属设施、绿化、道路及配套设施的用地面积。

2. 污水深度处理设施的占地面积是在二级处理污水厂规划用地面积基础上新增的面积指标。

3. 表中规划用地面积不含卫生防护距离产生的面积。

④ 污水处理厂应设置卫生防护用地，新建污水处理厂的卫生防护距离，在没有进行建设项目环境影响评价前，根据污水处理厂的规模，可按表 8-7 控制。卫生防护距离内宜种植高大乔木，不得安排住宅、学校、医院等敏感性用途的建设用地。

表 8-7 城镇污水处理厂卫生防护距离

污水处理厂规模/(10^4 m³·d⁻¹)	≤5	5~10	≥10
卫生防护距离/m	150	200	300

注：卫生防护距离为污水处理厂厂界至防护区外缘的最小距离。

⑤ 排入城镇污水管渠的污水水质应符合现行国家标准《污水排入城镇下水道水质标准》的要求。

⑥ 城镇污水的处理程度应根据进厂污水的水质、水量和处理后污水的出路（利用或排放）及受纳水体的水环境容量确定。污水处理厂的出水水质应执行现行国家标准《城镇污水处理厂污染物排放标准》，并满足当地水环境功能区划对受纳水体环境质量的控制要求。

（五）污水再生利用

① 城镇污水应进行再生利用。再生水应作为资源参与城市水资源平衡计算。

② 城镇污水再生利用于城市杂用水、工业用水、环境用水和农、林、牧、渔业等用水时，应满足相应的水质标准。

③ 再生水管网水力计算应按压力流管网的参数确定。

（六）污泥处理与处置

① 城镇污水处理厂的污泥应进行减量化、稳定化、无害化、资源化的处理和处置。

② 污水处理厂产生的污泥量，可结合当地已建成污水处理厂实际产泥率进行预测；无资料时可结合污水水质、泥龄、工艺等因素，按处理万立方米污水产含水率80%的污泥6~9 t 估算。

③ 污泥处理处置设施宜采用集散结合的方式布置。应规划相对集中的污泥处理处置中心，也可与城市垃圾处理厂、焚烧厂等统筹建设。

④ 采用土地利用、填埋、焚烧、建筑材料综合利用等方式处理处置污泥时，污泥的泥质应符合国家现行相关标准的规定，确保环境安全。

三、雨水系统

（一）排水分区与系统布局

① 雨水的排水分区应根据城市水脉格局、地势、用地布局，结合道路交通、竖向规划及城市雨水受纳水体位置，遵循高水高排、低水低排的原则确定，宜与河流、湖泊、沟塘、洼地等天然流域分区相一致。

② 立体交叉下穿道路的低洼段和路堑式路段应设独立的雨水排水分区，严禁分区之外的雨水汇入，并应保证出水口安全可靠。

③ 城市新建区排入已建雨水系统的设计雨水量，不应超出下游已建雨水系统的排水能力。

④ 源头减排系统应遵循源头、分散的原则构建，措施宜按自然、近自然和模拟自然的优先序进行选择。

⑤ 雨水排放系统应按照分散、就近排放的原则，结合地形地势、道路与场地竖向等进行布局。

⑥ 城市总体规划应充分考虑防涝系统蓄排能力的平衡关系，统筹规划，防涝系统应以河、湖、沟、渠、洼地、集雨型绿地和生态用地等地表空间为基础，结合城市规划用地布局和生态安全格局进行系统构建。控制性详细规划、专项规划应落实具有防涝功能的防涝系统用地需求。

（二）雨水量

① 城市总体规划应按气候分区、水文特征、地质条件等确定径流总量控制目标；专项规划应将城市的径流总量控制目标进行分解和落实。

② 采用数学模型法计算雨水设计流量时，宜采用当地设计暴雨雨型。设计降雨历时应根据本地降雨特征、雨水系统的汇水面积、汇流时间等因素综合确定，其中雨水排放系统宜采用短历时降雨，防涝系统宜采用不同历时的降雨。

③ 设计暴雨强度，应按当地设计暴雨强度公式计算，计算方法按现行国家标准《室外排水设计标准》中的规定执行。暴雨强度公式应适时进行修订。

④ 综合径流系数可按表8-8的规定取值。城市开发建设应采用低影响开发建设模式，降低综合径流系数。

表 8-8 综合径流系数

区域情况	综合径流系数(ψ)	
	雨水排放系数	防涝系统
城市建筑密集区	0.60~0.70	0.80~1.00
城市建筑较密集区	0.45~0.60	0.60~0.80
城市建筑稀疏区	0.20~0.45	0.40~0.60

⑤ 设计重现期应根据地形特点、气候条件、汇水面积、汇水分区的用地性质（重要交通干道及立交桥区、广场、居住区）等因素综合确定，在同一排水系统中可采用不同设计重现期，重现期的选择应考虑雨水管渠的系统性；主干系统的设计重现期应按总汇水面积进行复核。设计重现期取值，按现行国家标准《室外排水设计标准》中关于雨水管渠、内涝防治设计重现期的相关规定执行。

⑥ 雨水设计流量应采用数学模型法进行校核，并同步确定相应的径流量、不同设计重现期的淹没范围、水流深度及持续时间等。当汇水面积不超过 2 km^2 时，雨水设计流量可采用推理公式法按下式计算。

$$Q = q \times \psi \times F \tag{8-1}$$

式中：Q——雨水设计流量，L/s；

q——设计暴雨强度，L/(s·hm^2)；

ψ——综合径流系数；

F——汇水面积，hm^2。

（三）城市防涝空间

① 城市新建区域的防涝调蓄设施宜采用地面形式布置。建成区的防涝调蓄设施宜采用地面和地下相结合的形式布置。

② 具有防涝功能的用地宜进行多用途综合利用，但不得影响防涝功能。

③ 城市防涝空间规模计算应符合下列规定：防涝调蓄设施（用地）的规模，应按照建设用地外排雨水设计流量不大于开发建设前或规定值的要求，根据设计降雨过程变化曲线和设计出水流量变化曲线经模拟计算确定。城市防涝空间应按路面允许水深限定值进行推算。道路路面横向最低点允许水深不超过 30 cm，且其中一条机动车道的路面水深不超过 15 cm。

（四）雨水泵站

① 当雨水无法通过重力流方式排除时，应设置雨水泵站。

② 雨水泵站宜独立设置，规模应按进水总管设计流量和泵站调蓄能力综合确定，规划用地指标宜按表 8-9 的规定取值。

表 8-9 雨水泵站规划用地指标

建设规模/(L·s^{-1})	>20 000	10 000~20 000	5 000~10 000	1 000~5 000
用地指标/(m^2·s·L^{-1})	0.28~0.35	0.35~0.42	0.42~0.56	0.56~0.77

注：有调蓄功能的泵站，用地宜适当扩大。

（五）雨水径流污染控制

① 城市排水工程规划应提出雨水径流污染控制目标与原则，并应确定初期雨水污染控制措施，达到受纳水体的环境保护要求。

② 雨水径流污染控制应采取源头削减、过程控制、系统治理相结合的措施。处理处置设施的占地规模，应按规划收集的雨水量和水质确定。

四、合流制排水系统

（一）排水分区与系统布局

① 合流制排水系统的分区与布局应综合考虑污水的收集、处理与再生回用，以及雨水的排除与利用等方面的要求。

② 合流制排水系统的分区应根据城市的规模与用地布局，结合地形地势、道路交通、竖向规划、风向、受纳水体位置与环境容量、再生利用需求、污泥处理处置出路及经济因素等综合确定，并宜与河流、湖泊、沟塘、洼地等的天然流域分区相一致。

③ 合流制收集系统应根据地形地势进行布置，降低管道埋深。

（二）合流水量

① 进入合流制污水处理厂的合流水量应包括城镇污水量和截流的雨水量。

② 合流制排水系统截流倍数宜采用 2~5，具体数值应根据受纳水体的环境保护要求确定；同一排水系统中可采用不同的截流倍数。

（三）合流泵站

① 合流泵站的规模应按规划远期的合流水量确定。

② 合流泵站的规划用地指标可按表 8-9 的规定取值。

（四）合流制污水处理厂

① 合流制污水处理厂的规模应按规划远期的合流水量确定。

② 合流制污水处理厂的规划用地，宜参照表 8-6 的指标值计算，并考虑截流雨水量的调蓄空间用地需求综合确定。

（五）合流制溢流污染控制

① 合流制区域应优先通过源头减排系统的构建，减少进入合流制管道的径流量，降低合流制溢流总量和溢流频次。

② 合流制排水系统的溢流污水，可采用调蓄后就地处理或送至污水厂处理等方式，处理达标后利用或排放。就地处理应结合空间条件选择旋流分离、人工湿地等处理措施。

③ 合流制排水系统调蓄设施宜结合泵站设置，在系统中段或末端布置，应根据用地条件、管网布局、污水处理厂位置和环境要求等因素综合确定。

④ 合流制排水系统调蓄设施的规模，应根据当地降雨特征、合流水量和水质、管道截流能力、汇水面积、场地空间条件和排放水体的水质要求等因素综合确定，计算方法按现行国家标准《室外排水设计标准》中的规定执行，占地面积应根据调蓄

池的调蓄容量和有效水深确定。

五、监控与预警

① 城市雨水、污水系统应设置监控系统。在排水管网关键节点宜设置液位、流量和水质的监测设施。

② 城市雨水工程规划和污水工程规划应确定重点监控区域，提出监控内容和要求。污水工程专项规划应提出再生水系统、污泥系统的监控内容和要求。

③ 应根据城市内涝易发点分布及影响范围，对城市易涝点、易涝地区和重点防护区域进行监控。

六、绘制排水工程规划图和工程概算

除以上内容编制成规划文本外，文本中还应包括城镇排水工程规划总平面图（图中应包括干管和总干管、主要泵站、污水处理厂、出水口等构筑物和建筑物位置），城镇污水处理厂平面图（包括流程、处理构筑物的容量和设备等），高程规划图，以及工程概算等。

排水规划设
计管道实例
图纸

思考题和习题 <<<

1. 试述城镇排水工程规划原则。
2. 城镇排水工程规划与城镇总体规划中哪些项目有关？
3. 城镇排水工程规划的任务和内容是什么？
4. 怎样才能防止城镇中的洪涝和积水危害？

附录一　我国旧城传统排水措施

我国近代市政工程多效法欧美，雨水排除工程亦然。雨水管道设计中常以推理法确定设计径流量。计算时，首先确定设计降雨强度和重现期。从一开始就明确工程竣工后，至少在理论上，城镇雨水将溢流。同时，并不考虑溢流雨水的出路和防止积水危害的措施。在实践上，也证实这样的设计造成雨水漫溢，经济损失不小。上海市区几乎每年雨水为患，只是程度有大有小。20 世纪 80 年代初期，杭州城北"十五家园"住宅区新设雨水管道，雨水积水极为严重，汪洋一片，庭院积水有时深达半米以上。

我国历史悠久，各城市在漫长的岁月中，未闻雨水成害，其排水措施实有研究价值。同济大学胡家骏教授在赴北京、泰安、曲阜、潍坊、苏州、杭州和泉州等地参加会议期间，观察现场和访问当地有关人士与居民，写了一篇报告。下面介绍概况。

一、泰安、曲阜、潍坊、杭州

四城市旧城区都没有排水管道，借天然地形、地表水体和下渗排除雨水。

（一）泰安

岱庙是泰安古老而重要的建筑，其周围即为旧城区。泰安地处泰山南麓。泰山主峰玉皇顶即在岱庙之北。红门为入山处。红门至岱宗坊一带地势较陡，坡度在 5%~8%。岱宗坊以南地势转缓，坡度在 1%~2%。泰山南麓雨水多由冲沟宣泄。旧城区地层为冲积层，由沙砾和粉沙质黏土组成，透水性良好。城区雨水沿地面和街道流淌，并无管道，却总不积水。岱庙初建于汉，建筑雄伟，殿宇辉煌，占地甚广，约达 10 hm²，四周为宫墙，南北设宫门，东西向夹墙分隔庙区为院落。地表无铺盖，设互连甬道以便行走，甬道拱起，高于路边泥地，虽雨天也可行走。庙区也无管道。据说，雨天北宫门进水汹涌；东西向夹墙脚部设系列过水墙洞（约 40 cm×50 cm），可以为证。

（二）曲阜

曲阜以孔庙、孔府和孔林成名；孔庙、孔府在城内，孔林在城北，离城区约 2 km。孔林南侧有洙水河流过，其西端折而向南，在城的西面流过曲阜。城区有明渠，从城内北部向东绕城东部沿城南部向西接洙水河。洙水和明渠起排水作用。

孔庙和孔府是两个围以宫墙的建筑群。孔庙占地约 21.83 hm²，孔府约 16 hm²。

孔庙、孔府原无排水管道。孔庙除甬道用砖石铺砌外，非建筑面积都是泥地。孔府外东南角原有小池，承接雨水。府内前宅和后园各有渗水水井一口。前宅一夹弄中见到钱眼，但天井（庭院）用砖铺砌，未设钱眼，庭周亦未见墙洞。据管理人员说，因出现积水，于1978年孔庙孔府均修建了排水暗沟，干沟宽0.8 m，深1 m。在孔府中，暗沟每每穿屋而过，天井中也加设雨水口。

（三）潍坊

潍坊旧城区无暗沟，也无铺砌的明沟。雨水沿街面流淌。庭院雨水从大门门侧墙洞流至街面。群屋间杂有砖瓦的坑塘，雨水进入。城的北区内有池塘。白浪河和虞河南北向穿城而过。

（四）杭州

杭州旧城区排水方式极为少见，采用渗水土坑，称天井沟。土坑筑在天井（庭院）中靠房屋一边，坑壁用砖干砌，坑顶用条石覆盖，留进水口。雨天从不积水，日常生活污水（淘米洗菜、盥漱洗濯）也排入渗坑。坑内淤积物一般每年清除一次。掏坑与屋顶捉漏常同时进行。据估计，渗水量为15 L／(m^2·min)左右。旧城区原有三条河浜（东河、中河、浣纱河）平行流过，也起排水作用。

二、苏州

苏州古城城内水道纵横，自古已然，参见附图1-1。河浜都有舟楫之利，直通

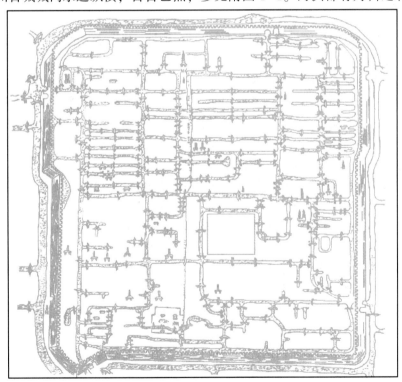

附图1-1　明代苏州城内水道图

（录自明《吴中水利全书》）

四乡，交通方便。很多街区，宅前为街道，宅后为河道，宅前宅后均有踏步连接地面和水面。河岸大多为驳岸，用条石砌筑。

明清旧宅大多为多进建筑。每进为厅或房，设天井(庭院)；东西侧有厢房，自成院落；末进一般为厨房、下房和杂屋；宅侧设陪弄串联各进。

房屋地面高于天井二三个台阶。贴地多用方砖或地板。天井地以砖瓦碎片或石片立砌。陪弄地砖下有阴(暗)沟。天井有钱眼，用暗沟(穿过厢房)接通弄沟。弄沟直通河浜或街沟。雨天时钱眼进水缓慢，天井常积水，有时通行不便(可走陪弄)，但积水不会入室。天井有延滞和下渗雨水径流的作用。平时盥漱洗濯废水都倾倒地面。粪便用桶收集。

街道一般为石板路，石板为条石，既是路面又是街沟的盖板。街面余地也常用砖瓦碎片或石片立砌。这种街道延续到 20 世纪二三十年代。现在，范庄前和寒山寺市街尚保留有石板路形式。

宅内暗沟，除厨房院子一段有时需淘淤疏通外，无淤塞情况。街道暗沟则需维护。雨天时管道不积水，居民以钉鞋、皮鞋为雨鞋(当时无胶鞋)。

20 世纪二三十年代以前，苏州城内河浜没有黑臭现象，居民常在河边踏步上淘米、洗菜、洗衣。

三、紫禁城(故宫)、北京

(一) 紫禁城

紫禁城是明清两代的皇宫，已有约 600 年历史，其排水方式足为我国旧城传统方式的典范。

排水总干沟是一明渠，也是城内景观之一。它与城周护城河(宽 52 m，深 6 m，砖砌直壁，通称筒子河)以暗渠相连接，从西北角入城，靠近西城墙南流，然后东折迂回于南城区，在东南角出城。横穿太和门广场的一段称内金水河，白石桥桥座飞架河上，美丽而端庄。支沟、干沟流入明渠的出口约有 10 个，5 个在西段，5 个在南段。支沟和干沟均为加盖方沟，参见附图 1-2。

城区北高南低(神武门地面高出午门地面约 1.8 m)，雨水径流顺地势排泄。主要建筑居中，外朝内廷。外朝三大殿建于三层高石砌台基上，是举行大典的地方。内廷三宫是帝王办事和起居的地方。东西两侧宫院是嫔妃们的生活场所。建筑群落间的夹弄夹道，有如街道，阴沟设在这里。宫院的庭院面积不大，南侧院墙前有钱眼，庭面雨水可顺地势流入，其下有暗沟。院落用墙分隔成前后院时，后院不设钱眼，雨水将通过墙洞流入前院。庭院用砖石铺砌，地面低于室内，用台阶连接。

前朝三大殿的排水颇有特色。每层台基的地面都向周边倾斜，周边有一系列"螭首"(以螭的头部为饰纹的悬臂式排水槽，伸出台基约1m)，台面雨水经螭口吐出，逐层下落。广场场地东西两侧沿房脚用石质槽块铺砌成明沟，槽宽阔，槽深由浅渐深。场地向明沟倾斜，坡度颇大。后殿场地的明沟遇门墙时，在墙上开洞(洞大，可过人，用铁栅封口；洞顶为拱，故称券洞)过水，参见附图 1-3。太和殿前场地十分宽广，呈扇形状向四周边倾斜，坡度极为明显。在太和门北侧沿门基有东西

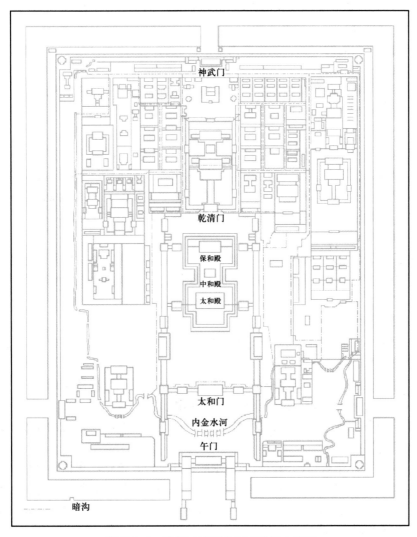

附图 1-2　紫禁城(故宫)平面及排水道图

注：此图摘自《紫禁城宫殿》324 页

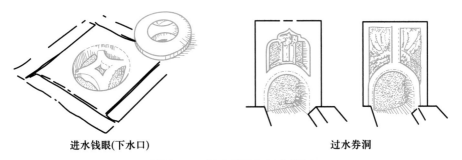

进水钱眼(下水口)　　　　　　　　过水券洞

附图 1-3　进水钱眼和过水券洞

向集水明沟(做法类似场地两侧明沟),实为沟盖,明沟之下为暗沟,明沟沟底排列10个钱眼(径约 26 cm),进水通畅。

太和门与午门间的广场,地面向内金水河倾斜。河边栏杆贴地石条的中部凿有小洞,可以过水。

花园排水亦有特色,伴随小道广设阴沟,接通小池,雨水不会积存。

据故宫博物院工作人员说,宫内从不积水。

(二) 北京内城

据北京市政工程设计院李远义总工程师说,解放时设计院有一比例尺为 1∶5 000的沟渠(位置)图,内城基本上每街有沟。管道用城砖石灰砌筑,断面 4 m×4 m 至 2.5 m(宽)×3.5 m(深),另有两条纵向明渠(东边为御河,西边为南北沟沿),自北向南注入前三门护城河。内城管道尾闾除护城河外,尚有中南海、北海、什刹海等湖塘。排水效果良好。

上文虽仅是粗略观察和调查的报道,且还可能有失实之处,但是从中不难领会我国城市的传统排水手法是取法自然、精心安排的。悠久的实践表明其宣泄雨水的效果是良好的。

归纳我国传统,条述如下:

① 城镇排水是城镇建设的一部分,融合于城镇的总体规划和高程规划之中,与房屋建筑设计及道路设计相结合。

② 城镇用地规划中,布置一定数量的水面,既有提高环境质量的作用,同时也便于雨水的宣泄,有条件时还可起交通上的作用。

③ 充分利用当地自然条件,简化排水设施。地势有利时,借地面排水;地质有利时,用渗坑排水。

④ 阴沟与道路组合;阴沟溢流时雨水顺道路宣泄,道路高程精心设计。

⑤ 在无害的前提下,容许低洼处雨天短期积水。具体方法是室内地面高于室外,建筑设陪弄或院场设甬道。(从降低雨水径流量看,这一原则将有效地降低径流系数和延长集水时间。)

附录二 管道水力学算图

（一）不满流圆形管道

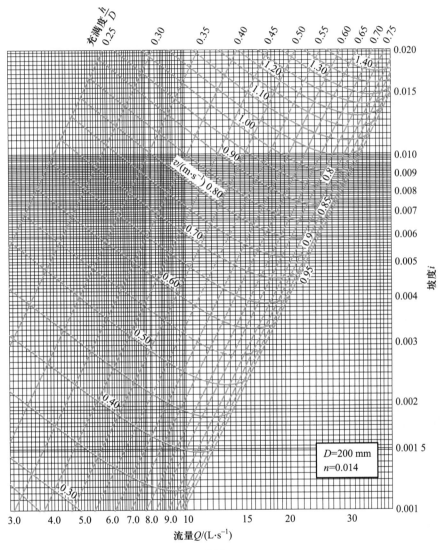

附图 2-1

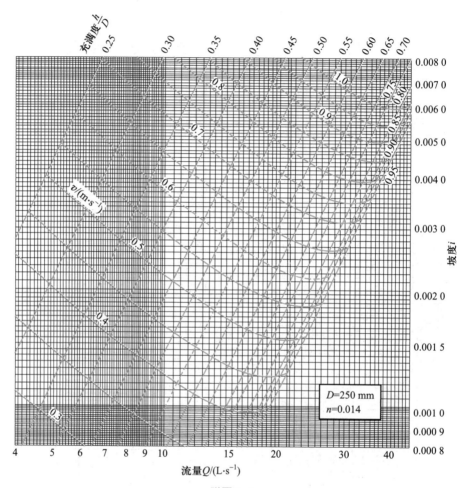

附图 2-2

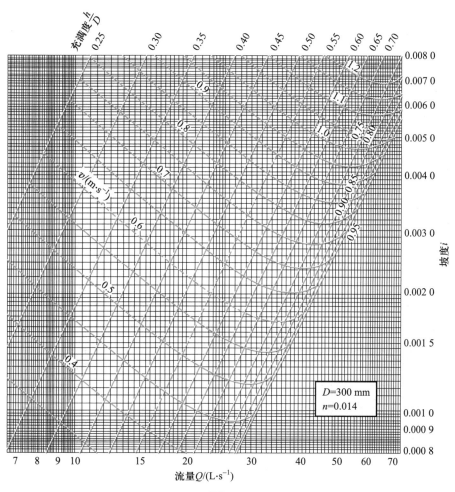

附图 2-3

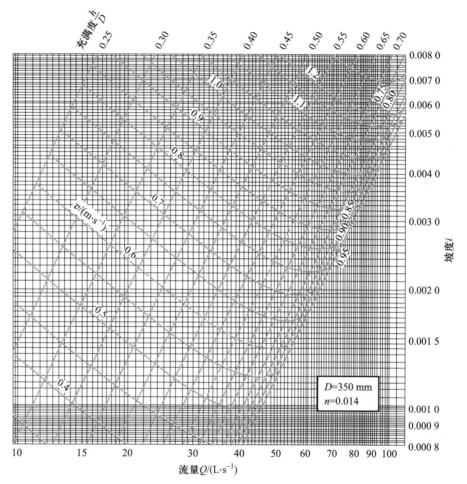

充满度 $\dfrac{h}{D}$

坡度 i

流量 $Q/(\text{L}\cdot\text{s}^{-1})$

$v/(\text{m}\cdot\text{s}^{-1})$

$D=350\ \text{mm}$
$n=0.014$

附图 2-4

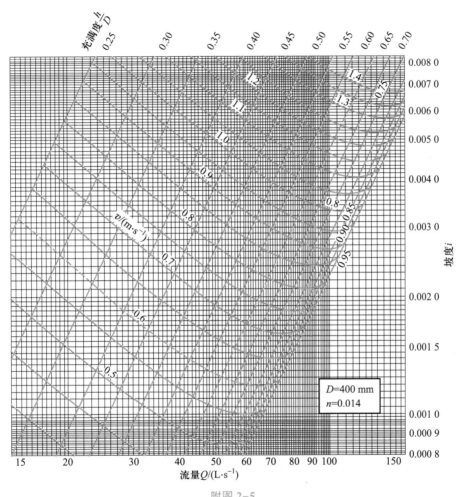

附图 2-5

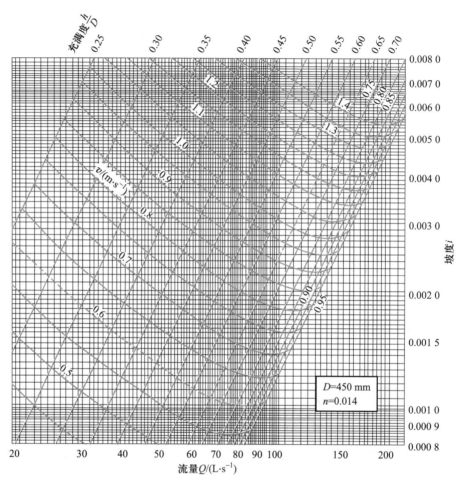

附图 2-6

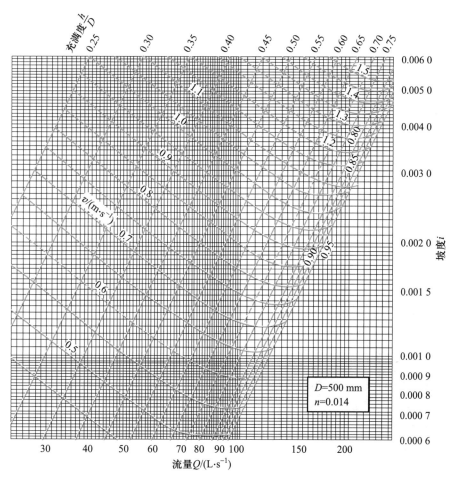

附图 2-7

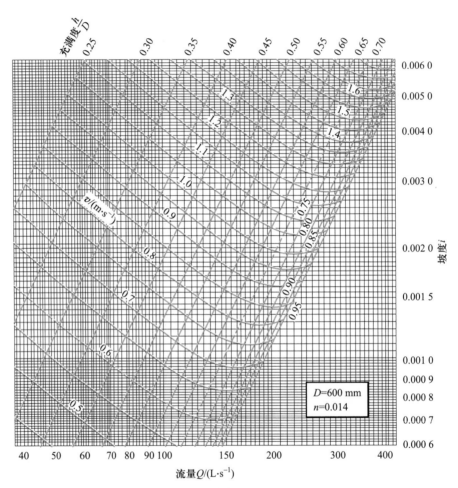

附图 2-8

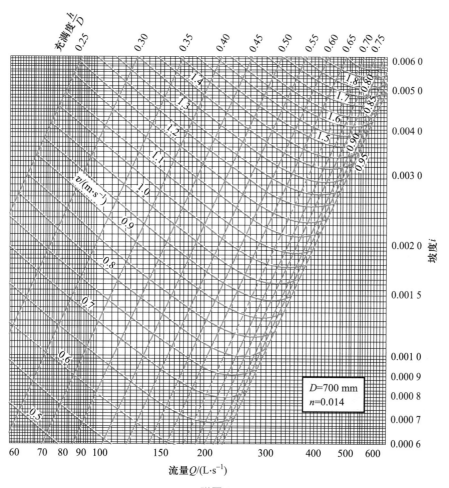

附图 2-9

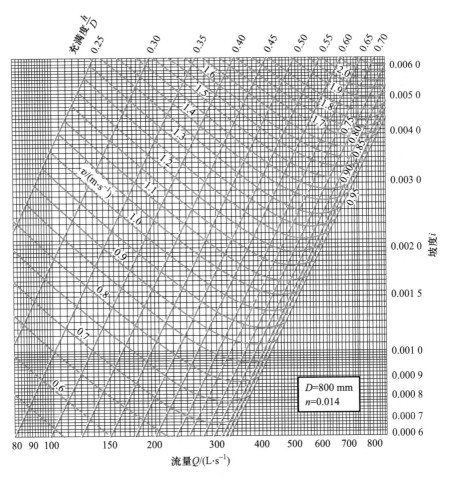

附图 2-10

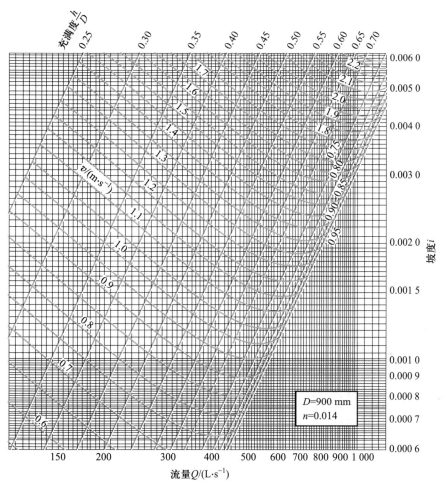

附图 2-11

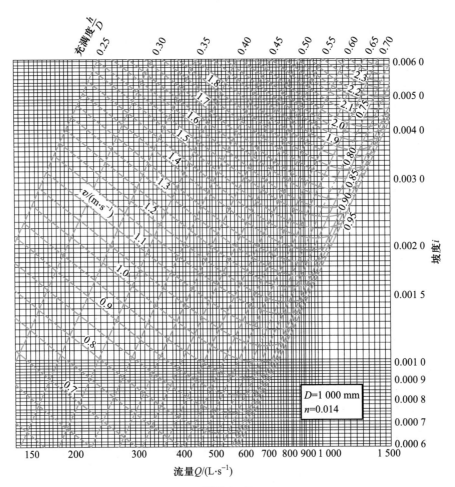

附图 2-12

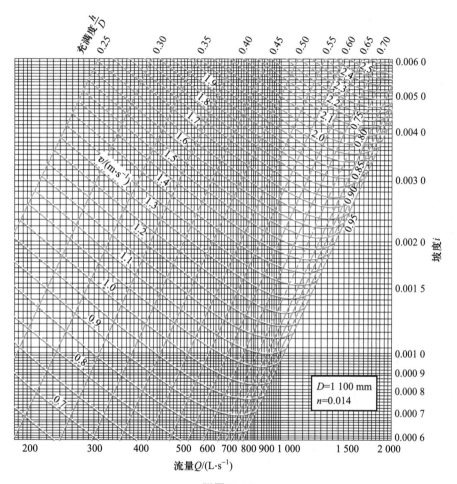

附图 2-13

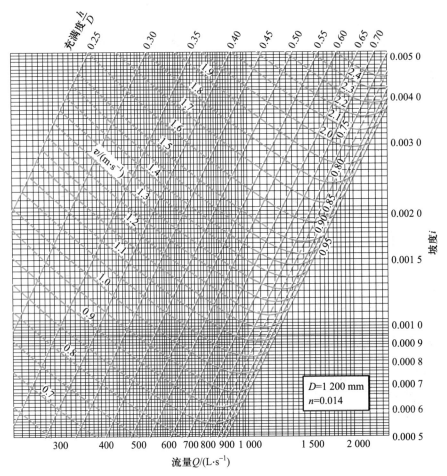

附图 2-14

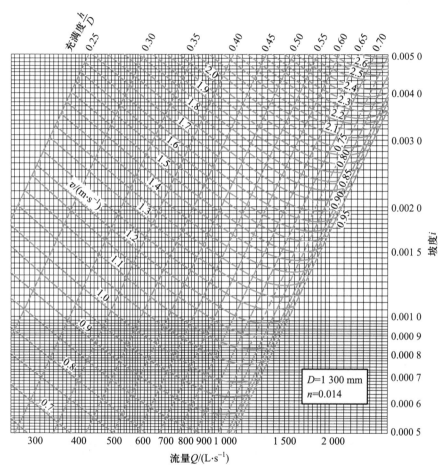

附图 2-15

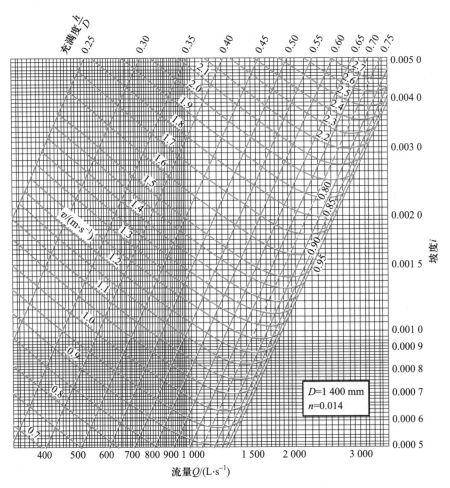

附图 2-16

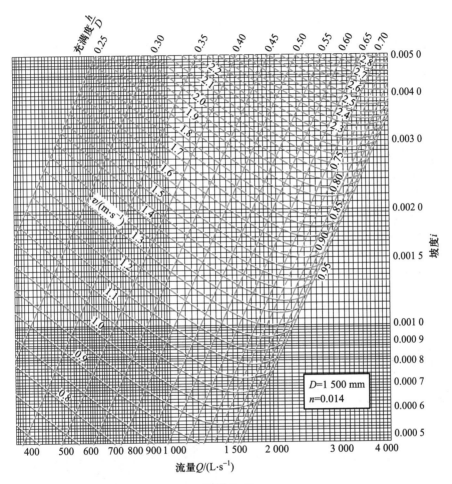

充满度 $\frac{h}{D}$

坡度 i

流量 $Q/(\text{L}\cdot\text{s}^{-1})$

$D=1\,500\ \text{mm}$
$n=0.014$

附图 2-17

（二）满流圆形管道

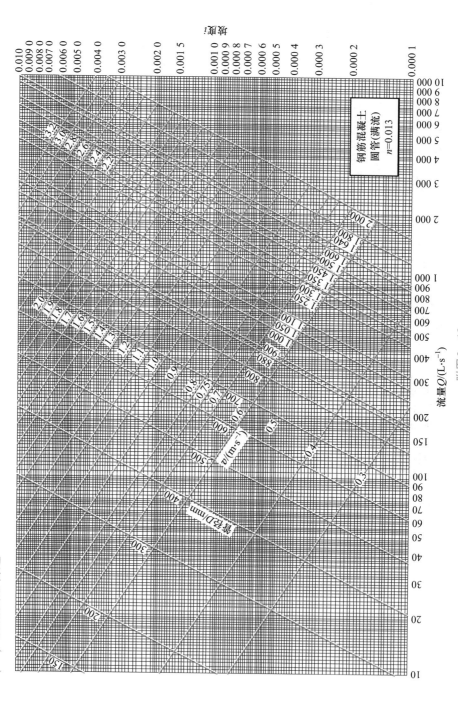

附图 2－18

附录三　居民生活用水定额和综合生活用水定额

居民生活用水定额和综合生活用水定额应根据当地国民经济和社会发展、水资源充沛程度、用水习惯，在现有用水定额基础上，结合城市总体规划和给水专业规划，本着节约用水的原则，综合分析确定。当缺乏实际用水资料时，可参考《室外给水设计标准》(GB 50013—2018)中的"居民生活用水定额"(附表3-1、附表3-2)和"综合生活用水定额"(附表3-3、附表3-4)选用。

附表 3-1　最高日居民生活用水定额　　　　　单位：L/(人·d)

城市类型	超大城市	特大城市	Ⅰ型大城市	Ⅱ型大城市	中等城市	Ⅰ型小城市	Ⅱ型小城市
一区	180~320	160~300	140~280	130~260	120~240	110~220	100~200
二区	110~190	100~180	90~170	80~160	70~150	60~140	50~130
三区	—	—	—	80~150	70~140	60~130	50~120

附表 3-2　平均日居民生活用水定额　　　　　单位：L/(人·d)

城市类型	超大城市	特大城市	Ⅰ型大城市	Ⅱ型大城市	中等城市	Ⅰ型小城市	Ⅱ型小城市
一区	140~280	130~250	120~220	110~200	100~180	90~170	80~160
二区	100~150	90~140	80~130	70~120	60~110	50~100	40~90
三区	—	—	—	70~110	60~100	50~90	40~80

附表 3-3　最高日综合生活用水定额　　　　　单位：L/(人·d)

城市类型	超大城市	特大城市	Ⅰ型大城市	Ⅱ型大城市	中等城市	Ⅰ型小城市	Ⅱ型小城市
一区	250~480	240~450	230~420	220~400	200~380	190~350	180~320
二区	200~300	170~280	160~270	150~260	130~240	120~230	110~220
三区	—	—	—	150~250	130~230	120~220	110~210

附表 3-4　平均日综合生活用水定额　　　　　单位：L/(人·d)

城市类型	超大城市	特大城市	Ⅰ型大城市	Ⅱ型大城市	中等城市	Ⅰ型小城市	Ⅱ型小城市
一区	210~400	180~360	150~330	140~300	130~280	120~260	110~240
二区	150~230	130~210	110~190	90~170	80~160	70~150	60~140
三区	—	—	—	90~160	80~150	70~140	60~130

注：1. 超大城市指城区常住人口1 000万及以上的城市。特大城市指城区常住人口500万以上1 000万以下的城市。Ⅰ型大城市指城区常住人口300万以上500万以下的城市，Ⅱ型大城市指城区常住人口100万以上300万以下的城市。中等城市指城区常住人口50万以上100万以下的城市，Ⅰ型小城市指城区常住人口20万以上50万以下的城市。Ⅱ型小城市指城区常住人口20万以下的城市。以上包括本数，以下不包括本数。

2. 一区包括：湖北、湖南、江西、浙江、福建、广东、广西、海南、上海、江苏、安徽。二区包括：重庆、四川、贵州、云南、黑龙江、吉林、辽宁、北京、天津、河北、山西、河南、山东、宁夏、陕西、内蒙古河套以东和甘肃黄河以东的地区。三区包括：新疆、青海、西藏、内蒙古河套以西和甘肃黄河以西的地区。

3. 经济开发区和特区城市，根据用水实际情况，用水定额可酌情增加。

4. 当采用海水或污水再生水等作为冲厕用水时，用水定额相应减少。

附录四 排水管道和其他地下管线（包括建筑物和构筑物）的最小净距

名称			水平净距/m	垂直净距/m
建筑物			见注3	
给水管	$d \leq 200$ mm		1.0	0.4
	$d > 200$ mm		1.5	
排水管				0.15
再生水管			0.5	0.4
燃气管	低压	$P \leq 0.05$ MPa	1.0	0.15
	中压	0.05 MPa$<P \leq 0.4$ MPa	1.2	0.15
	高压	0.4 MPa$<P \leq 0.8$ MPa	1.5	0.15
		0.8 MPa$<P \leq 1.6$ MPa	2	0.15
热力管线			1.5	0.15
电力管线			0.5	0.5
电信管线			1.0	直埋 0.5
				管埋 0.15
乔木			1.5	
地上柱杆	通讯照明<10 kV		0.5	
	高压铁塔基础边		1.5	
道路侧石边缘			1.5	
铁路钢轨(或坡脚)			5.0	轨底 1.2
电车(轨底)			2.0	1.0
架空管架基础			2.0	
油管			1.5	0.25
压缩空气管			1.5	0.15
氧气管			1.5	0.25
乙炔管			1.5	0.25
电车电缆				0.5
明渠渠底				0.5
涵洞基础底				0.15

注：1. 表列数字除注明者外，水平净距均指管线外壁净距，垂直净距系指下面管道的外顶与上面管道基础底间净距。

2. 采取充分措施(如结构措施)后，表列数字可以减小。

3. 管道埋深浅于建筑物基础时，与建筑物水平净距一般不小于2.5 m，管道埋深深于建筑物基础时，按计算确定，但不小于3.0 m。

主要参考文献

[1] 张智．排水工程：上册［M］．5 版．北京：中国建筑工业出版社，2015．

[2] 刘遂庆．给水排水管网系统［M］．4 版．北京：中国建筑工业出版社，2021．

[3] 高廷耀．水污染控制工程：上册［M］．北京：高等教育出版社，1989．

[4] 高廷耀，顾国维．水污染控制工程：上册［M］．2 版．北京：高等教育出版社，1999．

[5] 高廷耀，顾国维，周琪．水污染控制工程：上册［M］．4 版．北京：高等教育出版社，2014．

[6] 东京都下水道局排水设备研究会．排水设备バンドブッケ［M］．东京：朝仓书店株式会社，1974．

[7] 广濑孝六郎．都市下水道［M］．东京：诚文堂新光社株式会社，1964．

[8] 莫洛科夫 M B，施果林 Г Г．雨水道与合流水道（理论与计算）［M］．谢锡爵，张中和，合译．北京：建筑工程出版社，1959．

[9] 查克 Г Л．雨水沟渠的合理设计和计算［M］．屠人俊，译．北京：建筑工程出版社，1956．

[10] 邓培德．城市暴雨公式统计中若干问题［J］．中国给水排水，1992，8（3）：45-48．

[11] 邓培德．城市不同概率的暴雨积水量计算［J］．中国给水排水，2013，29（23）：158-161．

[12] 同济大学水力水文教研组．水力学水泵［M］．北京：中国工业出版社，1961．

[13] 姜乃昌．水泵及水泵站［M］．4 版．北京：中国建筑工业出版社，1998．

[14] 刘超，徐辉．水泵及水泵站［M］．北京：中国水利水电出版社，2009．

[15] 张自杰．环境工程手册：水污染防治卷［M］．北京：高等教育出版社，1996．

[16] 欧阳峤晖．下水道工程学［M］．增订版．台北：长松出版社，1992．

[17] 维西林德 P A，皮尔斯 J J．环境工程学［M］．刘东山，黄政贤，译著．北京：世界图书出版公司，1992．

[18] 王彬．新版给水排水工程施工及验收规范实施手册［M］．北京：化学工业出版社，2010．

[19] 英霍夫 K，英霍夫 K R．城市排水工程手册［M］．27 版．云贵春，徐景明，方栋，等译．北京：中国建筑工业出版社，1993．

[20] 黄廷林，王俊萍．水文学［M］．6 版．北京：中国建筑工业出版社，2020．

[21] 岩井重久，石黑政仪．应用水文统计学［M］．东京：森北出版株式会社，1970．

[22] 陈家琦，张恭肃．小流域暴雨洪水计算［M］．北京：水利电力出版社，1985．

[23] 李田，宁希南．水力计算图表［M］．北京：中国建筑工业出版社，2008．

[24] 北京市市政工程设计研究总院有限公司．给水排水设计手册：第五册［M］．3 版．北京：中国建筑工业出版社，2017．

[25] 北京市市政工程设计研究总院．给水排水设计手册：第六册［M］．2 版．北京：中国建筑工业出版社，2002．

[26] 中国市政工程东北设计研究总院．给水排水设计手册：第七册［M］．3 版．北京：中国建筑工业出版社，2014．

[27] 上海市政工程设计研究总院（集团）有限公司．给水排水设计手册：第九册［M］．3 版．北京：中国建筑工业出版社，2012．

[28] 中华人民共和国住房和城乡建设部．室外给水设计标准：GB 50013—2018［S］．北京：中国计划出版社，2019．

[29] 上海市建筑和交通委员会．室外排水设计规范：GB 50014—2006［S］．北京：中国计划出版社，2006．

[30] 上海市建设和管理委员会．建筑给水排水设计标准：GB 50015—2019［S］．北京：中国计划出版社，2019．

[31] 中华人民共和国住房和城乡建设部．城市排水工程规划规范：GB 50318—2017［S］．北京：中国建筑工业出版社，2017．

[32] 中华人民共和国住房和城乡建设部．城市给水工程规划规范：GB 50282—2016［S］．北京：中国建筑工业出版社，2017．

[33] 中华人民共和国住房和城乡建设部．室外排水设计标准：GB 50014—2021［S］．北京：中国计划出版社，2021．

[34] 上海市城乡建设交通委员会．城镇排水工程施工质量验收规范：DG/TJ 08—2110—2012［S］．上海：上海市建筑建材业市场管理总站，2012．

[35] 中华人民共和国卫生部．工业企业设计卫生标准：GBZ 1—2010［S］．北京：中国计划出版社，2010．

[36] 中华人民共和国住房和城乡建设部．城镇雨水调蓄工程技术规范：GB 51174—2017［S］．北京：中国计划出版社，2017．

[37] 中华人民共和国住房和城乡建设部．海绵城市建设技术指南——低影响开发雨水系统构建（试行）［M］．北京：中国建筑工业出版社，2015．

[38] 中华人民共和国住房和城乡建设部．城镇内涝防治技术规范：GB 51222—2017［S］．北京：中国计划出版社，2017．

[39] 中华人民共和国水利部．防洪标准：GB 50201—2014［S］．北京：中国计划出版社，2015．

[40] 中华人民共和国水利部．城市防洪工程设计规范：GB/T 50805—2012［S］．北京：中国计划出版社，2012．

[41] 中华人民共和国水利部．堤防工程设计规范：GB 50286—2013［S］．北京：中

国计划出版社，2013.

［42］中华人民共和国住房和城乡建设部．泵站设计规范：GB 50265—2010［S］．北京：中国计划出版社，2011.

［43］中华人民共和国住房和城乡建设部．城镇排水管渠与泵站运行、维护及安全技术规程 CJJ 68—2016［S］．北京：中国计划出版社，2011.

郑重声明

高等教育出版社依法对本书享有专有出版权。任何未经许可的复制、销售行为均违反《中华人民共和国著作权法》，其行为人将承担相应的民事责任和行政责任；构成犯罪的，将被依法追究刑事责任。为了维护市场秩序，保护读者的合法权益，避免读者误用盗版书造成不良后果，我社将配合行政执法部门和司法机关对违法犯罪的单位和个人进行严厉打击。社会各界人士如发现上述侵权行为，希望及时举报，我社将奖励举报有功人员。

反盗版举报电话　（010）58581999　58582371
反盗版举报邮箱　dd@hep.com.cn
通信地址　北京市西城区德外大街4号　高等教育出版社法律事务部
邮政编码　100120

读者意见反馈

为收集对教材的意见建议，进一步完善教材编写并做好服务工作，读者可将对本教材的意见建议通过如下渠道反馈至我社。

咨询电话　400-810-0598
反馈邮箱　hepsci@pub.hep.cn
通信地址　北京市朝阳区惠新东街4号富盛大厦1座　高等教育出版社理科事业部
邮政编码　100029

防伪查询说明

用户购书后刮开封底防伪涂层，使用手机微信等软件扫描二维码，会跳转至防伪查询网页，获得所购图书详细信息。

防伪客服电话　（010）58582300